高等职业教育"十三五"规划教材（自动化专业课程群）

可编程控制技术

主　编　宋飞燕　张　燕

副主编　程秀玲　张丽娟　石　晶

主　审　王瑞清

U0201672

中国水利水电出版社

www.waterpub.com.cn

·北京·

内 容 提 要

本书以德国西门子公司 S7-200 系列 PLC 为例，介绍了 PLC 的工作原理、硬件结构、指令系统、编程软件的使用方法；介绍了逻辑量梯形图的经验设计法、继电器电路转换法、时序图设计法和顺序功能图设计等编程方法；立足高职学生学习情况和专业基础，介绍了 S7-200 系列 PLC 控制三相异步电动机、自动生产线、车床铣床等典型应用。本书配有工作过程实践手册，用任务引领的方式带领同学们完成学习，具有较强的实用性。

本书可以作为高职高专机电一体化、电气自动化、工业机器人技术等专业的教材，也可供相关技术人员参考。

本书配有电子教案和微课配套视频，读者可以从万水书苑以及中国水利水电出版社网站下载，网址为：http://www.wsbookshow.com 和 http://www.waterpub.com.cn/softdown/。

图书在版编目（CIP）数据

可编程控制技术 / 宋飞燕，张燕主编. -- 北京：
中国水利水电出版社，2018.8
高等职业教育"十三五"规划教材. 自动化专业课程
群
ISBN 978-7-5170-6729-0

Ⅰ．①可… Ⅱ．①宋… ②张… Ⅲ．①可编程序控制
器－高等职业教育－教材 Ⅳ．①TM571.61

中国版本图书馆CIP数据核字(2018)第185601号

策划编辑：陈红华　　责任编辑：周益丹　　加工编辑：高双春　　封面设计：李　佳

书　　名	高等职业教育"十三五"规划教材（自动化专业课程群） **可编程控制技术　KEBIANCHENG KONGZHI JISHU**
作　　者	主　编　宋飞燕　张　燕 副主编　程秀玲　张丽娟　石　磊 主　审　王瑞清
出版发行	中国水利水电出版社 （北京市海淀区玉渊潭南路 1 号 D 座　100038） 网址：www.waterpub.com.cn E-mail: mchannel@263.net（万水） 　　　　sales@waterpub.com.cn 电话：（010）68367658（营销中心）、82562819（万水）
经　　售	全国各地新华书店和相关出版物销售网点
排　　版	北京万水电子信息有限公司
印　　刷	三河市铭浩彩色印装有限公司
规　　格	210mm×285mm　16 开本　15.75 印张　534 千字
版　　次	2018 年 8 月第 1 版　　2018 年 8 月第 1 次印刷
印　　数	0001—3000 册
定　　价	39.00 元

前　　言

可编程控制器（Programmable Logic Controller，PLC），是近年来发展迅速的工业自动控制装置，已广泛应用于工业企业的各个领域。它结构简单，性能优越，具有较强的工业环境适应性，已成为现代工业自动化控制的三大技术支柱之一。

本书是包头轻工职业技术学院"校企合作"建设项目之一。本书打破了传统的教材编写模式，立足任务驱动方式进行编写，适用于"'教、学、做'一体化"教学场景，具有鲜明的职业教育特色。以实际应用工程任务为主线，突出了"工学结合"的特点。本教材注重将知识、技能和职业素养的培养有机结合起来，体现出"任务引导""工学结合"的编写原则，可有效激发学生的学习兴趣并提高学习效率。

本书以西门子S7-200为例，结合PLC实训设备进行编写，共分为四个总学习情境，十四个子学习情境。本书在内容上简明扼要，配以图形，做到通俗易懂，层次分明。在结构上循序渐进，强调实用性，重视可操作性，理论联系实际，使读者尽快掌握PLC技能。本书可作为高职高专院校电气自动化、机电一体化、机械设备及自动化及相关专业的教材，也可供广大技术人员参考。

本书由包头轻工职业技术学院组织编写，由宋飞燕、张燕任主编，程秀玲、张丽娟、石磊任副主编，王瑞清任主审。包头轻工职业技术学院教师蔡静、张晓燕、李兰云、薛小倩、刘彦超和北重集团胡俊峰、李松等任参编。具体编写分工如下：

学习情境一由张丽娟和蔡静编写，学习情境二由张燕、石磊和北重集团胡俊峰编写，学习情境三由程秀玲、李兰云和张晓燕编写，学习情境四和附录由宋飞燕、薛小倩、刘彦超和北重集团李松整理编写。全书由宋飞燕定稿，由王瑞清任主审，在编写的过程中参考了有关教材及相关资料，在此向参考文献作者一并表示感谢。

尽管我们在教材编写过程参考了教改中的一些做法并进行了大量的努力，但由于编者水平有限，书中难免有错误和不妥之处，敬请广大读者批评指正。

编者

包头轻工职业技术学院

2018年5月

目　　录

学习情境 1　S7-200 系列 PLC 的识读

S7-200 PLC 是德国西门子公司生产的具有整体式结构和高性价比的小型可编程序控制器，结构紧凑、可靠性高，可采用三种方式编程：梯形图、语句表和功能块图。指令丰富且功能强大，对于初学者来说易于掌握、操作方便，无论是独立运行还是组成网络都能实现复杂的控制功能，广泛应用于钢铁、石油、化工、电力等行业。

学习目标

- **知识目标：**了解 PLC 的产生、发展历程。掌握 PLC 的作用、应用领域及世界著名品牌。掌握 PLC 硬件系统的组成及工作过程。掌握 STEP 7-Micro/WIN 编程软件的使用方法。
- **能力目标：**培养学生获取、筛选信息和制订工作计划、方案及实施、检查和评价的能力；培养学生分析概括、归纳总结、推理判断等自学能力；培养学生团队协作、交流、组织协调的能力和责任心。
- **素质目标：**养成设备整理整顿、环境卫生清理清洁良好工作习惯；培养学生的自信心、表达能力、竞争和效率意识；培养学生尊敬他人、团结友爱、爱护公共财物、诚实守信、踏实肯干、爱岗敬业等公民素养和职业道德。

子学习情境 1.1　PLC 硬件基础和工作原理认知

情境导入

"PLC 硬件基础和工作原理认知"工作任务单

情　境	S7-200 系列 PLC 的识读				
学习任务	子学习情境 1.1：PLC 硬件基础和工作原理认知			完成时间	
学习团队	学习小组		组长		成员
任务载体和资讯	任务载体			资讯	

任务载体：

图 1-1　西门子 PLC

资讯：

　　PLC 种类繁多，功能虽然多种多样，但其组成结构和工作原理基本相同。用可编程控制器实施控制，其实质是按一定算法进行输入/输出（I/O）变换，并将这个变换予以物理实现，应用于工业现场。

　　本学期我们要学习的是西门子 PLC（见图 1-1）的 S7-200 系列。各种品牌的 PLC 编程技术大同小异，只是在输入输出代码、指令表达形式等方面有所区别，程序设计的思路是一样的，外围硬件线路的连接思路也是一样的。真正学会和掌握一种较为常用的 PLC 应用技术之后，其他可以触类旁通。

任务要求	1. 掌握 PLC 基本组成、扩展模块和分类。 2. 理解 PLC 的工作原理。 3. 了解 PLC 的特点、性能指标、应用领域和发展趋势。
引导文	1. PLC 俗称工业用计算机，你对家用计算机的组成有哪些了解？你是否拆开过主机箱，研究过计算机的硬件组成？ 2. 对于 PLC 来说，在实训设备上你能否从外表看到它的"庐山真面目"呢？你该如何了解 PLC 的基本结构组成呢？ 3. 在学校的 PLC 实训室和自动化生产线实训室中都有 PLC，那么这两种 PLC 的硬件结构一样吗？求助于指导教师，了解它们基本结构上的区别和联系。 4. 本学习情境的特点是，你会接触到大量的专业词汇，例如：中央处理单元、存储器、逻辑运算、微处理器、单片机、RS-485 通信口、晶体管和继电器输出，有一些名词你还是第一次遇到，你该怎么办呢？绕过去不理睬吗？实际上，除了求助老师，你还可以求助互联网。 5. 团队成员之间互通有无，把自己掌握、理解的知识点和其他队员一起分享，一起进步。 6. 通过前面的引导文指引，你和你的团队是否明白，实现本情境任务的学习，包括哪些具体任务？你们团队该如何分工合作，共同完成这项学习任务？制订计划，并将团队的决策方案写到《可编程控制技术实践手册》中本节的"计划和决策表"内。 7. 将任务的实施情况（可以包括你学到的知识点和技能点，包括团队分工任务的完成情况等）整理成文档，记录在"任务实施表"中。 8. 汇报你们的学习成果，让教师听取你们的汇报并进行检查，记录在"任务检查表"中。 9. 就你们团队的知识、技能、能力和素质进行自我评价、互相评价和教师评价，填写"任务评价表"。正确认识自己的不足之处，取长补短，争取在下次任务训练中得到进步。

 **任务描述**

学习目标	学习内容	任务准备
1. 了解 PLC 的产生发展过程； 2. 理解 PLC 的组成、分类及工作原理； 3. 掌握 PLC 的特点、性能指标、应用领域、发展趋势； 4. 通过听讲、观看演示、团队研讨、讲授给他人锻炼学习能力。	1. PLC 的组成、分类和工作原理； 2. PLC 的特点、性能指标； 3. PLC 的应用领域和发展趋势。	1. 本任务可带学生到自动化生产线实训室内进行 1～2 课时的前期学习； 2. 把 PLC 实训室和自动化生产线实训室中两种 PLC 的硬件结构加以区别认识。

 **知识链接**

1.1.1　PLC 的基本组成和分类

1. PLC 的基本组成
PLC 与计算机控制系统十分相似，也具有中央处理器（CPU）、存储器、输入/输出（I/O）接口、编程器、电源等，如图 1-2 所示。

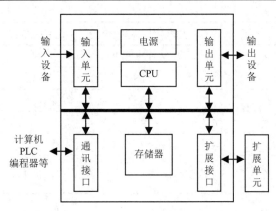

PLC 基本单元（主机）

图 1-2　PLC 的基本组成

中央处理单元是 PLC 的核心部分，起着类似人体的大脑和神经中枢的作用，它包括微处理器和控制接口电路。微处理器是 PLC 的运算和控制中心，由它实现逻辑运算、数字运算，协调控制系统内部各部分的工作，按 PLC 中系统程序赋予的功能，指挥 PLC 有条不紊地进行工作，其主要任务有：

- 控制从编程器输入的用户程序和数据的接受与存储；
- 用扫描的方式通过输入部件接收现场的状态或数据，并存入输入映像寄存器或数据存储器中；诊断电源、PLC 内部电路的工作故障和编程中的语法错误等；
- PLC 进入运行状态后，从存储器逐条读取用户指令，经过命令解释后按指令规定的任务进行数据传递、逻辑运算或数字运算等；
- 根据运算结果，更新有关标志位的状态和输出映像寄存器的内容，再经由输出部件实现输出控制、制表打印或数据通信等功能。

PLC 常用的微处理器有通用微处理器、单片机、位片式微处理器。

一般说来，小型 PLC 大多采用 8 位微处理器或单片机作为 CPU，如 Z80A、8085、8031 等，具有价格低，普及通用性好等优点。

对于中型 PLC，大多采用 16 位微处理器或单片机作为 CPU，如 Intel8086、Intel96 系列单片机，具有集成度高，运行速度快，可靠性高等优点。

对于大型 PLC，大多采用高速位片式微处理器，它具有灵活性强、速度快、效率高的优点。

目前，一些厂家生产的 PLC 中，还采用了冗余技术，即采用双 CPU 或三 CPU 工作，进一步提高了系统的可靠性。采用冗余技术可使 PLC 平均无故障工作时间达几十万小时。

控制接口电路是微处理器与主机内部其他单元进行联系的部件，它主要有数据缓冲、单元选择、信号匹配、中断管理等功能。微处理器通过它来实现与各个内部单元之间的可靠的信息交换和最佳的时序配合。

S7-200 有 5 种 CPU 模块，各 CPU 模块特有的技术指标分别见表 1-1。

（1）中央处理单元（Central Processing Unit，CPU）

表 1-1　S7-200 CPU 模块技术指标

特性	CPU221	CPU222	CPU224	CPU224XP	CPU22
外形尺寸/mm	90×80×62	90×80×62	120.5×80×62	120.5×80×62	190×80×2
存储器用户程序大小					
●可以在运行模式下编辑/B	4096	4096	8192	12288	16384
●不能在运行模式下编辑/B	4096	4096	12288	16384	24576
数据存储区/B	2048	2048	8192	10240	10240
掉电保持时间典型值/h	50	50	100	100	100
本机数字量 I/O 本机模拟量 I/O	6 入/4 出 —	8 入/6 出 —	14 入/10 出 —	14 入/10 出 2 入/1 出	24 入/16 出 —

续表

特性	CPU221	CPU222	CPU224	CPU224XP	CPU22
数字量 I/O 映像区	256（128 入/128 出）				
模拟量 I/O 映像区	无	16 入/16 出	32 入/32 出		
扩展模块数	—	2 个	7 个		
脉冲捕捉输入个数	6	8	14		24
高速计数器个数	4 个		6 个	6 个	6 个
单相高速计数器个数	4 路 30kHz		6 路 30kHz	4 路 30kHz 或 2 路 200kHz	4 路 30kHz
双相高速计数器个数	2 路 20kHz		4 路 20kHz	3 路 20kHz 或 1 路 100kHz	2 路 20kHz
高速脉冲数	2 路 20kHz		2 路 20kHz	2 路 100kHz	2 路 20kHz
模拟量调节电位器	1 个，8 位分辨率		2 个，8 位分辨率		
实时时钟	有	有	有	有	有
特性	CPU221	CPU222	CPU224	CPU224XP	CPU226
RS-485 通信口	1	1	1	2	2
可选卡件	存储器卡、电池卡和时钟卡		存储器卡和电池卡		
CPU 的 DC 24V 电源输入电流/最大负载	80mA/450mA	85mA/500mA	110mA/700mA	120mA/900mA	150mA/150mA
CPU 的 AC 240V 电源输入电流/最大负载	15mA/60mA	20mA/70mA	30mA/10mA	35mA/10mA	40mA/160mA

　　CPU 221 无扩展功能，适合作为小点数的微型控制器，CPU 222 有扩展功能，CPU 224 是具有较强控制功能的控制器，新型 CPU 224XP 集成有 2 路模拟量输入，1 路模拟量输出，有两个 RS-485 通信口，单相高速脉冲输出频率提高到 200kHz，2 相高速计数器频率提高到 100kHz，有 PID 自整定功能。这种新型 CPU 增强了 S7-200 在运动控制、过程控制、位置控制、数据监视与采集（远程终端应用）和通信方面的功能。

　　CPU 226 适用于复杂的中小型控制系统，可扩展到 248 点数字量，有两个 RS-485 通信接口。

　　S7-200 CPU 的指令功能强，采用主程序、最多 8 级子程序和中断程序的程序结构。用户程序可以设口令保护。

　　数字量输入中有 4 个用于硬件中断、6 个用于高速功能。除 CPU 224XP 外，32 位高速加/减计数器的最高技术频率为 30kHz，可以对增量式编码器的两个互差 90°的脉冲列计数，计数值等于设定值或计数方向改变时产生中断，在中断程序中可以及时地对输出进行操作。两个高速输出可以输出最高 20kHz、频率和宽度可调的脉冲列。

　　CPU 的 RS-485 串行通信口支持 PPI、DP/T、自由通信口协议和点对点 PPI 主站模式，可作 MPI 从站。它可以用于与运行软件编程的计算机、文本显示器 TD 200 和操作员界面 OP 通信，以及与 S7-200 CPU 之间的通信；通过自由通信口协议和 Modbus 协议，可以与其他设备进行串行通信。通过 AS-i 通信接口模块，可以接入 496 个远程数字量输入/输出点。

　　PLC 系统中的存储器配有系统程序存储器和用户程序存储器。

	分类	功能
（2）存储器（Memory）	系统程序存储器	系统程序存储器用于存放 PLC 生产厂家编写的系统程序，并固化在 PROM 或 EPROM 存储器中，用户不可访问和修改。 　　系统程序相当于个人计算机的操作系统，它关系到 PLC 的性能。系统程序包括系统监控程序、用户指令解释程序、标准程序模块、系统调用和管理等程序以及各种系统参数等。

	用户程序 存储器	用户程序存储器可分为三部分：用户程序区、数据区、系统区。 　　用户程序区用于存放用户经编程器输入的应用程序。为了调试和修改方便，总是先把用户程序存放在随机读写存储器 RAM 中，经过运行考核，修改完善，达到设计要求后，再把它固化到 EPROM 中，替代 RAM 使用。 　　数据区用于存放 PLC 在运行过程中所用到的和生成的各种工作数据。数据区包括输入、输出数据映像区，定时器、计数器的预置值和当前值的数据等。 　　系统区主要存放 CPU 的组态数据，例如，输入输出组态、设置输入滤波、脉冲捕捉、输出表配置、定义存储区保持范围、模拟电位器设置、高速计数器配置、高速脉冲输出配置、通信组态等。 　　这些数据是不断变化的，但不需要长久保存，因此采用随机读写存储器 RAM。由于随机读写存储器 RAM 是一种挥发性的器件，即当供电电源关掉后，其存储的内容会丢失，因此，在实际使用中通常为其配备掉电保护电路，当正常电源关断后，由备用电池或大电容为它供电，保护其存储的内容不丢失。
（3）输入、 输出单元 （Input/ Output Unit）		输入、输出单元是可编程序控制器的 CPU 与现场输入、输出装置或其他外部设备之间的连接接口部件。 　　输入单元一般由数据输入寄存器、选通电路和中断请求逻辑电路组成，负责微处理器及存储器与外部设备交换信息。它接收来自现场检测部件（如限位开关、操作按钮、选择开关、行程开关）以及其他一些传感器输出的开关量或模拟量（要通过模数变换进入机内）等各种状态控制信号，并存入输入映像寄存器。 　　输入单元采用光电耦合电路将 PLC 与现场设备隔离起来，以提高 PLC 的抗干扰能力。输入模块电路通常有两类：一类为直流输入型，如图 1-3 所示。另一类是交流输入型，如图 1-4 所示。

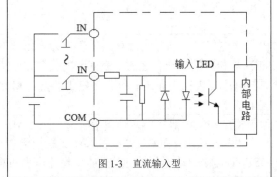

图 1-3　直流输入型　　　　　　　　图 1-4　交流输入型

　　CPU 224 的 PLC 主机共有 14 个输入点（I0.0～I0.7，I1.0～I1.5）和 10 个输出点（Q0.0～Q0.7，Q1.0～Q1.1）。CPU 224 的 PLC 输入模块端子的接线如图 1-5 所示。系统设置 1M 为输入端子 I0.0～I0.7 的公共端，2M 为 I1.0～I1.5 输入端子的公共端（此图可用来为 PLC 外部接线提供参考）。

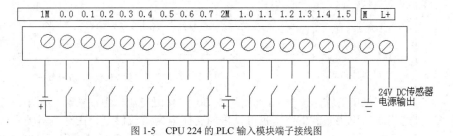

图 1-5　CPU 224 的 PLC 输入模块端子接线图

　　需要注意的是，在图 1-5 中，输入模块端子的最右端的 M、L+两个端子，是 CPU 模块内部的一个 24VDC 的传感器电源。它可以为本机和扩展模块的输入点提供电源。如果要求的负载电源大于该电源的额定值，应增加外部 DC 24V 电源为扩展模块输入点供电。但是，必须注意的是，这个传感器电源不能与外部的 DC24V 电源并联，这种并联可能会使得一个电源或两个电源失效，并使 PLC 产生不正确的操作，上述两个电源之间只能有一个连接点。

　　输出单元是 PLC 与现场设备之间的连接部件，用来将输出信号送给控制对象。其作用是将 CPU 送出的弱电控制信号转换成现场需要的强电信号并输出，以驱动电磁阀、接触器、电动机等被控设备的执行元件。

　　为适应不同类型的输出设备负载，PLC 的输出单元类型有三种，即继电器输出型、双向晶闸管输出型和晶体管输出型，分别如图 1-6 至图 1-8 所示。

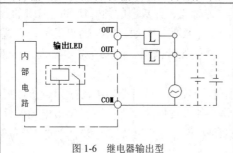

图 1-6　继电器输出型

　　继电器输出型为有触点输出方式，可用于接通或断开开关频率较低的直流负载或交流负载回路，这种方式存在继电器触点的电气寿命和机械寿命问题。双向晶闸管输出型和晶体管输出型皆为无触点输出方式，开关动作快、寿命长，可用于接通或断开开关频率较高的负载回路，其中双向晶闸管输出型只用于带交流电源负载，晶体管输出型则只用于带直流电源负载。

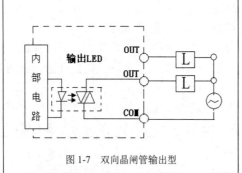

图 1-7　双向晶闸管输出型

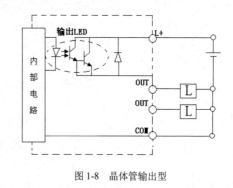

图 1-8　晶体管输出型

　　从三种类型的输出电路可以看出，继电器、双向晶闸管和晶体管作为输出端的开关元件受 PLC 的输出指令控制，完成接通或断开与相应输出端相连的负载回路的任务，它们并不向负载提供工作电源。负载工作电源的类型、电压等级和极性应该根据负载要求以及 PLC 输出接口电路的技术性能指标确定（详见附录 A.4）。

　　S7-200PLC 的输出类型包括晶体管输出和继电器输出两种类型。附录 A.4 中固态 MOSFET 类型即为晶体管输出，干触点类型即为继电器输出。在 CPU224 的晶体管输出类型模块中，PLC 由 24V 直流电供电，负载采用了 MOSFET 功率驱动器件，所以只能用直流电为负载供电。输出端将数字量输出分为两组，每组有一个公共端，共有 1L 和 2L 两个公共端，可接入不同电压等级的负载电源。CPU 224 的 PLC 晶体管输出模块的接线如图 1-9 所示。

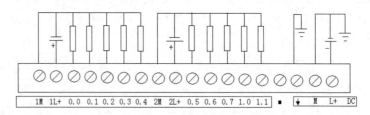

1M　1L+　0.0　0.1　0.2　0.3　0.4　2M　2L+　0.5　0.6　0.7　1.0　1.1　　　　M　L+　DC

图 1-9　CPU 224 的 PLC 晶体管输出模块端子接线图

　　在继电器输出模块中，PLC 由 220V 交流电源供电，负载采用了继电器驱动，所以既可以选用直流电为负载供电，也可以采用交流电为负载供电。在继电器输出模块中，数字量输出分为三组，每组的公共端为本组的电源供给端，Q0.0~Q0.3 共用 1L，Q0.4~Q0.6 共用 2L，Q0.7~Q1.1 共用 3L。各组之间可接入不同电压等级、不同电压性质的负载电源，如图 1-10 所示。

　　CPU 模块的工作电压一般是 5V，而 PLC 的输入/输出信号电压较高，例如 DC 24V 和 AC 220V。从外部引入的尖峰电压和干扰噪声可能损坏 CPU 模块中的元器件，或使 PLC 不能正常工作。在 I/O 模块中，用光耦合器、光电晶体管、小型继电器等器件来隔离 PLC 的内部电路和外部的 I/O 电路。I/O 模块除了传递信号外，还有电平转换与隔离的作用。

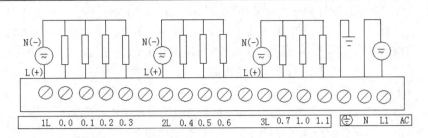

图 1-10　CPU 224 的 PLC 继电器输出模块端子接线图

此二图可用来为 PLC 外部接线提供参考。

	编程器是 PLC 的重要外部设备。利用编程器可对用户程序进行编制、编辑、调试和监视，还可以通过键盘调用和显示 PLC 的一些内部状态和系统参数。它经过编程器接口与中央处理器单元联系，完成人机对话操作。
（4）编程器 1）PLC 专用编程器	有手持式和台式等，具有编辑程序所需的显示器、键盘及工作方式设置开关。编程器通过电缆与 PLC 的中央处理单元 CPU 相连。编程器具备程序编辑、编译和程序存储管理等功能。一些手持式，如图 1-11 所示的小型 PLC 编程器本身无法独立工作，需与 PLC 的 CPU 连接后才能使用。  图 1-11　手持式编程器
2）基于个人计算机系统的 PLC 编程器	如图 1-12 所示，在通用计算机系统中，配置 PLC 的编程及监控软件，通过 RS232 串行接口与 PLC 的 CPU 相连。PLC 语言的编译软件已包含在编程软件系统中。目前许多 PLC 产品都有自己的个人计算机 PLC 编程软件系统，如用于西门子 S7-200 系列 PLC 的编程软件 STEP7-Micro/WIN 等。 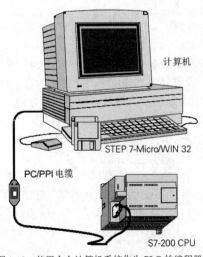 图 1-12　使用个人计算机系统作为 PLC 的编程器

（5）电源单元	电源单元是 PLC 的电源供给部分。它的作用是把外部供应的电源变换成系统内部各单元所需的电源。有的电源单元还向外提供 24V 直流电源，可供开关量输入单元连接的现场无源开关等使用。电源单元还包括掉电保护电路和后备电池电源，以保持 RAM 在外部电源断电后存储的内容不丢失。 　　PLC 的电源一般采用开关电源，其特点是输入电压范围宽、体积小、重量轻、效率高、抗干扰性能好。外部供电电源信号的接入方式，可查看图 1-9 和图 1-10 输出模块端子接线图，或图 1-13。在这两个图中，接线端子的最右端是外部供电电源的接入端。如果是继电器输出的 PLC，那么 PLC 供电电源采用的是 220VAC 交流电电源，如果是晶体管输出的 PLC，那么 PLC 供电电源采用的是直流 24VDC 电源。 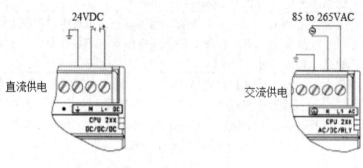 <center>图 1-13　给 S7-200 CPU 供电</center>

2. PLC 的扩展模块

　　S7-200 系列 PLC 可以通过配接各种扩展模块达到扩展功能、扩大控制能力以及提高输入和输出量的目的。目前 S7-200 主要有三大类扩展模块。

（1）输入输出扩展模块	S7-200 CPU 上已经集成了一定数量的数字量 I/O 点，但如用户需要多于 CPU 单元的 I/O 点时，必须对系统进行扩展。CPU 221 无 I/O 扩展能力，CPU 222 最多可连接两个扩展模块（数字量或模拟量），而 CPU 224 和 CPU 226 最多可连接七个扩展模块。 　　S7-200 系列 PLC 目前共提供五大类扩展模块，即数字量输入扩展板 EM 221（8 路扩展输入）、数字量输出扩展板 EM 222（8 路扩展输出）、数字量输入和输出混合扩展板 EM 223（8 路输入/8 路输出，16 路输入/16 路输出，32 路输入/32 路输出）、模拟量输入扩展板 EM 231（每个 EM 231 可扩展 3 路模拟量输入通道，A/D 转换时间为 25µs，位数均为 12 位）、模拟量输入和输出混合扩展模板 EM 235（每个 EM 235 可同时扩展 3 路模拟输入和 1 路模拟量输出通道，其中 A/D 转换时间为 25µs，D/A 转换时间为 100µs，位数均为 12 位）。 　　基本单元通过其右侧的扩展接口用总线连接器（插件）与扩展单元左侧的扩展接口相连接。扩展单元正常工作需要 5V 直流工作电源，此电源由基本单元通过总线连接器提供；扩展单元的 24V 直流输入点和输出点电源可由基本单元的 24V 直流电源供电，但要注意基本单元提供最大电流的能力（详见说明书）。
（2）通信扩展模块	除了 CPU 集成通信口外，S7-200 还可以通过通信扩展模块连接成更大的网络。S7-200 系列目前有五种通信扩展模块。 ● 调制解调器　调制解调器 EM 241 将 S7-200 与电话网连接起来。这样就可以在全球范围内连接 S7-200，而 S7-200 的数据和信息也可以传递到世界各地。 ● PROFIBUS 从站模块　EM277 是连接 SIMATIC 现场总线 PROFIBUS-DP 从站的通信模块，使用 EM277 可以将 S7-200 系列 PLC 作为现场总线 PROFIBUS-DP 的从站接到网络中。传送速度最高达到每秒 12Mb。母线最多可支持 99 台设备，可以通过旋转开关自由选择它们的站地址。 ● AS 接口模块　CP243-2 是 S7-200 CPU22X 系列 PLC 的 AS-I 主站，通过连接 AS-I 可增加 S7-200 的 DI/DO 点数。每个主站最多可连接 31 个 AS-I 从站，S7-200 同时可以处理最多 2 个 CP243-2，每个 CP243-2 的 AS-I 上最大有 124DI/124DO。 ● 以太网模块　S7-200 系列 PLC 加装通信处理器 CP243-1 模块可以支持工业以太网通信。它的传输速率为 10/100Mb/s，半工/全双工通信，有一个标准的 RJ45 接口，完全支持 TCP/IP 协议和标准的网络设备（如集线器、路由器等）。

	•	工厂模块　IT 模块 CP 243-1 IT 提供了与以太网模块一样的网络功能。此外，它还可以扩展互联网的功能。
（3）特殊扩展模块	•	定位模块　定位模块 EM 253 为步进电动机提供控制服务。它对功率部件发出指令，功率部件完成步进电动机的运转。EM 253 每秒可发出 12～200000 个脉冲。它可以支持直线加速和直线减速。
	•	温度测量模块　温度测量模块存在于测量带阻抗温度的 RTD 模块或测量温差电偶的 TC 模块中，温度以 0.1℃为单位显示。

3. PLC 的分类		
（1）按 PLC 的控制规模分类	小型机	通常小型机的控制点数小于 256 点，用户程序存储器的容量小于 8K 字。小型机常用于单机控制和小型控制场合，在通信网络中常作从站。例如，西门子公司的 S7-200PLC 就属于小型机。小型机中，控制点数小于 64 点的为超小型机或微型 PLC。
	中型机	中型机的控制点数一般在 256 点～2048 点范围内，用户程序存储器的容量小于 50K 字。中型机控制点数较多、控制功能强，常用于中型控制场合，在通信网络中可作主站也可作从站。例如，西门子公司的 S7-300 PLC 就属于中型机。
	大型机	大型机的控制点数都在 2048 点以上，用户程序存储器的容量达 50K 字以上。大型机控制点数多、功能很强、运算速度很快，常用于大型控制场合，在通信网络中常作主站。例如，西门子公司的 S7-400 PLC 就属于大型机。
	以上分类没有十分严格的界限，随着 PLC 技术的飞速发展，这些界限会发生变更。	
（2）按 PLC 的结构形式分类	整体式	整体式 PLC 是将电源、CPU、I/O 部件都集中在一个机箱内。其结构紧凑、体积小、价格低，如图 1-14 所示。一般小型 PLC 采用这种结构。整体式 PLC 由不同 I/O 点数的基本单元和扩展单元组成。基本单元内有 CPU、I/O 和电源。扩展单元内只有 I/O 和电源。整体式 PLC 一般配备有特殊功能单元，如模拟单元、位置控制单元等，使 PLC 的功能得以扩展。例如，美国 GE 公司的 GE-I/J 系列 PLC 为整体式结构。 图 1-14　整体式 PLC
	模块式	模块式结构是将 PLC 各部分分成若干个单独的模块，如电源模块、CPU 模块、I/O 模块和各种功能模块，如图 1-15 所示。模块式 PLC 由机架和各种模块组成。模块插在机架内的插座上。模块式 PLC 配置灵活，装配方便，便于扩展和维修。一般大、中型 PLC 宜采用模块式结构，例如，西门子公司的 S7-300 PLC、S7-400 PLC 采用模块式结构形式。有的小型 PLC 也采用这种结构。 图 1-15　模块式 PLC
	叠装式	将整体式和模块式结合起来，称为叠装式 PLC。它除了基本单元外还有扩展模块和特殊功能模块，配置比较方便。叠装式 PLC 集整体式 PLC 与模块式 PLC 优点于一身，它结构紧凑、体积小、配置灵活、安装方便。西门子公司的 S7-200 PLC 就是叠装式结构形式（CPU221 除外，其不可扩展，仅包含基本单元）。

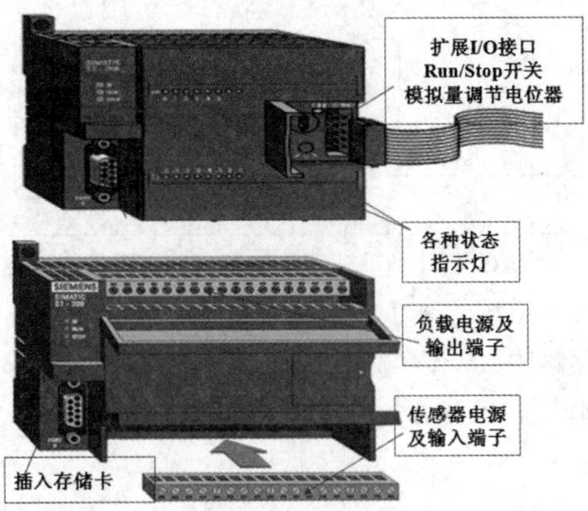

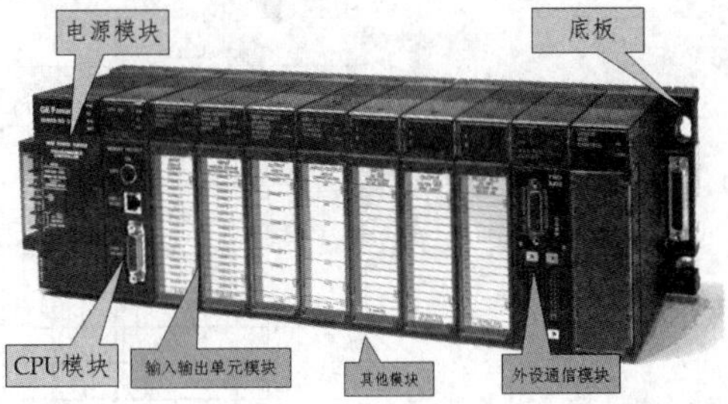

1.1.2　PLC 的工作原理

1. PLC 的工作模式	
\multicolumn{2}{l}{　　PLC 的工作模式有两种——CPU 前面板上用两个发光二极管显示当前工作方式，绿色指示灯亮，表示为运行状态，红色指示灯亮，表示为停止状态，在标有 SF 指示灯亮时表示系统故障，PLC 停止工作。}
STOP（停止）	CPU 在停止工作方式时，不执行程序，此时可以通过编程装置向 PLC 装载程序或进行系统设置，在程序编辑、上下载等处理过程中，必须把 CPU 置于 STOP 方式。
RUN（运行）	CPU 在 RUN 工作方式下，PLC 按照自己的工作方式运行用户程序。
改变 CPU 工作方式的方法	● 用工作方式开关改变工作方式 工作方式开关有 3 个挡位：STOP、TERM（Terminal）、RUN。 方式开关切到 STOP 位，可以停止程序的执行。 方式开关切到 RUN 位，可以起动程序的执行。 方式开关切到 TERM（暂态）或 RUN 位，允许 STEP7- Micro/WIN32 软件设置 CPU 工作状态。如果工作方式开关设为 STOP 或 TERM，电源上电时，CPU 自动进入 STOP 工作状态。设置为 RUN 时，电源上电时，CPU 自动进入 RUN 工作状态。 ● 用编程软件改变工作方式 用 STEP 7-Micro/Win32 编程软件，应首先把主机的方式开关置于 TERM 或 RUN 位置，然后在此软件平台用鼠标单击 STOP 和 RUN 方式按钮即可。 ● 在程序中用指令改变工作方式 在用户程序中用指令由 RUN 方式转换到 STOP 方式，前提是程序逻辑允许中断程序的执行。在程序中插入一个 STOP 指令，CPU 可由 RUN 方式进入 STOP 方式。
\multicolumn{2}{c}{2. PLC 的工作原理}
\multicolumn{2}{l}{　　PLC 在工作时，需要首先在 PLC 存储器内开辟 I/O 映像区。I/O 映像区的大小由 PLC 的系统程序确定。对于系统的一个输入点总有输入映像寄存器的某一位与之相对应。对于系统的每一个输出点都有输出映像寄存器的某一位与之相对应。系统的输入、输出点的编址号与 I/O 映像区的映像寄存器地址号相对应。示意图如图 1-16 所示。}

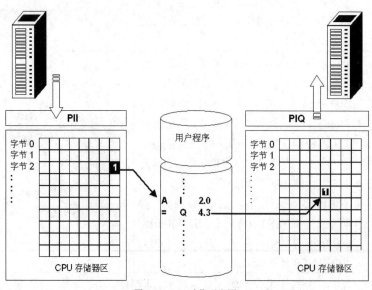

图 1-16　I/O 映像示意图

　　PLC 工作时，将采集到的输入信号状态存放在输入映像区对应的位上；将运算的结果存放到输出映像区对应的位上。PLC 在执行用户程序时所需"输入继电器""输出继电器"的数据取用于 I/O 映像区，而不直接与外部设备发生关系，如图 1-17 所示。

I/O 映像区的建立，使 PLC 工作时只和内存有关地址单元内所存信息状态发生关系，而系统输出也是只给内存某一地址单元设定一个状态。这样不仅加快程序执行速度，而且还使控制系统与外界隔开，提高了系统的抗干扰能力。同时控制系统远离实际控制对象，为硬件标准化生产创造了条件。

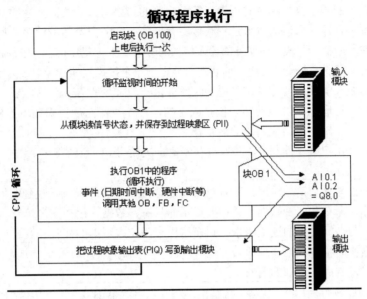

图 1-17　PLC 工作示意图

有关 PLC 的存储空间划分和其范围的内容，请参考本书 2.1.1 小节。

PLC 的工作方式是采用周期循环扫描，集中输入与集中输出。PLC 上电后，在系统程序的监控下，周而复始地按一定的顺序对系统内部的各种任务进行查询、判断和执行，这个过程实质上是按顺序循环扫描的过程。

这种工作方式的显著特点是：可靠性高、抗干扰能力强，但响应滞后、速度慢，也就是说 PLC 是以降低速度为代价换取可靠性的。

PLC 工作时，首先进行系统初始化操作，即内部继电器区清零、定时器复位、检测 I/O 单元的连接、监控定时器复位等。为了使 PLC 的输出及时地响应各种输入信号，初始化后反复不停地分阶段处理各种不同的任务（如图 1-18），这种周而复始的工作模式称为"循环扫描"工作模式。

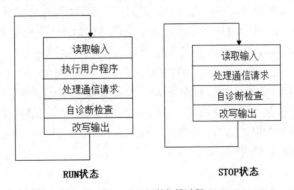

图 1-18　PLC 的扫描过程

初始化完成后进入顺序循环扫描过程，每循环扫描一次称为一个扫描周期，在每一扫描周期过程中都要依次完成以下五个操作任务。

（1）读取输入	在 PLC 的存储器中，设置了一片区域来存放输入信号和输出信号的状态，它们分别称为输入过程映像寄存器和输出过程映像寄存器。CPU 以字节（8 位）为单位来读写输入/输出过程映像寄存器。 　　在读取输入阶段，PLC 把所有外部数字量输入电路的 1/0 状态（或称为 ON/OFF 状态）读入输入过程映像寄存器。外部的输入电路闭合时，对应的输入过程映像寄存器为 1 状态，梯形图中对应的输入点的常开触点闭合，常闭触点断开。外接的输入电路断开时，对应的输入过程映像寄存器为 0 状态，梯形图中对应的输入点的常开触点断开，常闭触点闭合。

（2）执行用户程序	PLC 的用户程序由若干条指令组成，指令在存储器中按顺序排列。在 RUN 工作模式的程序执行阶段，如果没有跳转指令，CPU 从第一条指令开始，逐条顺序地执行用户程序。 　　CPU 在执行指令时，从 I/O 映像寄存器或别的位元件的映像寄存器读出其 0/1 状态，并根据指令的要求执行相应的逻辑运算，运算的结果写入到线圈相应的映像寄存器中，因此，各映像寄存器（只读的输入过程映像寄存器除外）的内容随着程序的执行而变化。 　　在程序执行阶段，即使外部输入信号的状态发生了变化，输入过程映像寄存器的状态也不会随之改变，输入信号变化了的状态只能在下一个扫描周期的读取输入阶段被读入。执行程序时，对输入/输出的存取通常是通过映像寄存器，而不是实际的 I/O 点，这样做有以下好处： ● 程序执行阶段的输入值是固定的，程序执行完后再用输出过程映像寄存器的值更新输出点，使系统的运行稳定。 ● 用户程序读写 I/O 映像寄存器比直接读写 I/O 点快得多，这样可以提高程序的执行速度。
（3）通信处理	在处理通信请求阶段，CPU 处理从通信接口和智能模块接收到的信息，如由编程器送来的程序、命令和各种数据，并把要显示的状态、数据、出错信息等发送给编程器进行显示。如果有与计算机等的通信请求，也在这段时间完成数据的接收和发送任务。
（4）CPU 自诊断检查	自诊断检查包括定期检查 CPU 模块的操作和扩展模块的状态是否正常，将监控定时器复位，以及完成一些别的内部工作。
（5）改写输出	CPU 执行完用户程序后，将输出过程映像寄存器的 0/1 状态传送到输出模块并锁存起来。梯形图中某一输出位的线圈"通电"时，对应的输出过程映像寄存器为 1 状态。信号经输出模块隔离和放大后，继电器型输出模块中对应的硬件继电器的线圈通电，其常开触点闭合，使外部负载通电工作。若梯形图中输出点的线圈"断电"，对应的输出过程映像寄存器为 0 状态，将它送到继电器型输出模块，对应的硬件继电器的线圈断电，其常开触点断开，外部负载断电，停止工作。

　　PLC 的一个扫描周期等于读取输入、执行用户程序、通信处理、CPU 自诊断检查、改写输出等所有时间的总和。由于 PLC 采用循环扫描的工作方式，而且对输入和输出信号只在每个扫描周期的固定时间集中输入和输出，所以会产生输出信号相对输入信号滞后的现象。扫描周期越长，滞后现象越严重。从 PLC 输入端信号发生变化到输出端对输入变化作出反应，需要一段时间。这一段时间称为 PLC 的响应时间或滞后时间，又称为 I/O 响应的时间。响应时间由输入延迟、输出延迟和程序执行三部分决定。

　　PLC 总的响应时间和滞后时间一般只有几毫秒至几十毫秒，对于一般的系统是无关紧要的。要求输入/输出滞后时间尽量短的系统，可以选用扫描速度快的 PLC 或采取其他措施。

　　下面用一个简单的例子来进一步说明 PLC 的扫描工作过程，图 1-16 中的起动按钮 SB1 和停止按钮 SB2 的常开触点分别接在 I0.1 和 I0.2 的输入端，接触器 KM 的线圈接在 Q0.0 的输出端。

　　图 1-19 梯形图中的 I0.1 和 I0.2 是输入变量，Q0.0 是输出变量，它们都是梯形图中的编程元件。I0.1 与接在输入端子的 SB1 的常开触点和输入过程映像寄存器 I0.1 相对应，Q0.0 与接在输出端子的 PLC 内的输出电路和输出过程映像寄存器 Q0.0 相对应。

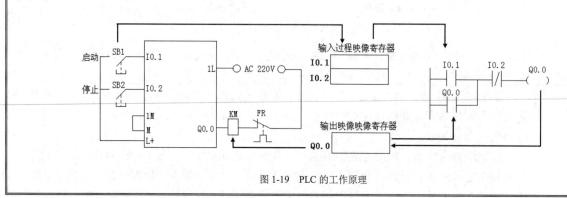

图 1-19　PLC 的工作原理

　　I/O 映像区的建立，使 PLC 工作时只和内存有关地址单元内所存信息状态发生关系，而系统输出也是只给内存某一地址单元设定一个状态。这样不仅加快程序执行速度，而且还使控制系统与外界隔开，提高了系统的抗干扰能力。同时控制系统远离实际控制对象，为硬件标准化生产创造了条件。

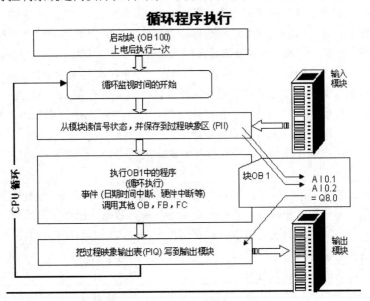

图 1-17　PLC 工作示意图

　　有关 PLC 的存储空间划分和其范围的内容，请参考本书 2.1.1 小节。

　　PLC 的工作方式是采用周期循环扫描，集中输入与集中输出。PLC 上电后，在系统程序的监控下，周而复始地按一定的顺序对系统内部的各种任务进行查询、判断和执行，这个过程实质上是按顺序循环扫描的过程。

　　这种工作方式的显著特点是：可靠性高、抗干扰能力强，但响应滞后、速度慢，也就是说 PLC 是以降低速度为代价换取可靠性的。

　　PLC 工作时，首先进行系统初始化操作，即内部继电器区清零、定时器复位、检测 I/O 单元的连接、监控定时器复位等。为了使 PLC 的输出及时地响应各种输入信号，初始化后反复不停地分阶段处理各种不同的任务（如图 1-18），这种周而复始的工作模式称为"循环扫描"工作模式。

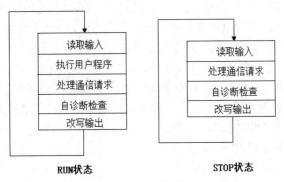

图 1-18　PLC 的扫描过程

　　初始化完成后进入顺序循环扫描过程，每循环扫描一次称为一个扫描周期，在每一扫描周期过程中都要依次完成以下五个操作任务。

（1）读取输入	在 PLC 的存储器中，设置了一片区域来存放输入信号和输出信号的状态，它们分别称为输入过程映像寄存器和输出过程映像寄存器。CPU 以字节（8 位）为单位来读写输入/输出过程映像寄存器。 　　在读取输入阶段，PLC 把所有外部数字量输入电路的 I/O 状态（或称为 ON/OFF 状态）读入输入过程映像寄存器。外部的输入电路闭合时，对应的输入过程映像寄存器为 1 状态，梯形图中对应的输入点的常开触点闭合，常闭触点断开。外接的输入电路断开时，对应的输入过程映像寄存器为 0 状态，梯形图中对应的输入点的常开触点断开，常闭触点闭合。

（2）执行用户程序	PLC 的用户程序由若干条指令组成，指令在存储器中按顺序排列。在 RUN 工作模式的程序执行阶段，如果没有跳转指令，CPU 从第一条指令开始，逐条顺序地执行用户程序。 CPU 在执行指令时，从 I/O 映像寄存器或别的位元件的映像寄存器读出其 0/1 状态，并根据指令的要求执行相应的逻辑运算，运算的结果写入到线圈相应的映像寄存器中，因此，各映像寄存器（只读的输入过程映像寄存器除外）的内容随着程序的执行而变化。 在程序执行阶段，即使外部输入信号的状态发生了变化，输入过程映像寄存器的状态也不会随之改变，输入信号变化了的状态只能在下一个扫描周期的读取输入阶段被读入。执行程序时，对输入/输出的存取通常是通过映像寄存器，而不是实际的 I/O 点，这样做有以下好处： ● 程序执行阶段的输入值是固定的，程序执行完后再用输出过程映像寄存器的值更新输出点，使系统的运行稳定。 ● 用户程序读写 I/O 映像寄存器比直接读写 I/O 点快得多，这样可以提高程序的执行速度。
（3）通信处理	在处理通信请求阶段，CPU 处理从通信接口和智能模块接收到的信息，如由编程器送来的程序、命令和各种数据，并把要显示的状态、数据、出错信息等发送给编程器进行显示。如果有与计算机等的通信请求，也在这段时间完成数据的接收和发送任务。
（4）CPU 自诊断检查	自诊断检查包括定期检查 CPU 模块的操作和扩展模块的状态是否正常，将监控定时器复位，以及完成一些别的内部工作。
（5）改写输出	CPU 执行完用户程序后，将输出过程映像寄存器的 0/1 状态传送到输出模块并锁存起来。梯形图中某一输出位的线圈"通电"时，对应的输出过程映像寄存器为 1 状态。信号经输出模块隔离和放大后，继电器型输出模块中对应的硬件继电器的线圈通电，其常开触点闭合，使外部负载通电工作。若梯形图中输出点的线圈"断电"，对应的输出过程映像寄存器为 0 状态，将它送到继电器型输出模块，对应的硬件继电器的线圈断电，其常开触点断开，外部负载断电，停止工作。

PLC 的一个扫描周期等于读取输入、执行用户程序、通信处理、CPU 自诊断检查、改写输出等所有时间的总和。由于 PLC 采用循环扫描的工作方式，而且对输入和输出信号只在每个扫描周期的固定时间集中输入和输出，所以会产生输出信号相对输入信号滞后的现象。扫描周期越长，滞后现象越严重。从 PLC 输入端信号发生变化到输出端对输入变化作出反应，需要一段时间。这一段时间称为 PLC 的响应时间或滞后时间，又称为 I/O 响应的时间。响应时间由输入延迟、输出延迟和程序执行三部分决定。

PLC 总的响应时间和滞后时间一般只有几毫秒至几十毫秒，对于一般的系统是无关紧要的。要求输入/输出滞后时间尽量短的系统，可以选用扫描速度快的 PLC 或采取其他措施。

下面用一个简单的例子来进一步说明 PLC 的扫描工作过程，图 1-16 中的起动按钮 SB1 和停止按钮 SB2 的常开触点分别接在 I0.1 和 I0.2 的输入端，接触器 KM 的线圈接在 Q0.0 的输出端。

图 1-19 梯形图中的 I0.1 和 I0.2 是输入变量，Q0.0 是输出变量，它们都是梯形图中的编程元件。I0.1 与接在输入端子的 SB1 的常开触点和输入过程映像寄存器 I0.1 相对应，Q0.0 与接在输出端子的 PLC 内的输出电路和输出过程映像寄存器 Q0.0 相对应。

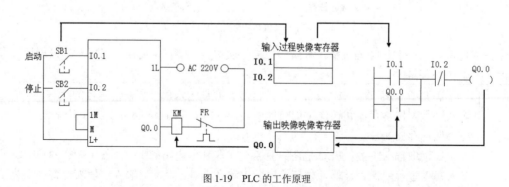

图 1-19　PLC 的工作原理

1.1.3　PLC 的特点、性能指标、应用领域和发展趋势

1. PLC 的特点	
PLC 是专为在工业环境下应用而设计的，具有面向工业控制的鲜明特点。具体来说，有以下几点：	
（1）可靠性高、抗干扰能力强	传统的继电器控制系统使用了大量的中间继电器、时间继电器。由于触点接触不良，容易出现故障。PLC 用软件代替大量的中间继电器和时间继电器，仅剩下与输入和输出有关的少量硬件元件，硬件接线比继电器控制系统少得多，因触点接触不良造成的故障大为减少。 　　PLC 采取了一系列硬件和软件的抗干扰措施，具有很强的抗干扰能力，平均无故障时间达到数万小时，可以直接用于有强烈干扰的工业生产现场，PLC 已被广大用户公认是最可靠的工业控制设备之一。
（2）硬件配套齐全，用户使用方便，适应性强	PLC 产品已经标准化、系列化、模块化，配备有品种齐全的各种硬件装置供用户选用，用户能灵活方便地进行系统配置，组成不同功能和不同规模的系统。PLC 的安装接线也很方便，一般用接线端子连接外部接线。PLC 有较强的带负载能力，可以直接驱动小型电磁阀和小型交流接触器。硬件配置确定后，可以通过修改用户程序，方便快速地适应工艺条件的变化。
（3）编程简单、使用方便	PLC 在基本控制方面采用"梯形图"语言进行编程，这种梯形图是与继电器控制电路图相呼应的，形式简练、直观性强，广大电气工程人员易于接受。用梯形图编程出错率比汇编语言低得多。PLC 还可以采用面向控制过程的控制系统流程图编程和语句表方式编程。梯形图、流程图、语句表之间可有条件地相互转换，使用极其方便。这是 PLC 能够迅速普及和推广的重要原因之一。
（4）模块化结构	PLC 的各个部件，包括 CPU、电源、I/O（包括特殊功能 I/O）等均采用模块化设计，由机架和电缆将各模块连接起来。系统的功能和规模可根据用户的实际需求自行配置，从而实现最佳性价比。由于配置灵活，扩展、维护方便。
（5）安装简便、调试方便	PLC 安装简便，只要把现场的 I/O 设备与 PLC 相应的 I/O 端子相连就完成了全部的接线任务，缩短了安装时间。 　　PLC 的调试工作大都分为室内调试和现场调试。室内调试时，用模拟开关模拟输入信号，其输入状态和输出状态可以观察 PLC 上的相应的发光二极管。可以根据 PLC 上的发光二极管和编程器提供的信息方便地进行测试、排错和修改。室内模拟调试后，即可到现场进行联机调试。
（5）网络通信方便	PLC 提供标准通信接口，可以方便地进行网络通信。
（6）体积小、能耗低	复杂的控制系统使用 PLC 后，可以减少大量的中间继电器和时间继电器，小型 PLC 的体积仅相当于几个继电器的大小，因此可将开关柜的体积缩小到原来的 1/2～1/10。 　　PLC 的配线比继电器控制系统的配线少得多，故可以省下大量的配线和附件，减少安装接线工时，加上开关柜体积的缩小，可以节省大量的费用。
2. PLC 的性能指标	
存储容量	存储容量是指用户程序存储器的容量。用户程序存储器的容量大，可以编制出复杂的程序。一般来说，小型 PLC 的用户存储器容量为几千字，而大型机的用户存储器容量为几万字。
I/O 点数	输入/输出（I/O）点数是 PLC 可以接受的输入信号和输出信号的总和，是衡量 PLC 性能的重要指标。I/O 点数越多，外部可接的输入设备和输出设备就越多，控制规模就越大。
扫描速度	扫描速度是指 PLC 执行用户程序的速度，是衡量 PLC 性能的主要指标。一般以扫描 1K 字用户程序所需的时间来衡量扫描速度，通常以 ms/K 字为单位。PLC 用户手册一般给出执行各条指令所用的时间，可以通过比较各种 PLC 执行相同的操作所用的时间，来衡量扫描速度的快慢。
指令的功能与数量	指令功能的强弱、数量的多少也是衡量 PLC 性能的重要指标。编程指令的功能越强、数量越多，PLC 的处理能力和控制能力也越强，用户程序也越简单和方便，越容易完成负责的控制任务。

内部元件的种类与数量	在控制 PLC 程序时，需要用到大量的内部元件来存放变量、中间结果、保持数据、定时计数、模块设置和各种标志位等信息。这些元件的种类与数量越多，表示 PLC 的存储和处理各种信息的能力越强。
特殊功能单元	特殊功能单元种类的多少与功能的强弱是衡量 PLC 产品的一个重要指标。近年来各 PLC 厂商非常重视特殊功能单元的开发，特殊功能单元种类日益增多，功能越来越强，使 PLC 的控制功能日益扩大。
可扩展能力	PLC 的可扩展能力包括 I/O 点数的扩展、存储器量的扩展、联网功能的扩展、各种功能模块的扩展等。在选择 PLC 时，经常需要考虑 PLC 的可扩展能力。

3. PLC 的应用领域

目前，PLC 在国内外已被广泛应用于钢铁、石油、化工、电力、建材、机械制造、汽车、轻纺、交通运输、环保及文化娱乐等各个行业，使用情况大致可归纳为如下几类。

开关量逻辑控制	这是 PLC 最基本、最广泛的应用领域，它取代传统的继电器电路，实现逻辑控制、顺序控制，既可用于单台设备的控制，也可用于多机群控及自动化流水线，如注塑机、印刷机、订书机械、组合机床、磨床、包装生产线、电镀流水线等。
模拟量控制	在工业生产过程当中，有许多连续变化的量，如温度、压力、流量、液位和速度等都是模拟量。为了使可编程控制器处理模拟量，必须实现模拟量（Analog）和数字量（Digital）之间的 A/D 转换及 D/A 转换。PLC 厂家都生产配套的 A/D 和 D/A 转换模块，使可编程控制器用于模拟量控制。
运动控制	PLC 可以用于圆周运动或直线运动的控制。从控制机构配置来说，早期直接用开关量 I/O 模块连接位置传感器和执行机构，现在一般使用专用的运动控制模块，如可驱动步进电动机或伺服电动机的单轴或多轴位置控制模块。世界上各主要 PLC 厂家的产品几乎都有运动控制功能，广泛用于各种机械、机床、机器人、电梯中。
过程控制	过程控制是指对温度、压力、流量等模拟量的闭环控制。作为工业控制计算机，PLC 能编制各种各样的控制算法程序，完成闭环控制。PID 调节是一般闭环控制系统中用得较多的调节方法。大中型 PLC 都有 PID 模块，目前许多小型 PLC 也具有此功能模块。PID 处理一般是运行专用的 PID 子程序。过程控制在冶金、化工、热处理、锅炉控制等场合有非常广泛的应用。
数据处理	现代 PLC 具有数学运算（含矩阵运算、函数运算、逻辑运算）、数据传送、数据转换、排序、查表、位操作等功能，可以完成数据的采集、分析及处理。这些数据可以与存储在存储器中的参考值比较，完成一定的控制操作，也可以利用通信功能传送到其他的智能装置，或将它们打印制表。数据处理一般用于大型控制系统，如无人控制的柔性制造系统；也可用于过程控制系统，如造纸、冶金、食品工业中的一些大型控制系统。
通信及联网	现代 PLC 具有网络通信的功能，它既可以对远程 I/O 进行控制，又能实现 PLC 与 PLC、PLC 与计算机之间的通信，从而构成"集中管理、分散控制"的分布式控制系统，实现工厂自动化。PLC 还可与其他智能控制设备（如变频器、数控装置）实现通信。PLC 与变频器组成联合控制系统，可提高控制交流电动机的自动化水平。

4. PLC 的发展趋势

PLC 的产生	20 世纪 60 年代末，美国汽车制造工业竞争十分激烈。为了适应市场从少品种大批量生产向多品种小批量生产的转变，为了尽可能减少转变过程中控制系统的设计制造时间和成本，1968 年美国通用汽车公司（General Motors，GM）公开招标，要求用新的控制装置取代生产线上的继电接触器控制系统。其具体要求是： ● 编程简单方便，可在现场修改程序。 ● 硬件维护方便，最好是插件式结构。 ● 可靠性要高于继电器控制装置。 ● 体积小于继电器控制装置。 ● 可将数据直接送入管理计算机。 ● 成本上可与继电器控制装置竞争。

	● 输入可以是交流 115V。 ● 输出为交流 115V，2A 以上，能直接驱动电磁阀。 ● 扩展时，原有系统只需做很小的改动。 ● 用户程序存储器容量至少可以扩展到 4KB。 　　根据上述要求，1969 年美国数字设备公司（DEC）研制出世界上第一台 PLC（PDP-14 型），并在通用汽车公司自动装配线上试用，获得了成功，从而开创了工业控制新时代。从此，可编程序控制器这一新的控制技术迅速发展起来，而且，在工业发达国家发展很快。 　　由于这种新型工业控制装置可以通过编程改变控制方案，且专门用于逻辑控制，所以人们称这种新的工业控制装置为可编程逻辑控制器（Programmable Logic Controller，PLC）。
PLC 的定义	在 PLC 的发展过程中，美国电气制造商协会（NEMA）经过 4 年的调查，于 1980 年把这种新型的控制器正式命名为可编程序控制器（Programmable Controller，PC）。并作如下定义："可编程序控制器是一种数字式的电子装置。它使用可编程序的存储器来存储指令，并实现逻辑运算、顺序控制、计数、计时和算术运算功能，用来对各种机械或生产过程进行控制。" 　　国际电工委员会（IEC）在 1987 年的 PLC 标准草案第 3 稿中，对 PLC 作了如下定义："可编程序控制器是一种数字运算操作的电子系统，专为在工业环境下应用而设计。它采用可编程序的存储器，用来在其内部存储执行逻辑运算、顺序控制、定时、计数和算术运算等操作的指令，并通过数字式、模拟式的输入和输出，控制各种类型的机械或生产过程。可编程序控制器及其有关设备，都应按易于使工业控制系统形成一个整体，易于扩充其功能的原则设计。" 　　从上述定义可以看出，PLC 是一种用程序来改变控制功能的工业控制计算机，除了能完成各种各样的控制功能外，还有与其他计算机通信联网的功能。定义强调了 PLC 应直接应用于工业环境，它必须具有很强的抗干扰能力、广泛的适应能力和应用范围。这是区别于一般微机控制系统的一个重要特征。

PLC 的发展		
		PLC 的出现引起世界各国的普遍重视，日本日立公司从美国引进了 PLC 技术并加以消化后，于 1971 年试制成功了日本第一台 PLC；1973 年德国西门子公司独立研制成功了欧洲第一台 PLC，我国从 1974 年开始研制，1977 年开始工业应用。 　　PLC 的发展与计算机技术、半导体技术、控制技术、数字技术、通信网论技术等高新技术的发展息息相关，这些高新技术的发展推动了 PLC 的发展，而 PLC 的发展又对这些高新技术提出了更高、更新的要求，促进了它们的发展。PLC 的发展速度十分惊人，目前用可编程控制器设计自动控制系统已成为世界潮流。PLC 的发展大致可分为以下四个阶段。
	第一阶段	从 1969 年第一台 PLC 问世到 1972 年，是 PLC 的初创阶段。 　　1969 年美国 DEC 公司研制的第一台 PDP-14 型 PLC 与现代的 PLC 有很大的差别。它采用计算机的初级语言编写应用程序，它的 CPU 采用中、小规模集成电路，以逻辑运算为主，只是专用的逻辑处理器；它的实质只是一台专用的逻辑控制计算机，还缺乏 PLC 自己的鲜明的性格；它价格贵、功能仅限于开关量逻辑控制。因而，当时称其为可编程序控制器，只是在一些大型生产设备或自动生产线上使用。第一台 PLC 的功绩是把计算机的程序存储技术引入继电器控制系统。 　　这个阶段的 PLC 控制功能比较简单，主要用于逻辑运算和计时、计数和顺序控制等。
	第二阶段	从 1973 年到 1978 年，是 PLC 的成熟阶段。 　　大规模集成电路促进了微机的发展，提供了 PLC 发展的可能性。很快出现了以微处理器为核心的新一代 PLC。在控制功能上，除了具有位逻辑运算、计时、计数功能外，还具有数值（字）运算和数据处理、数据传送、监控、记录显示、计算机接口、模拟量控制等功能。

PLC 的发展	第二阶段	在编程技术方面开发了面向用户的梯形图编程法，通俗易懂。这个时期的 PLC 把计算机的编程灵活、功能齐全、应用面广等优点与继电器控制系统的结构简单、使用方便、价格便宜、抗干扰强等优点结合起来，面向工业控制的鲜明特点显露出来，技术日趋完备，PLC 进入实用化阶段。 1980 年将可编程序逻辑控制器（PLC）正式改称为可编程序控制器（Programmable Controller, PC）。后来，为了与个人计算机（Personal Computer）的缩写 PC 相区别，人们又把可编程序控制器称为 PLC。
	第三阶段	从 1978 年到 1984 年，是 PLC 的大发展阶段。 这个时期 PLC 进入持续高速发展的新阶段。PLC 面向工业控制的鲜明特点受到各方面的欢迎，PLC 由最初用于汽车工业取代继电器控制系统，发展到已广泛应用于各国的机械、冶金、石油、化工、煤炭、动力、交通运输、轻工、建筑、纺织等工业部门，其应用面几乎覆盖了所有工业企业。随着 PLC 应用面的扩大，其需求量大大增加，从而进一步促进了 PLC 的生产和研究，产品的品种越来越多，新的生产厂家不断增加，销售额剧增。 这个时期的 PLC 采用 8 位、16 位微处理器作为 CPU，有些还采用了多微处理器结构。PLC 的功能进一步增强，处理速度更快。增加了多种特殊功能，如浮点数运算、平方、三角函数、查表、列表、脉宽调制变换、高速计数、PID 控制、定位控制、中断控制等；自诊断功能和容错技术发展迅速；还具有通信功能和远程 I/O 能力。初步形成了分布式通信网络体系。
	第四阶段	从 1984 年至今，是 PLC 的继续发展阶段。 由于超大规模集成电路技术的迅速发展，微处理器的市场价格大幅度下跌，使得各种类型的 PLC 所采用的微处理器的档次普遍提高，提高了 PLC 处理速度，使得 PLC 软、硬件功能发生了巨大变化，甚至使 PLC 已具有接近于工业控制计算机的强有力的软、硬件功能。现在的小型 PLC，其功能在有些方面甚至赶上和超过了上阶段的大型 PLC。PLC 用户存储器的容量增大，I/O 除了采用通用的扫描处理方式外，还可以采用直接处理方式。通信系统的开放，使各厂家生产的产品可以相互通信。通信协议的标准化，可使 PLC 能成为计算机网络的一个成员，共享网络资源。通过 PLC 网络通信功能，可构成多级通信网，实现工厂管理与控制的自动化。PLC 的监控功能，可在 CRT 上显示生产工艺流程的图形，用 CRT 画面替代仪表盘，可十分灵活方便地进行各种控制和管理操作。 PLC 的编程语言除了传统的梯形图、流程图、语句表外，还能用高级语言，如 BASIC、PASCAL、FORTRAN、C 语言、数控语言等。PLC 的人机对话能力增强，使编程软件得以普及和简化，屏幕对话十分灵活，可以进行全屏幕的编辑。用户程序在编辑过程中，不但排错、纠错能力加强，还可以进行在线仿真，加快了软件开发的周期。

从 20 世纪 70 年代初开始，在不到 30 年的时间里，PLC 生产发展成为一个巨大的产业。据不完全统计，现在世界上生产 PLC 的厂家有 200 多家，生产大约 400 多个品种的 PLC 产品。其中在美国注册的厂商超过 100 多家，生产大约 200 多个品种的 PLC；日本有 70 家左右的 PLC 厂商，生产 200 多个品种；欧洲注册的厂家有十几个，生产几十个品种的 PLC。在世界范围内，PLC 产品的产量、销量、用量高居各种工业控制装置榜首，而且市场需求量一直按每年 15% 的比率上升。

目前，我国已可以生产中小型可编程控制器。上海东屋电气有限公司生产的 CF 系列、杭州机床电器厂生产的 DKK 及 D 系列、大连组合机床研究所生产的 S 系列、苏州电子计算机厂生产的 YZ 系列等多种产品已具备了一定的规模并在工业产品中获得应用。此外，无锡花光公司、上海乡岛公司等中外合资企业也是我国比较著名的 PLC 生产厂家。可以预见，随着我国现代化进程的深入，PLC 在我国将有更广阔的应用天地。

PLC 的发展	展望未来，PLC 会有更大的发展：从技术上，计算机技术的新成果会更多地应用于可编程控制器的设计和制造上，会有运算速度更快、存储容量更大、智能更强的品种出现；从产品规模上看，会进一步向超小型及超大型方向发展；从产品的配套性上看，产品的品种会更丰富，规格会更齐全，更加完美的人机界面、完备的通信设备会更好地满足各种工业控制场合的需求；从市场上看，各国各自生产多品种产品的情况会随着国际竞争的加剧而打破，会出现少数几个品牌垄断国际市场的局面，出现国际通用的编程语言；从网络的发展情况来看，可编程控制器和其他工业控制计算机组网构成大型的控制系统是可编程控制器技术的发展方向。目前的计算机集散控制系统（Distributed Control System，DCS）中已有大量的可编程控制器应用。伴随着计算机网络的发展，可编程控制器作为自动化控制网络和国际通用网络的重要组成部分，将在工业及工业以外的众多领域发挥越来越大的作用。

习　题

一、填空题：

1．PLC 主要由_____、_____、_____、_____和编程器等组成。

2．继电器的线圈"断电"时，其常开触点_____，常闭触点_____。

3．外部的输入电路接通时，对应的输入过程影像寄存器为_____状态，梯形图的常开触点_____，常闭触点_____。

4．PLC 软件系统有_____和_____两大部分。

5．S7-200 系列 PLC 指令系统的数据寻址方式有_____、_____和_____3 大类。

6．S7-200 系列 PLC 的存储单元有_____、_____、_____和_____四种编址方式。

7．PLC 的执行程序的过程分为三个阶段，即_____、_____、_____。

8．PLC 的工作方式是_____。

9．CPU224 型 PLC 本机 I/O 点数为_____。

二、简答题：

1．PLC 是如何产生的？简述 PLC 发展的过程。

2．什么是 PLC？PLC 有哪些特点？

3．PLC 可以应用在哪些领域？

4．PLC 可以分为哪些类型？

5．PLC 由哪些部分组成？

6．PLC 有哪几种工作模式？

7．PLC 工作过程分为哪几个阶段？

子学习情境 1.2　S7-200 系列 PLC 软硬件安装和使用

 情境导入

"S7-200 系列 PLC 软硬件安装和使用"工作任务单

情　　境	S7-200 系列 PLC 的识读				
学习任务	子学习情境 1.2：S7-200 系列 PLC 软硬件安装和使用		完成时间		
学习团队	学习小组		组长		成员

任务载体		资讯
任务载体 和资讯	 图 1-20　S7-200 PLC 和其编程软件	PLC 系统由硬件和软件两部分组成（见图 1-20），S7-200 PLC 利用安装在计算机上的 STEP7-Micro/WIN32 专用编程软件开发 PLC 应用程序，并且可以实时监控用户程序的执行状态。 　　为了实现 S7-200 PLC 与计算机间的通信，必须使用具有 Windows 95 以上操作系统的计算机，同时必须配备下列三种设备的一种：一根 PC/PPI 电缆、一个通信处理器（CP）卡和多点接口（MPI）电缆，或一块 MPI 卡和配套的电缆。其中 PC/PPI 电缆价格便宜，用得最多。 　　STEP7-Micro/WIN32 编程软件可以从西门子公司网站下载，也可用光盘安装，双击 STEP7-Micro/WIN32 的安装程序 setup.exe，根据在线提示，完成安装。编程语言可选择英语，安装完后可用 STEP7-Micro/WIN32 中文汉化软件将编程界面和帮助文件汉化，使编程环境成为中文状态。
任务要求	1．了解 S7-200 PLC 的系统配置。 2．掌握 S7-200 PLC 的硬件安装。 3．掌握 S7-200 PLC 编程软件的安装和使用。	
引导文	1．团队分析任务要求，讨论如下问题： （1）S7-200 PLC 的系统配置应满足哪些要求？ （2）STEP7-Micro/WIN 32 专用编程软件的安装步骤你了解了吗？ （3）在 PLC 实训室仔细观察 S7-200 系列 PLC 与计算机之间的连接方式，包括接口、线缆等。 2．你已经具备完成此情景学习的所有资料了吗？如果没有，还缺少哪些？应该通过哪些渠道获得？ 3．通过前面的引导文指引，你和你的团队是否明白，实现本情境任务的学习，包括哪些具体任务？你们团队该如何分工合作，共同完成这项任务？制订计划，并将团队的决策方案写到《可编程控制技术实践手册》中本任务的"计划和决策表"内。 4．团队成员之间互通有无，把自己掌握、理解的知识点和其他队员一起分享，一起进步。 5．将任务的实施情况（可以包括你学到的知识点和技能点、包括团队分工任务的完成情况等）整理成文档，记录在"任务实施表"中。 6．将你们的学习成果提交给指导教师，让其为你们的任务完成情况进行检查，并记录在"任务检查表"中。 7．就你们团队的知识、技能、能力和素质进行自我评价、互相评价和教师评价，填写"任务评价表"。正确认识自己的不足之处，取长补短，争取在下次任务训练中得到进步。	

任务描述

学习目标	学习内容	任务准备
1．了解 S7-200 PLC 的系统配置； 2．掌握 S7-200 PLC 的软件安装； 3．使用 S7-200 PLC 软件创建第一个工程。	1．S7-200 PLC 硬件配置； 2．S7-200 PLC 软硬件安装； 3．S7-200 PLC 软件的初步使用。	1．本任务可试着让学生安装软件、使用软件进行通信设置和组建第一个工程； 2．需要学生线上下载工作过程记录单，分析任务单和引导文，并进行此节内容的预习。

知识链接

1.2.1 S7-200 系列 PLC 的硬件配置和参数设置

1. S7-200 系列 PLC 的硬件配置约束		
S7-200 PLC 任一型号的主机，都可以单独构成基本配置，作为一个独立的控制系统，S7-200 PLC 各型号主机的 I/O 配置是固定的，它们具有固定的 I/O 地址。 可以采用主机带扩展模块的方法扩展 S7-200 PLC 的系统配置。采用数字量模块或模拟量模块可扩展系统的控制规模；采用智能模块可扩展系统的控制功能。S7-200 PLC 主机带扩展模块进行配置时会受到以下相关因素的限制。		
（1）允许主机所带扩展模块的数量		各类主机可带扩展模块的数量是不同的。CPU221 模块不允许带扩展模块；CPU222 模块最多可带 2 个扩展模块；CPU224 模块、CPU226 模块、CPU226XM 模块最多可带 7 个扩展模块，且 7 个扩展模块中最多只能带 2 个智能扩展模块。
（2）CPU 输入、输出映像区的大小	数字量 I/O 映像区的大小	S7-200PLC 各类主机提供的数字量 I/O 映像区区域为：128 个输入映像寄存器（I0.0～I15.7）和 128 个输出映像寄存器（Q0.0～Q15.7），最大 I/O 配置不能超出此区域。 PLC 系统配置时，要对各类输入、输出模块的输入、输出点进行编址。主机提供的 I/O 具有固定的 I/O 地址。扩展模块的地址由 I/O 模块类型及模块在 I/O 链中的位置决定。编址时，按同类型的模块对各输入点（或输出点）顺序编址。数字量输入、输出映像区的逻辑空间是以 8 位（1 个字节）为单位递增的。编址时，对数字量模块物理点的分配也是按 8 点来分配地址的。即使有些模块的端子数不是 8 的整数倍，也仍以 8 点来分配地址。例如，4 入/4 出模块也占用 8 个输入点和 8 个输出点的地址，那些未用的物理点地址不能分配给 I/O 链中的后续模块，那些与未用物理点相对应的 I/O 映像区的空间就会丢失。对于输出模块，这些丢失的空间可用来作内部标志位存储器；对于输入模块却不可以，因为每次输入更新时，CPU 都对这些空间清零。
	模拟量 I/O 映像区的大小	主机提供的模拟量 I/O 映像区域为：CPU222 模块，16 入/16 出；CPU224 模块、CPU226 模块、CPU226XM 模块，32 入/32 出，模拟量的最大 I/O 配置不能超出此区域。模拟量扩展模块总是以 2 个通道递增的方式来分配空间。 现选用 CPU226 模块作为主机进行系统的 I/O 配置，见表 1-2。CPU226 模块可带 7 块扩展模块，表中 CPU226 模块带了 4 块扩展模块。CPU226 模块提供的主机 I/O 点有 24 个数字量输入点和 16 个数字量输出点。 模块 0 是一块具有 8 个输入点的数字量扩展模块。 模块 1 是一块 4IN/4OUT 的数字量扩展模块，实际上它却占用了 8 个输入点地址和 8 个输出点地址，即（I4.0～I4.7、Q2.0～Q2.7）。其中输入点地址（I4.4～I4.7）、输出点地址（Q2.4～Q2.7）由于没有提供相应的物理点与之相对应，那么与之对应的输入映像寄存器（I4.4～I4.7）、输出映像寄存器（Q2.4～Q2.7）的空间就被丢失了，且不能分配给 I/O 链中的后续模块。由于输入映像寄存器（I4.4～I4.7）在每次输入更新时都被清零，因此不能作为内部标志位存储器使用。 模块 2、模块 3 是具有 4 个输入通道和 1 个输出通道的模拟量扩展模块。由于模拟量扩展模块是以 2 个通道递增的方式来分配空间，因此它们分别占用了 4 个输入通道的地址和 2 个输出通道的地址。

表 1-2　CPU226 模块的 I/O 配置及地址分配

主机		模块 0	模块 1		模块 2		模块 3	
CPU226		EM221	EM223		EM235		EM235	
24DI/16DO		8DI	4DI/4DO		4AI/1AQ		4AI/1AQ	
I0.0	Q0.0	I3.0	I4.0	Q2.0	AIW0	AQW0	AIW8	AQW4
I0.1	Q0.1	I3.1	I4.1	Q2.1	AIW2		AIW10	
I0.2	Q0.2	I3.2	I4.2	Q2.2	AIW4		AIW12	
I0.3	Q0.3	I3.3	I4.3	Q2.3	AIW6		AIW14	
I0.4	Q0.4	I3.4						
I0.5	Q0.5	I3.5						
I0.6	Q0.6	I3.6						
I0.7	Q0.7	I3.7						
I1.0	Q1.0							
I1.1	Q1.1							
I1.2	Q1.2							
I1.3	Q1.3							
I1.4	Q1.4							
I1.5	Q1.5							
I1.6	Q1.6							
I1.7	Q1.7							
I2.0								
I2.1								
I2.2								
I2.3								
I2.4								
I2.5								
I2.6								
I2.7								

（3）内部电源的负载能力 / PLC 内部 DC+5V 电源的负载能力

CPU 模块和扩展模块正常工作时，需要+5V 工作电源。S7-200PLC 内部电源单元提供的 DC+5V 电源为 CPU 模块和扩展模块提供了工作电源。其中扩展模块所需的 DC+5V 工作电源是由 CPU 模块通过总线连接器提供的。CPU 模块向其总线扩展接口提供的电流值是有限制的。在配置扩展模块时，应注意 CPU 模块所提供 DC+5V 电源的工作能力。电源超载会发生难以预料的故障或事故。为确保电源不超载，应使各扩展模块消耗 DC+5V 电源的电流总和不超过 CPU 模块所提供的电流值。否则的话，要对系统重新配置。

S7-200 各类主机（CPU 模块），为扩展模块所能提供 DC+5V 电源的最大电流和各扩展模块对 DC+5V 电源的电流消耗，见表 1-3。

表 1-3　S7-200 CPU 模块提供的电流

CPU 22X 为扩展 I/O 提供的 DC+5V 电源的最大电流/mA		扩展模块对 DC+5V 电源的电流消耗/mA	
CPU 222	340	EM221 DI8×DC 24V	30
CPU 224	660	EM222 DO8×DC 24V	50
CPU 226	1000	EM222 DO8×继电器	40

续表

CPU 22X 为扩展 I/O 提供的 DC+5V 电源的最大电流/mA		扩展模块对 DC+5V 电源的电流消耗/mA	
CPU 222	340	EM223 DI4/DO4×DC 24V	40
CPU 224	660	EM223 DI4/DO4×DC 24V/继电器	40
CPU 226	1000	EM223 DI8/DO8×DC 24V	80
		EM223 DI8/DO8×DC 24V/继电器	80
		EM223 DI16/DO16×DC 24V	160
		EM223 DI16/DO16×DC24V/继电器	150
		EM231 AI4×12 位	20
		EM231 AI4×热电偶	60
		EM231 AI4×RTD	60
		EM232 AQ2×12 位	20
		EM235 AI4×AQ1×12 位	30
		EM227 PROFIBUS-DP	150

系统配置后，必须对 S7-200 主机内部的 DC+5V 电源的负载能力进行校验。

PLC 内部 DC+24V 电源的负载能力	S7-200 主机的内部电源单元除了提供 DC+5V 电源外，还提供 DC+24V 电源。DC+24V 电源也称为传感器电源，它可以作为 CPU 模块和扩展模块用于检测直流信号输入点状态的 DC24V 电源，如果用户使用传感器的话，也可作为传感器的电源。一般情况下，CPU 模块和扩展模块的输入、输出点所用的 DC24V 电源是由用户外部提供。如果使用 CPU 模块内部的 DC24V 电源的话，应注意该 DC24V 电源的负载能力。使 CPU 模块及各扩展模块所消耗电流的总和不超过该内部 DC24V 电源所提供的最大电流（400mA）。 　　使用时，若需用户提供外部电源（DC24V）的话，应注意电源的接法：主机的传感器电源与用户提供的外部 DC24V 电源不能采用并联连接，否则将会导致两个电源的竞争而影响它们各自的输出。这种竞争的结果会缩短设备的寿命，或者使得一个电源或两者同时失效，并且使 PLC 系统产生不正确的操作。

2．S7-200 PLC 的硬件配置和参数设置

（1）建立 S7-200 CPU 的通信	能否在运行 STEP7-Micro/WIN32 的 PC 上和 PLC 上建立通信取决于系统的硬件配置，可以采用 PC/PPI 电缆建立 PC 机与 PLC 之间的通信。这时只需将 PC/PPI 电缆的 PC 端连接至计算机的 RS-232 通信口，而 PC/PPI 的 PPI 端连至 PLC 的 RS-485 通信接口即可，典型的单主机与 PC 机的连接，不需要其他的硬件设备。如果使用调制解调器或通信卡，则需参考随附硬件的安装指南。 　　如图 1-21 所示，PC/PPI 电缆的两端分别为 RS-232 和 RS-485 接口，RS-232 端连接到个人计算机 RS-232 通信口 COM1 或 COM2 接口上，RS-485 端接到 S7-200 CPU 通信口上。PC/PPI 电缆中间有通信模块，模块外部设有波特率设置开关，有 5 种支持 PPI 协议的波特率可以选择，分别为：1.2K、2.4K、9.6K、19.2K、38.4K。系统的默认值为 9.6Kb/s。PC/PPI 电缆波特率设置开关（DIP 开关）的位置应与软件系统设置的通信波特率相一致。DIP 开关如图所示，DIP 开关上有 5 个扳键，1、2、3 号键用于设置波特率，4 号和 5 号键用于设置通信方式。通信速率的默认值为 9600b/s，1、2、3 号键设置为 010，未使用调制解调器时，4、5 号键均应设置为 00。

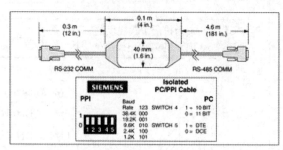

图 1-21 PC/PPI 电缆和其波特率设置开关

（2）通信参数
的设置

硬件设置好后，在安装好的 STEP7-Micro/WIN 软件中，按下面的步骤查看或设置通信参数。对于简单的 PC/PPI 连接，使用软件默认的通信协议即可。

通过软件运行主界面可以查看默认参数，方法如下：

- 在 STEP7-Micro/WIN32 指令树中单击通信图标，或从"视图（View）"菜单中选择"通信（Communications）"，会出现一个通信对话框。
- 对话框中双击 PC/PPI 电缆图标，将出现 PC/PG 接口的对话框，如图 1-22 所示。
- 单击"属性（Properties）"按钮，将出现接口属性对话框，检查各参数的属性是否正确，初学者可以使用默认的通信参数，在 PC/PPI 性能设置的窗口中按"默认（Default）"按钮，可获得默认的参数。默认站地址为 2，波特率为 9600b/s，帧长度为 11 位。

图 1-22 设置 PG/PC 属性对话框

可以在编程前设置通信参数，也可等到下载程序时再设置。在建立通信或编辑通信设置以前，应根据 PLC 的类型进行范围检查。必须保证 STEP 7-Micro/WIN 中的 PLC 类型选择与 PLC 的实际类型相符。如果尚未选择 PLC 类型就打开新项目开始编辑程序，STEP7-Micro/WIN32 编辑器及编译器只对指令、地址及 S7-200 PLC 型号均支持的 PLC 特征进行编程，而对于程序中使用的不被支持的 PLC 特征，在下载项目时，将会被拒绝。而且指定 PLC 类型后，指令树将用红色标记 x 表示无效的 PLC 指令。

设置 PLC 类型的方法是选择菜单栏中的"PLC"→"类型"，打开 PLC 类型对话框，或者在"指令树"中右击项目名称，弹出"类型"按钮，单击打开 PLC 类型对话框，如图 1-23 所示。可在下拉列表中选择 PLC 类型或直接从 PLC 读取。通过选择 PLC 类型，可以起动 STEP7-Micro/WIN32 的执行指令及参数检查功能，帮助防止创建程序时发生的编程错误。

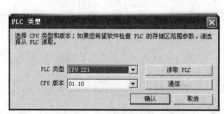

图 1-23 "PLC 类型"对话框

	在前几步顺利完成后，可以建立与 S7-200 CPU 的在线联系，步骤如下：	

<table>
<tr><td rowspan="1">（3）建立在线
连接</td><td>

- 在 STEP7-Micro/WIN32 运行时单击通信图标，或从"视图（View）"菜单中选择"通信（Communications）"，出现一个通信建立结果对话框（见图 1-24），显示是否连接了 CPU 主机。
- 双击对话框中的刷新图标，STEP7-Micro/WIN32 编程软件将检查所连接的所有 S7-200CPU 站。在对话框中显示已建立起连接的每个站的 CPU 图标、CPU 型号和站地址。
- 双击要进行通信的站，在通信建立对话框中，可以显示所选的通信参数。

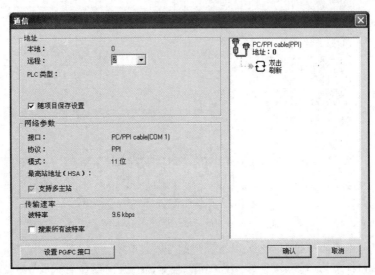

图 1-24　通信建立结果对话框

</td></tr>
<tr><td>（4）修改 PLC
的通信参数</td><td>

计算机与可编程控制器建立起在线连接后，即可以利用软件检查、设置和修改 PLC 的通信参数。步骤如下：

- 单击浏览条中的系统块图标，或从"视图（View）"菜单中选择"系统块（System Block）"选项，将出现系统块对话框。
- 单击"通信口"选项卡，检查各参数，确认无误后单击确定。若须修改某些参数，可以先进行有关的修改，再单击"确认"。
- 单击工具条的下载按钮▾，将修改后的参数下载到可编程控制器，设置的参数才会起作用。

</td></tr>
<tr><td>（5）PLC 信息
的读取</td><td>选择菜单命令"PLC"，找到"信息"，将显示出可编程控制器 RUN/STOP 状态，扫描速率，CPU 的型号错误的情况和各模块的信息。</td></tr>
</table>

1.2.2　S7-200 系列 PLC 的编程软件安装和初识

1. STEP 7-Micro/WIN 编程软件介绍

STEP7-Micro/WIN32 编程软件可以从西门子公司网站下载，也可用光盘安装，双击 STEP7-Micro/WIN32 的安装程序 setup.exe，根据在线提示，完成安装。编程语言可选择英语，安装完后可用 STEP7-Micro/WIN32 中文汉化软件将编程界面和帮助文件汉化，使编程环境成为中文状态。STEP7-Micro/WIN32 软件有 V3.01、V3.02、V3.1、V4.0 等多个版本，V3.1 有 SPl、SP2 升级版。用户可到西门子公司网站（www.ad.siemens.com.cn）进行软件的升级。

S7-200 PLC 使用 STEP 7-Micro/WIN 编程软件编程。STEP 7-Micro/WIN 编程软件是基于 Windows 操作系统的应用软件，功能强大，主要用于开发程序，也可用于实时监控用户程序的执行状态。该软件 4.0 以上版本有包括中文在内的多种语言使用界面。

STEP 7-Micro/WIN 编程软件的主界面如图 1-25 所示。

浏览条　　　　指令数　菜单条　　　工具条

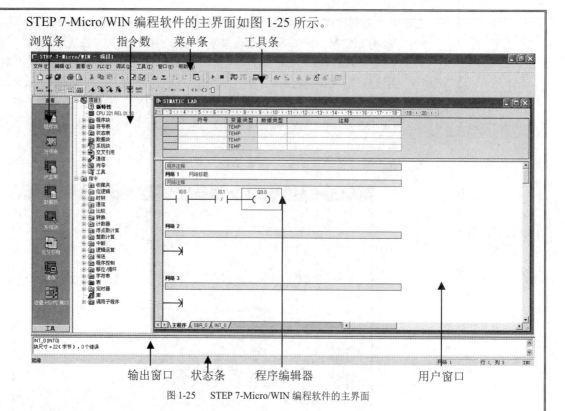

输出窗口　　状态条　　程序编辑器　　　　用户窗口

图 1-25　STEP 7-Micro/WIN 编程软件的主界面

　　主界面一般可以分为以下几个部分：菜单条、工具条、浏览条、指令数、用户窗口、输出窗口和状态条。除菜单条外，用户可以根据需要通过查看菜单和窗口菜单决定其他窗口的取舍和样式的设置。

STEP 7-Micro/ WIN 窗口组件	主菜单包括文件、编辑、查看、PLC、调试、工具、窗口、帮助八个主菜单项。各主菜单项的功能如下。
文件菜单	文件菜单主要包括对文件进行新建、打开、关闭、保存、另存、导入、导出、上载、下载、页面设置、打印、预览、退出等操作。
编辑菜单	编辑菜单可以实现剪切、复制、粘贴、插入、查找、替换、转至等操作。
查看菜单	查看菜单用于选择各种编辑器，如程序编辑器、数据块编辑器、符号表编辑器、状态表编辑器、交叉引用查看以及系统块和通信参数设置等。查看菜单还可以控制程序注解、网络注解以及浏览条、指令数和输出视窗的显示和隐藏，可以对程序块的属性进行设置。
PLC 菜单	PLC 菜单用于与 PLC 联机时的操作，如用软件改变 PLC 的运行方式（运行、停止），对用户程序进行编译，清除 PLC 程序，电源起动重置，查看 PLC 的信息，时钟、存储卡的操作，程序比较，PLC 类型选择等。其中对用户程序进行编译可以离线进行。
调试菜单	调试菜单用于联机时的动态调试。调试时可以指定 PLC 对程序执行有限次数扫描（从 1 次扫描到 65535 次扫描）。通过选择 PLC 运行的扫描次数，可以在程序改变过程变量时对其进行监控。第一次扫描时，SM0.1 数值为 1。
工具菜单	工具菜单提供复杂指令向导（PID、HSC、NETR/NETW 指令），使复杂指令编程时的工作简化；提供文本显示器 TD200 设置向导；定制子菜单可以更改 STEP 7-Micro/WIN 工具条的外观或内容以及在工具菜单中增加常用工具；选项子菜单可以设置三种编辑器的风格，如字体、指令盒的大小等样式。
窗口菜单	窗口菜单可以设置窗口的排放形式，如层叠、水平、垂直。
帮助菜单	帮助菜单可以提供 S7-200 的指令系统级编程软件的所有信息，并提供在线帮助、网上查询、访问等功能。

工具条	标准工具条	如图 1-26 所示，标准工具条各快捷按钮从左到右分别为新建项目、打开现有项目、保存当前项目、打印、打印预览、剪切选项并复制至剪切板、将选项复制至剪切板、在光标位置粘贴剪贴板内容、撤销最后一个条目、编译程序块或数据块（任意一个现用窗口）、全部编译（程序块、数据块和系统块）、将项目从 PLC 上载至 STEP 7-Micro/WIN、从 STEP 7-Micro/WIN 下载至 PLC，符号表名称按照 A～Z 排列、符号表名称列按照 Z～A 排序、选项（配置程序编辑器窗口）。  图 1-26　标准工具条
	调试工具条	如图 1-27 所示，调试工具条各快捷按钮从左到右分别为将 PLC 设为运行模式、将 PLC 设为停止模式、打开程序状态监控、暂停程序状态监控（只用于语句表）、图状态打开/关闭、状态图表单次读取、状态图表全部写入、强调 PLC 数据、取消强制 PLC 数据、状态图表全部取消强制、状态图表全部读取强制数值。  图 1-27　调试工具条
	公用工具条	如图 1-28 所示，公用工具条各快捷按钮从左到右分别为插入网络、删除网络、程序注解显示/隐藏、网络注解、检视/隐藏每个网络的符号信息表、切换书签、下一个书签、前一个书签、清除全部书签、在项目中应用所有的符号、建立表格未定义符号、常量说明打开/关闭之间切换等。程序注解、网络注解、符号信息表如图 1-29 所示。  图 1-28　公用工具条 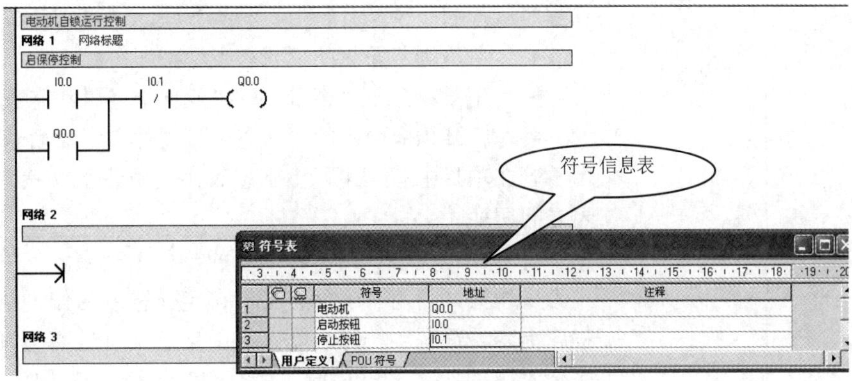 图 1-29　程序注解、网络注解、符号信息表
	LAD 指令工具条	LAD 指令工具条如图 1-30 所示，从左到右分别为插入向下直线、插入向上直线、插入左行、插入右行、插入接点、插入线圈、插入指令盒。 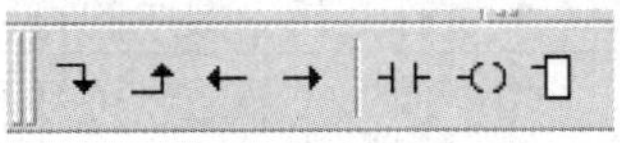 图 1-30　LAD 指令工具条
浏览条		浏览条为编程提供按钮控制，可以实现窗口的快速切换，即对编程工具执行直接按钮存取、包括程序块、符号表、状态图表、数据块、系统块、交叉引用和通信。单击上述任意按钮，则主窗口切换成此按钮对应的窗口。

指令树		指令数以树形结构提供编程时用到的所有快捷操作命令和 PLC 指令，可分为项目分支和指令分支。项目分支用于组织程序项目；指令分支用于输入程序、打开指令文件夹并选择指令。
用户窗口		可同时打开 6 个用户窗口，分别为交叉引用、数据块、状态表、符号表、程序编辑器、局部变量表。
	交叉引用	在程序编译成功后，可用下面的方法之一打开"交叉引用"窗口： ● 　用菜单命令"查看"→"交叉引用"； ● 　单击浏览条中的"交叉引用"按钮。 　　如图 1-31 所示，交叉引用表列出在程序中使用的各操作数所在的 POU、网络或行位置以及每次使用各操作数的语句表指令。通过交叉引用表还可以查看哪些内存区域已经被使用，作为位还是作为字节使用。在运行方式下编辑程序时，可以查看程序当前正在使用的跳变信号的地址。交叉引用表不下载到 PLC，在程序编译成功后，才能打开交叉引用表。在交叉引用表中双击某操作数，可以显示出包含该操作数的那一部分程序。 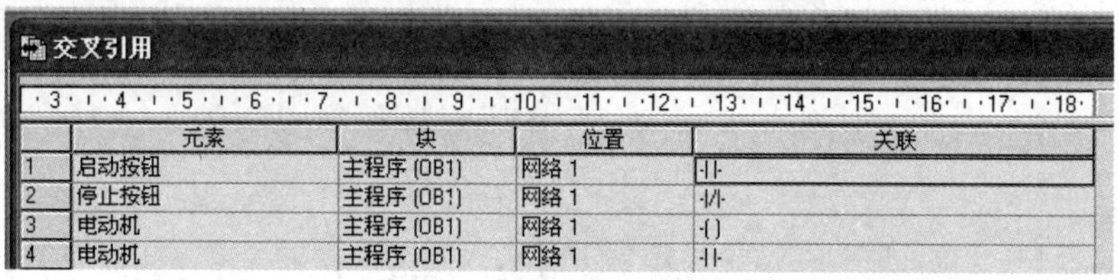 图 1-31　交叉引用表示例
	数据块	数据块可以设置和修改变量存储器的初始值和常数值，并加必要的注释说明。可用下面的方法之一打开"数据块"窗口： ● 　单击浏览条上的"数据块"按钮； ● 　用菜单命令"查看"→"元件"→"数据块"； 单击指令数中的"数据块"图标。
	状态表	将程序下载到 PLC 之后，可以建立一个或多个状态表。在联机调试时，进入状态表监控状态，可监视各变量的值和状态。状态表不下载到 PLC，只是监视用户程序运行的一种工具。用下面的方法之一可打开状态表： ● 　单击浏览条上的"状态表"按钮； ● 　用菜单命令"查看"→"元件"→"状态表"； ● 　打开指令数中的"状态表"文件夹，然后双击"状态表"图标。 　　若在项目中有一个以上状态表，使用位于"状态表"窗口底部的标签在状态表之间切换。
	符号表	符号表是程序员用符号编址的一种工具表。在编程时不采用元件的直接地址作为操作数，而用有实际含义的自定义符号名作为编程元件的操作数，这样可使程序更容易理解。符号表则建立了自定义符号名与直接地址编号之间的关系。程序被编译后下载到 PLC 时，所有的符号地址被转换成绝对地址，符号表中的信息不下载到 PLC。用下面的方法之一可打开符号表： ● 　单击浏览条上的"符号表"按钮； ● 　用菜单命令"查看"→"符号表"； ● 　打开指令数中的符号表或全局变量文件夹，然后双击　个表格图标。
	程序编辑器	用下面的方法之一可打开"程序编辑器"窗口： ● 　单击浏览条中的"程序块"按钮，打开程序编辑器窗口，单击窗口下方的主程序、子程序、中断程序标签、可自由切换程序窗口； ● 　指令数→程序块→双击主程序图标、子程序图标或中断程序图标。 用下面的方法之一可对程序编辑器进行设置：

		● 用菜单命令"工具"→"选项"→"程序编辑器"标签，设置编辑器选项； ● 使用选项快捷按钮→设置"程序编辑器"选项。
	局部变量表	程序中的每个程序块都有自己的局部变量表，局部变量存储器（L）有 64 个字节。局部变量表用来定义局部变量，局部变量只在建立该局部变量的程序块中才有效。在带参数的子程序调用中，参数就是通过局部变量表传递的。 　　在用户窗口将水平分隔条下拉即可显示局部变量表，将水平分隔条拉至程序编辑器窗口的顶部，局部变量表不再显示，但仍旧存在。
输出窗口		输出窗口用来显示 STEP 7-Micro/WIN 程序编译的结果，如编译结果有无错误、错误编码和位置等。通过菜单命令"查看"→"帧"→"输出窗口"，可打开或关闭输出窗口。
状态条		状态条提供在 STEP 7-Micro/WIN 中操作的相关信息。
2．STEP 7-Micro/WIN 主要编程功能		
编程元素及项目组件		STEP 7-Micro/WIN 的一个基本项目包括程序块、数据块、系统块、符号表、状态表、交叉引用表。程序块、数据块、系统块须下载到 PLC，而符号表、状态表、交叉引用表无须下载到 PLC。 　　程序块由可执行代码和注释组成。可执行代码由一个主程序和可选子程序或中断程序组成。程序代码被编译并下载到 PLC，程序注释被忽略。在"指令数"中右击"程序块"可以插入子程序和中断程序。 　　数据块由数据（包括初始内存值和常数值）和注释两部分组成。数据被编译后，下载到 PLC，注释被忽略。 　　系统块用来设置系统的参数，包括通信口配置信息、保存范围、模拟和数字输入过滤器、背景时间、密码表、脉冲截取位和输出表等选项。单击"浏览栏"上的"系统块"按钮，或者单击"指令树"内的"系统块"图标，可查看并编辑系统块。系统块的信息须下载到 PLC，为 PLC 提供新的系统配置。
梯形图程序的输入	建立项目	通过菜单命令"文件"→"新建"或单击工具栏中"新建"快捷按钮，可新建一个项目。此时，程序编辑器将自动打开。
	输入程序	在程序编辑器中使用的梯形图主要元素主要有触点、线圈和功能块。梯形图中的每个网络必须从触点开始，以线圈或没有 ENO 输出的功能块结束。线圈不允许串联使用。 　　在程序编辑器中输入程序主要有以下方法：在指令数中选择需要的指令，拖拽到需要位置；将光标放在需要的位置，在指令数中双击需要的指令；将光标放到需要的位置，单击工具栏指令按钮，打开一个通用指令窗口，选择需要的指令；使用功能键 F4（触点）、F6（线圈）和 F9（功能块），打开一个通用指令窗口，选择需要的指令。 　　当编程元件图形出现在指定位置后，再单击编程元件符号的"???"，输入操作数。红色字样显示语法出错。当把不合法的地址或符号改正为合法值时，红色消失。若数值下面出现红色的波浪线，表示输入的操作数超出范围或与指令的类型不匹配。 　　在梯形图 LAD 编辑器中可对程序进行注释。注释级别共有程序注释、网络标题、网络注释和程序属性四种。 　　"属性"对话框中有"一般"和"保护"两个标签。选择"一般"可为子程序、中断程序和主程序块重新编号和重新命名，并为项目指定一个作者。选择"保护"则可以选择一个密码保护程序，以使其他用户无法看到该程序，并在下载时加密。若用密码保护程序，则选择"用密码保护该 POU"复选框，输入一个 4 个字符的密码并核实该密码。
	编辑程序	剪切、复制、粘贴或删除多个网络。通过用 Shift 键+鼠标单击，可以选择多个相邻的网络，进行剪切、复制、粘贴或删除等操作。 　　**注**：不能选择网络中的一部分，只能选择整个网络。

		编辑单元格、指令、地址和网络。用光标选中需要进行编辑的单元，单击右键，弹出快捷菜单，可以进行插入或删除行、列、垂直线或水平线的操作。删除垂直线时把方框放在垂直线左边单元上，删除时选"行"或按 DEL 键。进行插入编辑时，先将方框移至欲插入的位置，然后选"列"。
	程序的编译	程序编译操作用于检查程序块、数据块及系统块是否存在错误。程序经过编译后，方可下载到 PLC。单击"编译"按钮或选择菜单命令"PLC"→"编译"，编译当前被激活的窗口中的程序块或数据块；单击"全部编译"按钮或选择菜单命令"PLC"→"全部编译"，编译全部项目元件（程序块、数据块和系统块）。使用"全部编译"与哪一个窗口是活动窗口无关、编译的结果显示在主窗口下方的输出窗口中。
程序的下载、上载	下载	如果已经成功地运行 STEP 7-Micro/WIN 的个人计算机和 PLC 之间建立了通信，就可以将编译好的程序下载至该 PLC，PLC 中已有内容将被覆盖。单击工具条中的"下载"按钮或用菜单命令"文件"→"下载"，出现"下载"对话框。根据默认值，在初次发出下载命令时，"程序代码块""数据块"和"CPU 配置"（系统块）复选框都被选中。如果不需要下载某个块，可以清除该复选框。单击"确定"，开始下载程序。如果下载成功，将出现一个确认框会显示以下信息：下载成功。下载成功后，单击工具条中的"运行"按钮，或"PLC"→"运行"，PLC 进入 RUN（运行）工作方式。
	上载	可用下面的集中方法从 PLC 将项目文件上载到 STEP 7-Micro/WIN 程序编辑器：①单击"上载"按钮；②选择菜单命令"文件"→"上载"；③按快捷键组合 Ctrl+U。执行的步骤与下载基本相同，选择需要上载的块（程序块、数据块或系统块），单击"上载"按钮，上载的程序将从 PLC 复制到当前打开的项目中，随后即可保存上传的程序。
选择工作方式		PLC 有 RUN（运行）和 STOP（停止）两种工作方式。单击工具栏中的"运行"按钮或"停止"按钮可以进入相应的工作方式。
程序的调试与监控		在 STEP 7-Micro/WIN 编程设备和 PLC 之间建立通信并向 PLC 下载程序后，可使 PLC 进入运行状态，进行程序的调试和监控。
	程序状态监控	在程序编辑器窗口显示希望测试的部分程序和网络，将 PLC 置于 RUN 工作方式，单击工具栏中"程序状态"按钮或用菜单命令"调试"→"程序状态"，进入梯形图程序监控状态。在梯形图程序状态监控，用高亮显示位操作数的线圈得电或触点通断状态。触点或线圈通电时，该触点或线圈高亮显示。运行中梯形图程序内的各元件状态将随程序执行过程连续更新变换。
	状态表监控	单击浏览条上的"状态表"按钮或使用菜单命令"查看"→"元件"→"状态表"，可打开状态表编辑器，在状态表地址栏输入要监控的数字量地址或数据量地址，单击工具栏中"状态表"按钮，可进入"状态表"监控状态。在此状态，可通过工具栏强制 I/O 点的操作，观察程序的运行情况；也可通过工具栏对内部位及内部存储器进行"写"操作改变其状态，进而观察程序的运行情况。

1.2.3　使用 STEP 7-Micro/WIN 编程软件创建第一个项目

1. S7-200 控制系统 PLC 选型、I/O 分配和电路图绘制

　　本小节，我们尝试用 S7-200 PLC 控制一个 LED 小灯的亮灭，用两个按钮给出其起动和停止信号。第一步，我们要确定系统的输入输出设备，选型 PLC，做出 I/O 分配表，然后绘制电路原理图。第二步，根据绘制的电路图进行硬件回路接线。第三步，进行程序的编写、下载和调试和运行。

　　本项目的系统输入信号有两个，分别是起动按钮和停止按钮，输出信号有一个，LED 小灯。因此，不考虑成本，我们可以用任何一款 S7-200 PLC 进行系统的实现。我们选用实训室内的 CPU224CN 这款 PLC。I/O 分配表见表 1-4。

表 1-4　I/O 分配表

输入		输出	
输入 PLC 地址	设备	输出 PLC 地址	设备
I0.1	起动按钮 SB1	Q0.1	小灯 L1
I0.2	停止按钮 SB2		

根据在 1.1.2 小节中学到的 S7-200PLC 的接线方法，绘制出如图 1-32 所示的电路图。

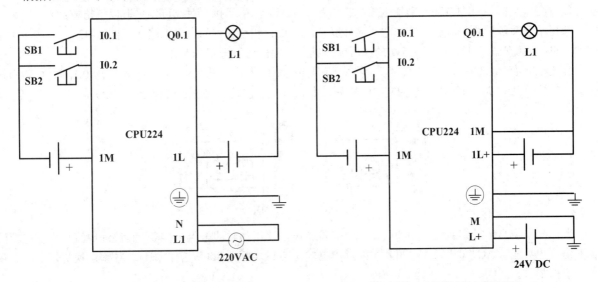

图 1-32　CPU224CN（AC/DC/RLY）和 CPU224CN（DC/DC/DC）两种型号的 PLC 控制小灯电路原理图

2. S7-200 控制系统硬件接线

在进行 S7-200PLC 的外部接线之前，需要先行了解一些注意事项。具体如下：

（1）现场接线的要求

S7-200PLC 采用 $0.5\sim1.5mm^2$ 的导线，导线尽量成对使用，应将交流电、电流大且变化迅速的直流线与弱电信号线分隔开，干扰严重时应设置浪涌抑制设备。

（2）使用隔离电路时的接地与电路参考点

直流电源为 0V 时它的供电电路的参考点，有时将某些参考点接地。将相距较远的参考点连接在一起时，由于各参考点的电位不同，可能出现预想不到的电流，导致逻辑错误或者损坏设备。使用同一个电源，有一个参考点的电路，其参考点只能有一个接地点。将传感器供电的 M 端子接地可以提高抑制噪声的能力。

将几个具有不同地电位的 CPU 连接到一个 PPI 通信网络时，应使用隔离的 RS-485 中继器。

请自行查阅浪涌抑制器和 RS-485 中继器的相关知识。

（3）交流电源系统的外部接线

PLC 如果型号是 AC/DC/RLY，意味着是交流电源系统为其供电，PLC 输出是继电器输出，可以直接驱动 220V 负载。供电部分需要用隔离电器（例如采用电压比为 1:1 的隔离变压器，或安全等级相当于隔离变压器的电源）将电源与 PLC 进行电气隔离，用过流保护设备（例如空气开关）保护 CPU 的电源和 I/O 回路，也可以为输出点分组或者分点设置熔断器。所有的接地端子集中到一点后，在最近的接地点用 $1.5mm^2$ 的导线一点接地。

电气隔离，就是将电源与用电回路作电气上的隔离，即将用电的分支电路与整个电气系统隔离，使之成为一个在电气上被隔离的、独立的不接地安全系统，以防止在裸露导体故障带电情况下发生间接触电危险。同学们请自行查阅电气隔离安全原理。

（4）直流电源系统的外部接线

PLC 如果型号是 DC/DC/DC，意味着是直流电源系统为其供电，PLC 输出是晶体管输出，可以直接驱动 24V 直流负载，如果控制交流负载，需要用中间继电器进行电气转换。电气隔离、过流保护、短路保护和接地的处理与交流电源系统相同。

晶体管输出的 PLC 输出回路需采用 24VDC 提供回路电源，因此需要用外部的 AC/DC 电源。可以在 AC/DC 电源的输出端接大容量的电容器，负载突变时，可以维持电压稳定，以确保 DC 电源有足够的抗冲击能力。把所有的 DC 电源接地可以获得最好的噪声抑制。

未接地的 DC 电源的公共端 M 与保护地 PE 之间用 RC 并联电路连接，电阻和电容的典型值为 4700PF 和 1MΩ。电阻提供了静电释放通路，电路用来提供高频噪声通路。

DC24V 电源回路与设备之间、AC220V 电源与危险回路之间，应提供安全电气隔离。

（5）对感性负载的处理

感性负载有储能作用，触点断开时，电路中的感性负载会产生高于电源电压数倍甚至数十倍的反电势，触点闭合时，会因触点的抖动而产生电弧，它们对系统都会产生干扰。对此可以采取以下措施：

输出端有直流感性负载时，应在它两端并联续流二极管和稳压管的串联电路（见图 1-33）。二极管可采用 IN4001，直流输出可以选 8.2V/5W 的稳压管，继电器输出可以选用 36V 的稳压管。

输出端接有 AC230V 感性负载时，应在它两端并联 RC 电路（见图 1-33），电容可选 0.1μF，电阻可选 100～120Ω。也可以用压敏电阻来抑制尖峰电压，其工作电压应比最高工频峰值电压高 20%。

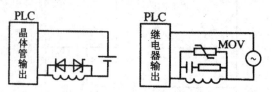

图 1-33　输出电路的处理

普通的白炽灯的工作温度在 1000℃以上，其冷态电阻比工作时的电阻小得多，其浪涌电流是工作电流的若干倍。可以驱动 AC220V，2A 电阻负载的继电器输出点只能驱动 200W 的白炽灯。频繁切换的灯负载应使用浪涌抑制器。

3．S7-200 控制程序的编写、下载、调试和运行	
识别 PLC	记录所使用 PLC 的型号、输入输出点数，观察主机面板的结构以及 PLC 和 PC 机之间的连接。
新建项目	打开 PC 和 PLC，并新建一个项目。
指令语言的选择	选择指令语言的方法如下： ● 用菜单命令"查看"→LAD、FBD、STL，更改编辑器类型； ● 用菜单命令"工具"→"选项"→"一般"标签，可更改编辑器（LAD、FBD 或 STL）和程序模式（SIMATIC 或 IEC 1131-3）。
编辑程序	在梯形图编辑器中输入、编辑如图 1-34 所示梯形图，并练习转换成语句表指令。给梯形图加网络标题、网络注释。 程序注释 网络 1　网络标题 启保停电路 I0.1　　I0.2　　　Q0.1 ├─┤ ├─┤／├────（ ） Q0.1 ├─┤ ├─┤ 图 1-34　练习梯形图
建立符号表	建立符号表，如图 1-35 所示。并选择操作数显示形式为：符号和地址同时显示。 | | | | 符号 | 地址 | | 1 | | | 启动按钮 | I0.1 | | 2 | | | 停止按钮 | I0.2 | | 3 | | | 继电器 | Q0.1 | ◄ ► | 用户定义1 \ POU 符号 / 图 1-35　建立符号表

编译程序	编译程序并观察编译结果，若提示错误则修改，直到编译成功。
下载	下载程序到 PLC。
建立状态表	建立状态表，如图 1-36 所示。 <table><tr><th></th><th>地址</th><th>格式</th></tr><tr><td>1</td><td>启动按钮</td><td>位</td></tr><tr><td>2</td><td>停止按钮</td><td>位</td></tr><tr><td>3</td><td>继电器</td><td>位</td></tr></table> 图 1-36　建立状态表
运行	运行程序
进入状态表监控状态	如果不带负载进行运行模式，可以采用输入强制操作功能来模拟物理条件。对 I0.0 进行强制 ON，在对应 I0.1 的新数值输入 1；对 I0.2 进行强制 OFF，在对应 I0.2 的新数值列输入 0。然后单击工具条中的"强制"按钮。 　　如果带负载进入运行，则无需进行强制操作。
梯形图程序状态监视	通过工具栏进入"程序状态"监视环境。根据触点线圈的高亮显示情况，了解触点线圈的工作状态。

习　题

1．PLC 的编程语言有哪些？

2．STEP 7-Micro/WIN 编程软件由哪几部分组成？

3．如何将 STEP 7-Micro/WIN 编程软件里的程序送给 PLC？

4．如何将 PLC 里的程序送给 STEP 7-Micro/WIN 编程软件？

学习情境 2 S7-200 系列 PLC 的指令系统和编程

本章主要介绍 S7-200 PLC 的基本指令，包括基本位指令、置位与复位指令、定时器指令、计数器指令以及相关的功能指令。通过循序渐进设置任务的形式进行相关指令的学习，旨在能够熟练使用这些指令编写程序，并对如何选择这些指令有自己的思路和方法。

学习目标

- **知识目标：** 掌握 S7-200 系列 PLC 的基本指令的使用方法，并能够运用这些指令对简单对象进行控制。
- **能力目标：** 培养学生利用网络资源进行资料收集的能力；培养学生获取、筛选信息和制订工作计划、方案及实施、检查和评价的能力；培养学生独立分析、解决问题的能力；培养学生的团队工作、交流、组织协调的能力和责任心。
- **素质目标：** 养成整理设备、保持环境卫生的良好习惯，培养爱设备、爱课堂的良好素质；提高个人学习总结、语言表达能力。

子学习情境 2.1 三人抢答器 PLC 控制

情境导入

"三人抢答器 PLC 控制"工作任务单

情　　境	S7-200 系列 PLC 的指令系统和编程				
学习任务	子学习情境 2.1：三人抢答器 PLC 控制			完成时间	
学习团队	学习小组		组长	成员	
任务载体和资讯	**任务载体**			**资讯**	

任务载体	资讯
图 2-1 所示是 S7-200 PLC 控制抢答器的模拟装置图，要求能够实现以下功能： （1）三个席位任意一个按下抢答席按钮，其对应指示灯亮，表示抢答成功； （2）任意席位抢到抢答权后，别的席位无法再抢到； （3）按下主持人按钮才可以进入下一轮抢答。  图 2-1　抢答器模拟装置图	抢答器的是各种竞赛活动中不可缺少的设备，无论是学校、工厂、军队还是益智性电视节目，都会举办各种各样的智力竞赛，都会用到抢答器。目前市场上已有的各种各样的智力竞赛抢答器，绝大多数是以模拟电路、数字电路或者模拟电路与数字电路相结合的产品，功能较为单一。目前的发展趋势是抢答器具有倒计时、定时、自动（或手动）复位、报警（即声响提示，有的以音乐的方式来体现）、屏幕显示、按键发光等多种功能。但功能越多的电路相对来说就越复杂，且成本偏高，故障高，显示方式简单（有的甚至没有显示电路），无法判断是否有提前抢按抢答按钮的行为，不便于电路升级换代。本任务要求就是利用 PLC 作为核心部件进行信号的产生，用 PLC 本身的优势使竞赛真正达到公正、公平、公开。（抢答器的基本控制方法有哪些？各自有什么特点呢？可查阅资料深入了解。）

任务要求	1. 控制系统硬件部分： （1）完成抢答器模拟装置 I/O 分配表。 （2）根据 I/O 分配表完成 PLC 硬件接线图的绘制以及线路的连接。 2. 控制系统软件部分的程序应实现下面的功能： S1 按下时，抢答席 1 对应的指示灯点亮，表示抢答器 1 的抢答成功，其他两个席位的控制按钮 S2、S3 按下将无效。若想要进行下一轮的抢答，需要主持人按下复位按钮 S0，待系统复位后，才可进行下一轮的抢答。同样，对于抢答席 2 和抢答席 3 上的抢答按钮控制过程和抢答席 1 上的抢答按钮 S1 相同。
引导文	1. 团队分析任务要求，讨论在完成本次任务前，你及你的团队缺少哪些必要的理论知识？需要具备哪些方面的操作技能？你们该如何解决这种困难？ 2. 我们在情境一学习了 PLC 的硬件组成，对于它如何实现对对象的控制你了解么？把 PLC 的工作过程讲授给他人。 3. 我们学习过维修电工，它是继电器控制，要想实现控制功能只需完成线路的连接；而 PLC 要想实现对对象的控制需要完成两部分工作：一部分是硬件线路的连接，一部分是程序的编制。如何搭建硬件线路图呢？如何编写控制程序呢？了解 PLC 硬件接线图并会学会绘制它。进一步了解 STEP7 Micro/WIN 软件的使用方法。 4. 请认真学习知识链接部分的内容，为实现抢答器的 PLC 控制储备基础知识。 5. 实现我们的核心任务"用 PLC 控制抢答器"，思考其中的关键是什么？和你之前学习过的维修电工有什么联系？ 6. 通过前面的引导文指引，你和你的团队是否明白，实现本情境任务的学习，包括哪些具体任务？你们团队该如何分工合作，共同完成这项任务？制订计划，并将团队的决策方案写到《可编程控制技术实践手册》中本任务的"计划和决策表"内。 7. 将任务的实施情况（可以包括你学到的知识点和技能点、包括团队分工任务的完成情况等）整理成文档，记录在"任务实施表"中。 8. 将你们的成果提交给指导教师，让其为你们的任务完成情况进行检查，并记录在"任务检查表"中。 9. 就你们团队的知识、技能、能力和素质进行自我评价、互相评价和教师评价，填写"任务评价表"。正确认识自己的不足之处，取长补短，争取在下次任务训练中得到进步。

任务描述

学习目标	学习内容	任务准备
1. 掌握 S7-200PLC 基本触点指令的使用； 2. 能够独立编制 PLC 控制程序，并进行通电调试，当出现故障时，能够根据设计要求进行独立检修，直至系统正常工作。	1. S7-200PLC 基本触点指令梯形图与语句表的相互转换； 2. S7-200PLC 基本触点指令对小灯进行控制； 3. 自锁与互锁指令； 4. PLC 硬件接线图的识读绘制。	1. 本任务可以先由维修电工相关知识作为切入点，逐步由继电器控制引入到 PLC 控制； 2. 需要学生线上下载工作过程记录单，分析任务单和引导文，并进行此节内容的预习。

知识链接

2.1.1　PLC 编程语言、程序结构和存储区

1. PLC 编程语言的国际标准

　　PLC 的硬件和软件都不通用，各个厂家的 PLC 的编程语言、指令条数和指令的表达方式都有相当大的差异。国际电工委员会（IEC）于 1992~1995 年发布了 IEC 61131 标准（PLC 标准）中的 1~4 部分，我国在 1995 年 11 月发布了 GB/T15969-1/2/3/4（等同于 IEC 61131-1/2/3/4）。IEC 1131-3 的编程语言是 IEC 工作

组对世界范围的 PLC 厂家的编程语言合理地吸收、借鉴的基础上形成的一套针对工业控制系统的国际编程语言标准，它不但适用于 PLC 系统，而且还适用于更广泛的工业控制领域，为 PLC 编程语言的全球规范化做出了重要的贡献。广泛地应用 PLC、DCS 和工控机、"软件 PLC"、数控系统、RTU 等产品。

IEC 61131 标准，定义了 5 种编程语言：

（1）指令表 IL（Instruction List）：西门子称为语句表 STL。

（2）结构文本 ST（Structured Text）：西门子称为结构化控制语言（SCL）。

（3）梯形图 LD（Ladder Diagram）：西门子简称为 LAD。

（4）功能块图 FBD （Function Block Diagram）：标准中称为功能方框图语言。

（5）顺序功能图 SFC（Sequential Function Chart）：对应于西门子的 S7Graph。

不是所有的 PLC 都支持所有的编程语言（如功能块图、顺序功能图就有很多低档 PLC 不支持），而大型的 PLC 控制系统一般都支持这 5 种标准编程语言或类似的编程语言。还有一些标准以外的编程语言，它们虽然没有被选择进标准语言中，但是它们是为了适合某些特殊场合的应用而开发的，在某些情况下，它们也许是较好的编程语言。比如 D7-SYS 的连续功能图 CFC 就是专为大型连续工艺控制而开发的，只要调用程序中的 CFC 功能块就可以轻易实现 PID 控制器、计数器、定位器、斜坡函数发生器等一系列特殊功能，而且不需要专门的编程知识，只需要懂得图形化处理和标准程序块的使用，进行简单的设置即可。

梯形图（LAD）	梯形图是 PLC 首先采用的编程语言，也是 PLC 最普遍采用的编程语言。梯形图编程语言是从继电器控制系统原理图的基础上演变而来的，与继电器控制系统梯形图的基本思想是一致的，只是在使用符号和表达方式上有一定区别。PLC 的设计初衷是为工厂车间电气技术人员而使用的，为了符合继电器控制电路的思维习惯，作为首先在 PLC 中使用的编程语言，梯形图保留了继电器电路图的风格和习惯，成为广大电气技术人员最容易接受和使用的语言。 梯形图程序设计语言的特点是： （1）与电气操作原理图相对应，具有直观性和对应性； （2）与原有继电器逻辑控制技术相一致，对电气技术人员来说，易于掌握和学习； （3）与原有的继电器逻辑控制技术的不同点是，梯形图中的能流（Power Flow）不是实际意义的电流，内部的继电器也不是实际存在的继电器，因此，应用时需与原有继电器逻辑控制技术的有关概念区别对待； （4）与指令表程序设计语言有一一对应关系，便于相互的转换和程序的检查。
语句表（STL）	指令表（Instruction List，IL）编程语言类似于计算机中的助记符汇编语言，它是可编程控制器最基础的编程语言，所谓指令表编程，是用一个或几个容易记忆的字符来代表可编程控制器的某种操作功能。 指令表程序设计语言有如下特点： （1）采用助记符来表示操作功能，具有容易记忆、便于掌握的特点； （2）在编程器的键盘上采用助记符表示，具有便于操作的特点，可在无计算机的场合进行编程设计； （3）与梯形图有一一对应关系，其特点与梯形图语言基本类同。
功能块图（FBD）	功能块图（Function Block Diagram，FBD）采用类似于数字逻辑门电路的图形符号，逻辑直观，使用方便，它有与梯形图编程中的触点和线圈等价的指令，可以解决范围广泛的逻辑问题。功能块图程序设计语言有如下特点： （1）以功能模块为单位，从控制功能入手，使控制方案的分析和理解变得容易； （2）功能模块是用图形化的方法描述功能，它的直观性大大方便了设计人员的编程和组态，有较好的易操作性； （3）对控制规模较大、控制关系较复杂的系统，由于控制功能的关系可以较清楚地表达出来，因此编程和组态时间可以缩短，调试时间也能减少。
结构文本（SCL）	结构化文本是一种高级的文本语言，可以用来描述功能和功能块、程序的行为，还可以在顺序功能流程图中描述步、动作和转变的行为。结构化文本语言表面上与 PASCAL 语言很相似，但它是一个专门为工业控制应用开发的编程语言，具有很强的编程能力，用来对变量赋值、回调功能和功能块、创建表达式、编写条件语句和迭代程序等。结构化文本程序设计语言有如下特点：

	（1）采用高级语言进行编程，可以完成较复杂的控制运算； （2）需要有一定的计算机高级程序设计语言的知识和编程技巧，对编程人员的技能要求较高，普通电气人员无法完成； （3）直观性和易操作性等性能较差； （4）常被用于采用功能模块等其他语言较难实现的一些控制功能的实施。
顺序功能图（SFC）	顺序功能图（Sequential Function Chart，SFC）亦称流程图或状态转移图，是一种图形化的功能性说明语言，专用于描述工业顺序控制程序，使用它可以对具有并发、选择等复杂结构的系统进行编程。顺序功能图程序设计语言有如下特点： （1）以功能为主线，条理清楚，便于对程序操作的理解和沟通； （2）对大型的程序，可分工设计，采用较为灵活的程序结构，可节省程序设计时间和调试时间； （3）常用于系统的规模较大、程序关系较复杂的场合； （4）只有在活动步的命令和操作被执行后，才会对活动步后的转换进行扫描，因此，整个程序的扫描时间较其他程序编制的程序扫描时间要大大缩短。

2．S7-200 的程序结构

S7-200 的程序有三种：主程序、子程序、中断程序。

（1）主程序：只有一个，名称为 OB1，是用户程序的主体，每一个项目都必须有并且只能有一个主程序，可以在其中调用子程序和中断程序。

（2）子程序：可以达到 64 个，名称分别为 SBR0～SBR63。子程序可以由子程序或中断程序调用。

（3）中断程序：可以达到 128 个，名称分别为 INT0～INT127。中断方式有输入中断、定时中断、高速计数中断、通信中断等中断事件引发，当 CPU 响应中断时，可以执行中断程序。

由这三种程序可以组成线性程序和分块程序两种结构。

（1）线性程序结构

线性程序是指一个工程的全部控制任务都按照工程控制的顺序写在一个程序中，比如写在 OB1 中。程序执行过程中，CPU 不断地扫描 OB1，按照事先准备好的顺序去执行工作，显然，线性程序结构简单，一目了然。但是，当控制工程大到一定程度之后，仅仅采用线性程序就会使整个程序变得庞大而难于编制、难于调试了。

（2）分块程序结构

分块程序是指一个工程的全部控制任务被分成多个小的任务块，每个任务块的控制任务根据具体情况分别放到子程序中，或者放到中断程序中。程序执行过程中，CPU 不断地调用这些子程序或者被中断程序中断，分块程序虽然结构复杂一些，但是可以把一个复杂的过程分解成多个简单的过程。对于具体的程序块容易编写，容易调试。从总体上看，分块程序的优势是十分明显的。

3．PLC 的编址、寻址（存取）方式

编制 PLC 程序之前，需要搞清楚 PLC 的存储器编址（或称存取）方式。所谓编址就是对 PLC 内部的元件进行编码，以便程序执行时可以唯一地识别每个元件。PLC 内部在数据存储区为每一种元件分配一个存储区域，并用字母作为区域标志符，同时表示元件的类型。如：数字量输入写入输入映象寄存器（区标志符为 I），数字量输出写入输出映象寄存器（区标志符为 Q），模拟量输入写入模拟量输入映象寄存器（区标志符为 AI），模拟量输出写入模拟量输出映象寄存器（区标志符为 AQ）。

除了输入输出外，PLC 还有其他元件，V 表示变量存储器；M 表示内部标志位存储器；SM 表示特殊标志位存储器；L 表示局部存储器；T 表示定时器；C 表示计数器；HC 表示高速计数器；S 表示顺序控制存储器；AC 表示累加器。掌握各存储元件的功能和使用方法是编程的基础。

因为存储器的单位可以是位（bit）、字节（Byte）、字（Word）、双字（Double Word），所以，元件的编址方式一般分为位、字节、字、双字编址。

（1）位编址："区域标志符""字节号""．""位号"，如 I0.0、Q0.0、I1.2。

（2）字节编址："区域标志符""B""字节号"，如 IB0 表示由 I0.0～I0.7 这 8 位组成的字节。

（3）字编址："区域标志符""W""字节号"，且最高有效字节为起始字节。例如 VW0 表示由 VB0 和

VB1 这 2 字节组成的字。

（4）双字编址："区域标志符""D""字节号"，且最高有效字节为起始字节。例如 VD0 表示由 VB0 到 VB3 这 4 字节组成的双字。

S7-200 PLC 存储器地址的分配及其寻址方式如下所述：

（1）输入映像寄存器（输入继电器）。输入继电器是 PLC 用来接收用户设备输入信号的接口。PLC 中的"继电器"与继电器控制系统中的继电器有本质性的差别，是"软继电器"，它实质是存储单元。每一个"输入继电器"线圈都与相应的 PLC 输入端相连（如"输入继电器"I0.0 的线圈与 PLC 的输入端子 I0.0 相连），当外部开关信号闭合，则"输入继电器的线圈"得电，在程序中其常开触点闭合，常闭触点断开。因存储单元可以无限次地读取，所以有无数对常开、常闭触点供编程时使用。编程时应注意，"输入继电器"的线圈只能由外部信号来驱动，不能在程序内部用指令来驱动，因此，在用户编制的梯形图中只应出现"输入继电器"的触点，而不应出现"输入继电器"的线圈。

输入映像寄存器的地址分配，S7-200 输入映像寄存器区域有 IB0～IB15 共 16 个字节的存储单元。系统对输入映像寄存器是以字节（8 位）为单位进行地址分配的。输入映像寄存器可以按位进行操作，每一位对应一个数字量的输入点。如 CPU 224 的基本单元输入为 14 点，需占用 $2 \times 8 = 16$ 位，即占用 IB0 和 IB1 两个字节。而 I1.6、I1.7 因没有实际输入而未使用，用户程序中不可使用。但如果整个字节未使用 IB3～IB15，则可作为内部标志位（M）使用。

输入继电器可采用位、字节、字或双字来存取。输入继电器位存取的地址编号范围为 I0.0～I15.7。

（2）输出映像寄存器（输出继电器）Q。"输出继电器"是用来将输出信号传送到负载的接口，每一个"输出继电器"线圈都与相应的 PLC 输出相连，并有无数对常开和常闭触点供编程时使用。除此之外，还有一对常开触点与相应 PLC 输出端相连（如输出继电器 Q0.0 有一对常开触点与 PLC 输出端子 0.0 相连）用于驱动负载。输出继电器线圈的通断状态只能在程序内部用指令驱动。

输出映像寄存器的地址分配。S7-200 输出映像寄存器区域有 QB0～QB15 共 16 个字节的存储单元，系统对输出映像寄存器也是以字节（8 位）为单位进行地址分配的。输出映像寄存器可以按位进行操作，每一位对应一个数字量的输出点。如 CPU 224 的基本单元输出为 10 点，需占用 $2 \times 8 = 16$ 位，即占用 QB0 和 QB1 两个字节。但未使用的位和字节均可在用户程序中作为内部标志位使用。

输出继电器可采用位、字节、字或双字来存取。输出继电器位存取的地址编号范围为 Q0.0～Q15.7。

输入与输出两种软继电器都是和用户有联系的，是 PLC 与外部联系的窗口。下面所介绍的则是与外部设备没有联系的内部软继电器。它们既不能用来接收用户信号，也不能用来驱动外部负载，只能用于编制程序，即线圈和接点都只能出现在梯形图中。

（3）变量存储器 V。变量存储器主要用于存储变量。可以存放数据运算的中间运算结果或设置参数，在进行数据处理时，变量存储器会被经常使用。变量存储器可以是位寻址，也可按字节、字、双字为单位寻址，其位存取的编号范围根据 CPU 的型号有所不同，CPU 221/222 为 V0.0～V2047.7 共 2KB 存储容量，CPU 224/226 为 V0.0～V5119.7 共 5KB 存储容量。

（4）内部标志位存储器（中间继电器）M。内部标志位存储器，用来保存控制继电器的中间操作状态，其作用相当于继电器控制中的中间继电器，内部标志位存储器在 PLC 中没有输入/输出端与之对应，其线圈的通断状态只能在程序内部用指令驱动，其触点不能直接驱动外部负载，只能在程序内部驱动输出继电器的线圈，再用输出继电器的触点去驱动外部负载。

内部标志位存储器可采用位、字节、字或双字来存取。内部标志位存储器位存取的地址编号范围为 M0.0～M31.7 共 32 个字节。

（5）特殊标志位存储器 SM。PLC 中还有若干特殊标志位存储器，特殊标志位存储器提供大量的状态和控制功能，用来在 CPU 和用户程序之间交换信息，特殊标志位存储器能以位、字节、字或双字来存取，CPU 224 的 SM 的位地址编号范围为 SM0.0～SM179.7 共 180 个字节。其中 SM0.0～SM29.7 的 30 个字节为只读型区域。

常用的特殊存储器的用途如下：

SM0.0：运行监视。SM0.0 始终为"1"状态。当 PLC 运行时可以利用其触点驱动输出继电器，在外部显示程序是否处于运行状态。

SM0.1：初始化脉冲。每当 PLC 的程序开始运行时，SM0.1 线圈接通一个扫描周期，因此 SM0.1 的触点常用于调用初始化程序等。

SM0.3：开机进入 RUN 时，接通一个扫描周期，可用在起动操作之前，给设备提前预热。

SM0.4、SM0.5：占空比为 50% 的时钟脉冲。当 PLC 处于运行状态时，SM0.4 产生周期为 1min 的时钟脉冲，SM0.5 产生周期为 1s 的时钟脉冲。若将时钟脉冲信号送入计数器作为计数信号，可起到定时器的作用。

SM0.6：扫描时钟，1 个扫描周期闭合，另一个为 OFF，循环交替。

SM0.7：工作方式开关位置指示，开关放置在 RUN 位置时为 1。

其他特殊存储器的用途可查阅相关手册。

（6）定时器 T。PLC 所提供的定时器作用相当于继电器控制系统中的时间继电器。每个定时器可提供无数对常开和常闭触点供编程使用。其设定时间由程序设置。

每个定时器有一个 16 位的当前值寄存器，用于存储定时器累计的时基增量值（1～32767），另有一个状态位表示定时器的状态。若当前值寄存器累计的时基增量值大于等于设定值，定时器的状态位被置"1"，该定时器的常开触点闭合。

定时器的定时精度分为 1ms、10ms 和 100ms 三种，CPU 222、CPU 224 及 CPU 226 的定时器地址编号范围为 T0～T225，它们分辨率、定时范围并不相同，用户应根据所用 CPU 型号及时基，正确选用定时器的编号。

（7）计数器 C。计数器用于累计计数输入端接收到的由断开到接通的脉冲个数。计数器可提供无数对常开和常闭触点供编程使用，其设定值由程序赋予。

计数器的结构与定时器基本相同，每个计数器有一个 16 位的当前值寄存器用于存储计数器累计的脉冲数，另有一个状态位表示计数器的状态，若当前值寄存器累计的脉冲数大于等于设定值，计数器的状态位被置"1"，该计数器的常开触点闭合。计数器的地址编号范围为 C0～C255。

（8）累加器 AC。累加器是用来暂存数据的寄存器，它可以用来存放运算数据、中间数据和结果。CPU 提供了 4 个 32 位的累加器，其地址编号为 AC0～AC3。累加器的可用长度为 32 位，可采用字节、字、双字的存取方式，按字节、字只能存取累加器的低 8 位或低 16 位，双字可以存取累加器全部的 32 位。

（9）顺序控制继电器 S（状态元件）。顺序控制继电器是使用步进顺序控制指令编程时的重要状态元件，通常与步进指令一起使用以实现顺序功能流程图的编程。顺序控制继电器的地址编号范围为 S0.0～S31.7。

另外还有：高速计数器 HC、局部变量存储器 L、模拟量输入映像寄存器 AI、模拟量输出映像寄存器 AQ 等。查看 S7-200 的帮助文件，了解这几种存储器的功能、范围和寻址方式。

2.1.2 标准指令和赋值指令

什么是基本位逻辑指令？

基本逻辑指令是指构成基本逻辑运算功能指令的集合，位逻辑指令属于基本逻辑控制指令，是专门针对"位逻辑量"进行处理的指令。位逻辑指令包括触点指令、线圈驱动指令、置位/复位指令、正/负跳变指令和堆栈指令等。基本逻辑运算包括"与""或""非"运算。

数字量控制系统中，变量仅有两种相反的工作状态，例如高电平和低电平，继电器线圈的通电和断电、常开触点的接通和断开，可以分别用逻辑代数中的 1 和 0 来表示。在时序波形图中，用高电平表示 1 状态，用低电平表示 0 状态。PLC 用触点和线圈来实现逻辑运算，其原理如图 2-2 所示。

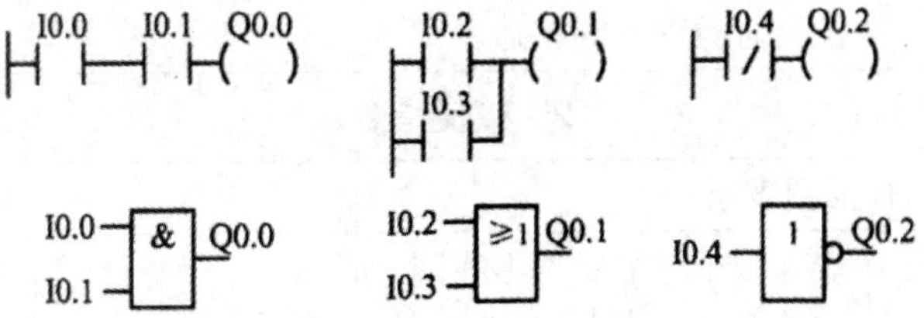

图 2-2 基本逻辑运算

"与""或""非"的逻辑运算的输入输出关系见表2-1。

表2-1 基本逻辑运算

与			或			非	
$Q0.0=I0.0 \cdot I0.1$			$Q0.1=I0.2+I0.3$			$Q0.2=\overline{I0.4}$	
I0.0	I0.1	Q0.0	I0.2	I0.3	Q0.1	I0.4	Q0.2
0	0	0	0	0	0	0	1
0	1	0	0	1	1	1	0
1	0	0	1	0	1		
1	1	1	1	1	1		

我们在学习"维修电工"课程时，可知物理继电器的线圈通电时，其常开触点闭合、常闭触点断开；线圈断电时，其常开触点断开、常闭触点闭合。PLC梯形图中的位元件的触点和线圈也有类似的关系。根据对图2-2和表2-1的分析可知，梯形图与继电器电路一样，可以实现"与""或""非"的逻辑运算。用多个触点的串联并联可以实现复杂的逻辑运算。

1. 标准触点指令			
	梯形图表示		**语句表表示**
（1）取数指令	⊣ ⊢ ×……	表示一个逻辑阶梯开始，常开触点与左母线相连。X值为1时，表示该触点闭合；X值为0时，表示该触点断开。	LD X 表示从输入过程映像寄存器中取出操作数X的值后，将其压入堆栈（临时存储器L）栈顶，其他各值依次下移一级。
（2）取数反指令	⊣/⊢ X……	表示一个逻辑阶梯开始，常闭触点与左母线相连。X值为0时，表示该触点闭合；X值为1时，表示该触点断开。	LDN X 表示从输入过程映像寄存器中取出操作数X的值取反（0变为1，1变为0）后，将其压入堆栈栈顶，其他各值依次下移一级。
（3）与指令	⊣ ⊢ X1 X ⊢ ……	表示一个常开触点与它前面的触点相串联。所有串联触点都闭合串联支路才通。	LD X1 A X 表示取操作数X的值与栈顶值进行"与"运算，再将运算结果放回栈顶。
（4）与反指令	⊣ ⊢ X1 X /⊢ ……	表示一个常闭触点与它前面的触点相串联。所有串联触点都闭合串联支路才通。	LD X1 AN X 表示取操作数X的值取反后与栈顶值进行"或"运算，再将运算结果放回栈顶。
（5）或指令	X1 ⊣ ⊢ X ⊣ ⊢	表示一个常开触点与它上面的触点相并联。并联触点只要有一个或一个以上触点闭合并联支路就通。	LD X1 O X 表示取操作数X的值与栈顶值进行"或"运算，再将运算结果放回栈顶。
（6）或反指令	X1 ⊣ ⊢ X ⊣/⊢	表示一个常闭触点与它上面的触点相并联。并联触点只要有一个或一个以上触点闭合并联支路就通。	LD X1 ON X 表示取操作数X的值取反后与栈顶值进行"或"运算，再将运算结果放回栈顶。
2. 赋值指令			
	梯形图表示		**语句表表示**
（7）输出指令	……—(X)	表示一个继电器输出线圈，当"能流"到达线圈时，线圈值为1，有输出即"有电"。	= X 表示将堆栈栈顶值写到由操作数X所指定的存储单元中。

标准触点指令使用注意事项	
（1）LD、LDN 指令用于与左侧母线相连的接点，也用于分支电路的开始。 （2）"="指令不能用于输入过程映像寄存器 I。输出端不带负载时，控制线圈应使用 M 或其他，而不能用 Q； （3）"="可以并联使用任意次，但不能串联使用，并且编程时同一程序中同一个线圈只能出现一次。 （4）A、AN/O、ON 指令是单个触点串/并联连接指令，可连续使用任意次。 （5）O、ON 指令是单个触点并联连接指令，可连续使用任意次。 （6）LD、LDN、A、AN、O、ON 有操作数。	

标准触点指令应用举例	
"起保停" "自锁" "互锁"	我们在"维修电工"课程中，用"起保停"电路控制电动机的起动和停止。因为起动信号是一个瞬间信号，要实现电动机的长期运行，我们采用"自锁"的办法，将控制的交流接触器的起动按钮两端并联了交流接触器的常开触点，瞬间的起动信号让交流接触器的线圈得电，其常开触点迅速闭合，为线圈的持续通电提供旁路。此交流接触器的常开触点实现了线圈通电的"保持"功能。当电动机运行时，按一下停止按钮，它的常闭触点断开，使得交流接触器线圈失电。电动机停止运行。同时其负责自锁的常开触头断开，当停止按钮被放开，按钮的常闭触点闭合，但交流接触器的线圈仍然失电，电动机失去了起动和保持信号，不会再次起动了。因此，此停止按钮的常闭触头起到"停止"的作用。（思考这样一个问题，若起动按钮因为某种原因，在按下去放开手之后不能弹回复位，那么，停止按钮这个瞬间信号能让电动机停止转动吗？为了防止这个问题，我们可以用 2.1.4 节的跳变指令，防止这种情况的产生。） 　　在梯形图中，我们用触点和线圈，也可以实现"起保停"控制。请同学们自行分析其实现方法。 　　在维修电工课程中，若要使得电动机的正转和反转回路不能同时得电，我们采用三种互锁方式：接触器互锁、按钮互锁、双重互锁。这种思路我们一样可以借鉴到 PLC 的梯形图中，实现两路及两路以上输出回路不能同时得电。同样需要注意得是，要分清"接触器互锁、按钮互锁、双重互锁"三种互锁方式的区别。请同学们自行分析。
梯形图转换 为语句表	 LD　　I0.1 O　　　I0.2 AN　　I0.3 O　　　I0.4 A　　　I0.5 O　　　I0.6 =　　　Q0.6
	注意：在将梯形图转换为语句表时，一个独立的线圈或者有公共点的多个线圈对应于一个阶梯，一个阶梯在 STEP 7-MICRO WIN 编程软件中对应于一个网络。一个独立的梯形图阶梯转换为语句表时第一条指令是左上角的常开或者常闭触点对应的"取数"或者"取数反"指令。
语句表转换 为梯形图	LD　　I0.0 AN　　I0.1 O　　　I0.2 =　　　Q0.0 LD　　I0.1 O　　　Q0.1 A　　　I0.2 AN　　I0.3 =　　　Q0.1 =　　　Q0.2
	注意：在将语句表转换为梯形图时，要遵循由内到外逐渐扩大的原则。

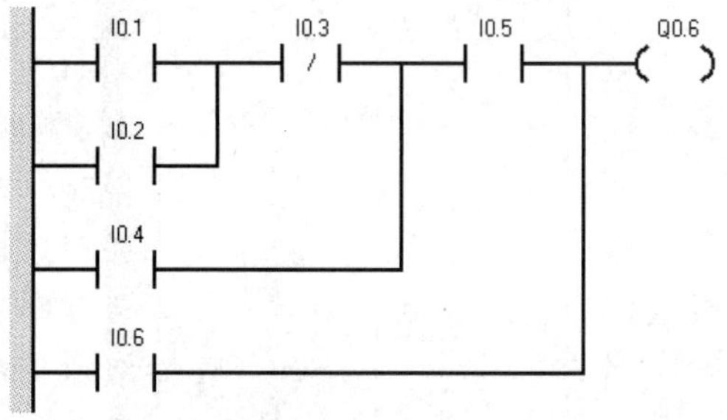

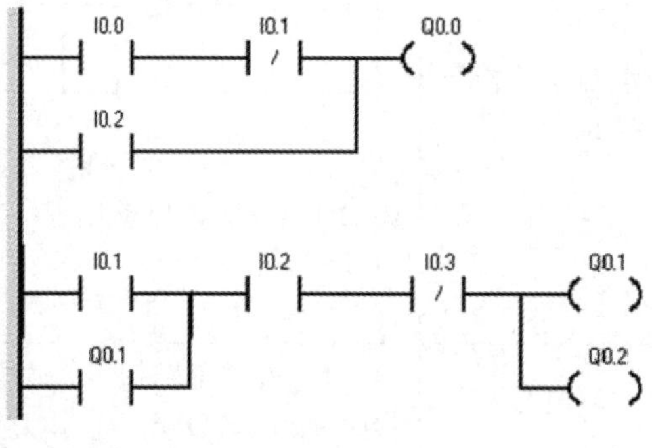

标准触点指令和标准输出指令训练	（1）当合上开关 K 时，小灯亮，当断开开关 K 时，小灯灭。试用 PLC 对小灯进行控制，画出硬件接线图并编写梯形图及语句表程序。 （2）当合上开关 K1 时，小灯 1、2 亮，当合上开关 K2 时，小灯 1、2 灭。试用 PLC 对两小灯进行控制，画出硬件接线图并编写梯形图及语句表程序。 （3）当按下按钮 SB1 时，小灯亮，当按下按钮 SB2 时，小灯灭。试用 PLC 对小灯进行控制，画出硬件接线图并编写梯形图及语句表程序。 （4）当按下按钮 SB1 时，小灯 1、2、3 亮，当合上开关 K1 时，小灯 1、2、3 灭。试用 PLC 对三小灯进行控制，画出硬件接线图并编写梯形图及语句表程序。 （5）当开关 K1、K2、K3 同时合上时，小灯亮，断开任何一个开关，小灯灭。 （6）当三个开关 K1、K2、K3 有任意一个合上时，小灯都会亮。试用 PLC 对小灯进行控制，画出硬件接线图并编写梯形图及语句表程序。 （7）当合上开关 K1 时，小灯 1 亮，当合上开关 K2 时，小灯 2 亮，当合上开关 K3 时，小灯 1、2 灭。试用 PLC 对两小灯进行控制，画出硬件接线图并编写梯形图及语句表程序。 （8）当按下按钮 SB1 时，小灯 1 亮，当按下按钮 SB2 时，小灯 2 亮，当按下按钮 SB3 时，小灯 1、2 灭。试用 PLC 对两小灯进行控制，画出硬件接线图并编写梯形图及语句表程序。 （9）当合上开关 K 时，小灯闪烁，当断开开关 K 时，小灯灭。试用 PLC 对小灯进行控制，画出硬件接线图并编写梯形图及语句表程序。 （10）当按下按钮 SB1 时，小灯闪烁，当按下按钮 SB2 时，小灯灭。试用 PLC 对小灯进行控制，画出硬件接线图并编写梯形图及语句表程序。 （11）当合上开关 K1 时，小灯 1 闪烁，当合上开关 K2 时，小灯 2 闪烁，当合上开关 K3 时，小灯 1、2 灭。试用 PLC 对两小灯进行控制，画出硬件接线图并编写梯形图及语句表程序。 （12）当按下按钮 SB1 时，小灯 1 闪烁，当按下按钮 SB2 时，小灯 2 闪烁，当按下按钮 SB3 时，小灯 1、2 灭。试用 PLC 对两小灯进行控制，画出硬件接线图并编写梯形图及语句表程序。

3. 触点组指令

	梯形图	语句表	意义
（1）触点组与指令（ALD 指令）	 当"X0 或 X1"与"X2 或 X3"均为 ON（1）时，则输出 Y0 才为 ON（1）。	LD　　x0 O　　 x1 LD　　x2 O　　 x3 ALD =　　　Y0	ALD 指令用于两个或两个以上并联触点组的串联操作。 **说明**：两个或以上的触点并联时，称为触点组也称为电路块，在编程时触点组左边的线为左母线，意味着电路块开始的指令为 LD 或 LDN。
	梯形图	语句表	意义
（2）触点组或指令（OLD 指令）	 当"X0 与 X1"或"X2 与 X3"为 ON（1）时，则输出 Y0 为 ON（1）。	LD　　x0 O　　 x1 LD　　x2 O　　 x3 OLD =　　　Y0	OLD 指令用于两个或两个以上串联触点组的并联操作。 **说明**：两个或以上的触点串联时，称为触点组也称为电路块，在编程时触点组左边的线为左母线，意味着电路块开始的指令为 LD 或 LDN。
ALD 与 OLD使用说明	1）并联电路块是指两条以上支路并联形成的电路，并联电路块与其前电路串联连接时使用 ALD 指令，电路块开始的触点使用 LD 或 LDN 指令，并联电路结束后使用 ALD 指令与前面电路串联。		

2）可以依次使用 ALD 指令串联多个并联电路块。

3）串联电路块是指两条以上支路串联形成的电路，串联电路块与其前电路并联连接时使用 OLD 指令，电路块开始的触点使用 LD 或 LDN 指令，串联电路块结束后使用 OLD 指令与前面电路并联。

4）可以依次使用 OLD 指令并联多个并联电路块。

5）ALD、OLD 指令无操作数。

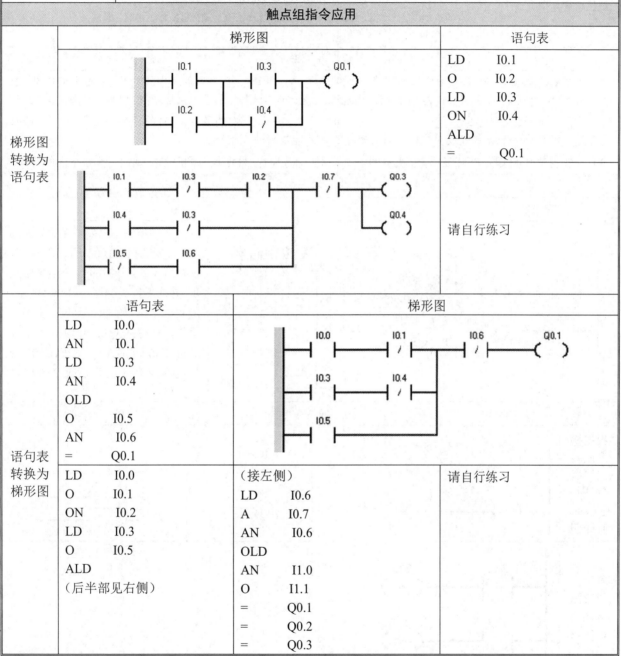

	触点组指令应用		
	梯形图		语句表
梯形图转换为语句表	I0.1　I0.3　Q0.1 / I0.2　I0.4		LD　　I0.1 O　　I0.2 LD　　I0.3 ON　　I0.4 ALD =　　　Q0.1
	I0.1　I0.3　I0.2　I0.7　Q0.3 / I0.4　I0.3　Q0.4 / I0.5　I0.6		请自行练习
	语句表	梯形图	
语句表转换为梯形图	LD　　I0.0 AN　　I0.1 LD　　I0.3 AN　　I0.4 OLD O　　I0.5 AN　　I0.6 =　　　Q0.1	I0.0　I0.1　I0.6　Q0.1 / I0.3　I0.4 / I0.5	
	LD　　I0.0 O　　I0.1 ON　　I0.2 LD　　I0.3 O　　I0.5 ALD （后半部见右侧）	（接左侧） LD　　I0.6 A　　I0.7 AN　　I0.6 OLD AN　　I1.0 O　　I1.1 =　　　Q0.1 =　　　Q0.2 =　　　Q0.3	请自行练习

2.1.3　置位和复位指令

1．置位和复位指令

置位指令 S（Set）和复位指令 R（Reset）用于将从指定的位地址开始的 N 个连续的位地址置位（变为 1）或复位（变为 0），N=1～255。置位与复位指令的主要特点是具有记忆和保持功能。

置位（S）指令	梯形图	语句表	功能
	〔…… —(S)—$\begin{matrix}bit\\S\\N\end{matrix}$〕	S bit，N	从 bit 位开始的 N 个连续位都被置位（置 1）

复位（R）指令	梯形图	语句表	功能
	〔…… —(R)—$\begin{matrix}bit\\R\\N\end{matrix}$〕	R bit，N	从 bit 位开始的 N 个连续位都被复位（置 0）

2. 使用说明

（1）S 和 R 是操作码；bit 是指令中给出的第一个操作数，用来指定该位在存储器中的位置，存储器可以是：I、Q、M、SM、T、C、V、S、L；N 是指令中给出的第二个操作数，用来指定可连续操作的位数，范围在 1～255。

（2）执行置位或复位指令时，能否执行置位或复位指令取决于输入端的条件，当输入端为 1 时开始置位或复位并保持，直到下一条置位或复位指令对其操作时，才能重新改变状态。

（3）一般置位 S 和复位 R 只有一个满足条件，如果同时满足时，根据程序顺序扫描规律，排在下面的优先。

3. 执行过程

梯形图	语句表	分析
I0.0 —(S)— Q2.0, 5 ; I0.1 —(R)— Q3.1, 3	LD I0.0 S Q2.0，5 LD I0.1 R Q3.1，3	在梯形图中只要"能流"能到达 S，就能执行置位（置 1）操作，使得从 Q2.0 开始的 5 个连续位置 1，并能保持；同理，只要"能流"能到达 R，就能执行复位（置 0）操作，使得从 Q3.2 开始的 3 个连续位置 0，并能保持。"能流"能否到达 S 或 R 是由 S 端或 R 端的输入条件决定的。

4. 使用举例

根据梯形图画出输出线圈 Q0.1 的时序图	I0.0 —(S)— Q0.1, 1 ; I0.1 —(R)— Q0.1, 1	LD I0.0 S Q0.1，1 LD I0.1 R Q0.1，1	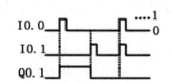
将下列梯形图转换为语句表	I0.2 —(S)— Q1.0, 2 ; I0.3 —(R)— Q1.0, 2	请自行练习	
置位复位指令训练	（1）当按下按钮 SB1 时，小灯亮，当按下按钮 SB2 时，小灯灭。试用 PLC 对小灯进行控制，画出硬件接线图并编写 S、R 指令的梯形图及语句表程序。 （2）当按下按钮 SB1 时，小灯 1、2、3 亮，当合上开关 K1 时，小灯 1、2、3 灭。试用 PLC 对三小灯进行控制，画出硬件接线图并编写 S、R 指令的梯形图及语句表程序。 （3）当按下按钮 SB1 时，小灯 1 闪烁，当按下按钮 SB2 时，小灯 2 闪烁，当按下按钮 SB3 时，小灯 1、2 灭。试用 PLC 对两小灯进行控制，画出硬件接线图并编写 S、R 指令的梯形图及语句表程序。		

2.1.4　正负跳变指令

1. 正负跳变指令			
正负跳变指令表示对它前面触点（触点组）的开关状态进行检测。一旦有跳变，就让能流通过该触点一个扫描周期。正负跳变指令主要特点是具有瞬时性。			
正跳变指令	梯形图	语句表	功能
	·······—┤P├—·······	EU	正跳变指令 EU 表示对它前面触点（触点组）的开关状态进行检测。一旦有正跳变（即从 0 跳到 1），就让能流通过该触点一个扫描周期。
负跳变指令	梯形图	语句表	功能
	·······—┤N├—·······	ED	负跳变指令 ED 表示对它前面触点（触点组）的开关状态进行检测。一旦有负跳变（即从 1 跳到 0），就让能流通过该触点一个扫描周期。
2. 使用说明			
（1）EU、ED 指令只有在输入信号发生变化时有效，其输出信号的脉冲宽度为一个扫描周期。 （2）对于开机时就为接通状态的输入条件，EU 指令不被执行。 （3）EU、ED 指令无操作数。 （4）取反指令没有操作数。执行该指令时，能流到达该触点时即停止；若能流未到达该触点，该触点为其右侧提供能流。			
3. 使用举例			
正负跳变指令训练	（1）当合上开关 K 时，小灯1、2亮。当按下按钮 SB1 时，小灯1、2灭。试用 PLC 对小灯进行控制，画出硬件接线图并编写梯形图及语句表程序。 （2）当合上开关 K 时，小灯1亮。当断开开关 K 时，小灯2亮。当按下按钮 SB1 时，小灯1、2灭。试用 PLC 对小灯进行控制，画出硬件接线图并编写梯形图及语句表程序。 （3）当合上开关 K 时，小灯1、2闪烁。当按下按钮 SB1 时，小灯1、2灭。试用 PLC 对小灯进行控制，画出硬件接线图并编写梯形图及语句表程序。 （4）当合上开关 K 时，小灯1闪烁。当断开开关 K 时，小灯2闪烁。当按下按钮 SB1 时，小灯1、2灭。试用 PLC 对小灯进行控制，画出硬件接线图并编写梯形图及语句表程序。		
4. 知识链接			
经过以上内容的简单介绍，我们了解了 S7-200 的基本逻辑指令，能够使用这些指令编程、控制简单对象。现在我们再想想任务单上抢答器，同学们现在可以使用这些基本逻辑指令完成对三人抢答器的控制么？ 　能够根据控制要求进行 I/O 分配、绘制硬件接线图、编写 PLC 控制程序了么？请思考如何用 PLC 来实现对抢答器的控制？这其中的关键是什么？与之前学习的维修电工知识有什么共同点和区别？ 　请结合你已经掌握的理论知识功底和习得的实操技能经验，完成本情境的三人抢答器 PLC 的控制任务。遇到困难，学会使用多种办法解决你的问题，比如请教你的老师、查找互联网资料和技术手册等。将任务实施情况记录到"任务实施表"中。			

子学习情境 2.2　天塔之光 PLC 控制

 情境导入

"天塔之光 PLC 控制"工作任务单

情　　境	S7-200 系列 PLC 的指令系统和编程		
学习任务	子学习情境 2.2：天塔之光 PLC 控制	完成时间	
学习团队	学习小组　　　　组长	成员	

	任务载体	资讯
任务载体 和资讯	图 2-3 所示是天塔之光的模拟装置图，要求用 S7-200 PLC 实现控制。 · 图 2-3　天塔之光模拟装置图	随着科学技术的不断提高，社会经济的不断发展，人们对城市的装扮有了很大的变化。在城市的夜晚，大街小巷布满了五颜六色的彩灯，给城市带来了气息和活力，给人们的视觉带来很大的冲击，有的地方将彩灯安装在城市主要建筑物上，如天塔，使之绚丽多彩，更加吸引人的眼球，有的则用彩灯装扮城市，甚至成为城市的标志物。采用 S7-200 控制天塔之光彩灯按一定的规律点亮和熄灭，电路结构简单，可靠性高，应用性强，软件程序适应范围广。本任务要求就是利用 PLC 作为核心部件进行信号的产生，用 PLC 本身的优势使天塔之光按规律动作。（天塔之光的基本控制方法还有哪些？各自有什么特点呢？可查阅资料深入了解。）
任务要求	1. 控制系统硬件部分： 　（1）完成天塔之光器模拟装置 I/O 分配表。 　（2）根据 I/O 分配表完成 PLC 硬件接线图的绘制以及线路的连接。 2. 控制系统软件部分的程序应实现下面的功能：S1 按下时，天塔之光开始按照控制要求工作；按下停止按钮，天塔之光停止工作。 　（1）要求一：小灯以如下规律点亮：L1→L2→L3→L4→L5→L9→L6→L7→L8→L10→L11→L12 ……循环下去。 　（2）要求二：小灯以如下规律点亮：L12→L11→L10→L8→L1→L1、L2、L9→L1、L5、L8→L1、L4、L7→L1、L3、L6→L1→L2、L3、L4、L5→L6、L7、L8、L9→L1、L2、L6→L1、L3、L7→L1、L4、L8→L1、L5、L9→L1→L2、L3、L4、L5→L6、L7、L8、L9→L12→L11→L10 ……循环下去。	
引导文	1. 团队分析任务要求，讨论在完成本次任务前，你及你的团队缺少哪些必要的理论知识？需要具备哪些方面的操作技能？你们该如何解决这种困难？ 2. 我们在子情境 2.1 学习了 PLC 标准触点指令，对于它如何实现对对象的控制你了解么？ 3. 我们学习过子情境 2.1 之后，建立了基本解题思路：根据给定控制要求，首先要列出 I/O 分配表，然后根据 I/O 表进行硬件线路的连接以及软件程序的编制。 4. 请认真学习知识链接部分的内容，为实现天塔之光的 PLC 控制储备基础能量。 5. 你已经具备完成此情境学习的所有资料了吗？如果没有，还缺少哪些？应该通过哪些渠道获得？	

6. 实现我们的核心任务"用 PLC 控制天塔之光", 思考其中的关键是什么? 和你之前学习过的标准触点指令有什么联系?

7. 通过前面的引导文指引, 你和你的团队是否明白, 实现本情境任务的学习, 包括哪些具体任务? 你们团队该如何分工合作, 共同完成这项庞大的任务? 制订计划, 并将团队的决策方案写到《可编程控制技术实践手册》中本任务的"计划和决策表"内。

8. 将任务的实施情况 (可以包括你学到的知识点和技能点, 包括团队分工任务的完成情况等)整理成文档, 记录在"任务实施表"中。

9. 将你们的成果提交给指导教师, 让其为你们的任务完成情况进行检查, 并记录在"任务检查表"中。

10. 就你们团队的知识、技能、能力和素质进行自我评价、互相评价和教师评价, 填写"任务评价表"。正确认识自己的不足之处, 取长补短, 争取在下次任务训练中得到进步。

任务描述

学习目标	学习内容	任务准备
1. 能够掌握定时器指令的使用方法以及梯形图与语句表的对应关系; 2. 能够使用定时器指令完成对天塔之光的控制; 3. 能够熟练运用功能指令编写程序; 4. 对于运用功能指令编写程序有自己的思路和方法; 5. 能够运用功能指令编写程序实现天塔之光循环显示。 6. 能够独立编制 PLC 控制程序, 并进行通电调试, 当出现故障时, 能够根据设计要求进行独立检修, 直至系统正常工作。	1. 定时器指令的使用、含定时器的梯形图与语句表之间的对应关系; 2. 字节传送指令、字节比较指令、字节移位指令、字节运算指令、移位寄存器指令等的使用; 3. 天塔之光循环显示PLC 控制的硬件接线、程序编写。	1. 本任务是在学习了标准触点指令的基础上进行学习的, 在学习之前可以反复练习标准触点指令的相关例子, 直到建立起独立的编程思维; 2. 在编写程序之前, 可以先进行 I/O 分配表、硬件接线图的绘制。

知识链接

2.2.1　定时器指令

1. 什么是定时器令?

S7-200 PLC 共有 256 个定时器, 它们是 T0~T255。这 256 个定时器分为三种类型, 分别是接通延时定时器 TON、断开延时定时器 TOF、保持型接通延时定时器 TONR。

这 256 个定时器有三种分辨率, 分别是 1ms、10ms、100ms。分辨率是指定时器单位时间的时间增量, 也称时基增量。分辨率不同, 定时器的定时精度、定时范围和刷新方式也不相同。定时器与分辨率的关系见表 2-2。定时器的设定时间等于设定值与分辨率的乘积, 即设定时间=设定值×分辨率。

表 2-2　定时器与分辨率的关系

定时器类型	分辨率/ms	最大定时范围/s	定时器号码
TONR	1	32.767	T0、T64
	10	327.670	T1~T4、T65~T68
	100	3276.700	T5~T31、T69~T95
TON、TOF	1	32.767	T32、T96
	10	327.670	T33~T36、T97~T100
	100	3276.700	T37~T63、T101~T255

2. 分类		
	梯形图表示	语句表表示
（1）接通延时定时器（TON）	T37 —IN　　　TON 50—PT　　100 ms IN 称为使能输入端，PT 为设定值端子，数值范围为 1～32767，TON 表示接通延时定时器，100ms 是所用定时器号码的分辨率。	TON　T37，50
	工作原理	
	1）当有能流流入 IN 输入端即输入端接通时，则定时器开始工作即定时器开始定时，当前值达到设定值时即定时器定时时间到，则定时器位为 1，定时器位对应的常开触点闭合，常闭触点断开； 2）当没有能流流入 IN 输入端即输入端子断开或者当前值没有达到设定值时，即定时器定时时间没有到，此时定时器位为 0，定时器位对应的常开触点断开，常闭触点闭合。	
	梯形图表示	语句表表示
（2）断开延时定时器（TOF）	T98 —IN　　　TOF 50—PT　　10 ms 其中，IN 称为使能输入端，PT 为设定值端子，数值范围为 1～32767，TOF 表示断开延时定时器，10ms 是所用定时器号码的分辨率。	TOF　T98，50
	工作原理	
	1）当 IN 输入端接通时，定时器当前值被清 0，定时器位为 1，对应的常开触点闭合，常闭触点断开。 2）当 IN 输入端断开后定时器开始定时，当前值从 0 到达设定值 8 即定时 80ms 到，定时器位为 0，对应的常开触点断开，常闭触点闭合。	
	梯形图表示	语句表表示
（3）保持型接通延时定时器	T4 —IN　　　TONR 20—PT　　10 ms 其中，IN 称为使能输入端，PT 为设定值端子，数值范围为 1～32767，TONR 表示保持型接通延时定时器，10ms 是所用定时器号码的分辨率。	TONR　T4，100
	工作原理	
	1）当 IN 输入端接通定时器开始定时，当前值从 0 开始增加，即使 IN 输入端断开，当前值仍保持刚才增加到的值不变，再将 IN 输入端接通时，当前值继续增加，当增加到设定值 1000 时即定时 10s 到，定时器位变为 1 并保持，此时如果 IN 输入端仍然接通，则当前值一直增加到 32767 不再增加。 2）只有用 R 指令对 TONR 定时器进行复位，该定时器的定时器位才变为 0。	

	3．使用说明

（1）接通延时定时器 IN 输入端断开时，定时器自动复位，即当前值清零，定时器位变为 0。

（2）TON 和 TOF 指令不能共享同一个定时器号，即在同一个程序中，不能对同一个定时器同时使用 TON 和 TOF 指令。

（3）断开延时定时器 TOF 可以用复位指令进行复位。

（4）保持型接通延时定时器只能使用复位指令进行复位，即定时器当前值被清 0，定时器位变为 0。

（5）保持型接通延时定时器可实现累加输入端接通时间。

	4．应用举例

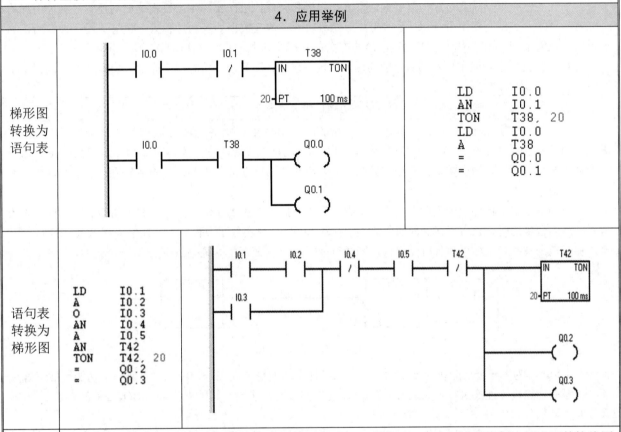

| 梯形图转换为语句表 | |
| 语句表转换为梯形图 | |

定时器指令训练	（1）当合上开关 K 时，小灯 1 亮，2 秒后小灯 1 灭。试用 PLC 对小灯进行控制，画出硬件接线图并编写梯形图及语句表程序。
	（2）当按下按钮 SB1 时，小灯 1 亮，4 秒后小灯 1 灭或者在此期间按下按钮 SB2 小灯 1 也灭。试用 PLC 对小灯进行控制，画出硬件接线图并编写梯形图及语句表程序。
	（3）当合上开关 K 时，小灯 1 亮，2 秒后小灯 2 亮，再过 2 秒后小灯 1、2 灭。试用 PLC 对小灯进行控制，画出硬件接线图并编写梯形图及语句表程序。
	（4）当按下按钮 SB1 时，小灯 1 亮，2 秒后小灯 2 亮，再过 2 秒后小灯 1、2 灭。试用 PLC 对小灯进行控制，画出硬件接线图并编写梯形图及语句表程序。
	（5）当合上开关 K 时，小灯 1 亮，2 秒后小灯 2 亮 1 灭，再过 2 秒后小灯 3 亮 2 灭，再过 2 秒后小灯 1 亮 3 灭，如此循环，当断开关 K 时小灯全灭。试用 PLC 对小灯进行控制，画出硬件接线图并编写梯形图及语句表程序。
	（6）当按下按钮 SB1 时，小灯 1 亮，2 秒后小灯 2 亮 1 灭，再过 2 秒后小灯 3 亮 2 灭，再过 2 秒后小灯 1 亮 3 灭，如此循环，当按下按钮 SB2 时小灯全灭。试用 PLC 对小灯进行控制，画出硬件接线图并编写梯形图及语句表程序。
	（7）使用定时器指令，可不可以实现本学习情境中的任务"天塔之光控制"呢？尝试编程实现。

2.2.2　数据传送与交换指令

1．什么是功能指令？

早期的 PLC 多用于机电系统的顺序控制，于是许多人习惯把 PLC 看作是继电器、定时器、计数器的集合，把 PLC 的作用局限地等同于继电器控制系统、顺控器等，应用我们前面介绍过的位逻辑指令、定时器、计数器等基本指令就可以满足要求。实际上 PLC 是一种工业控制计算机，在生产的实际控制过程中，存在大量的非开关量数据，需要对这些数据进行采集、分析和处理，进而实现生产过程的自动控制，满足用户的一些特殊要求，这就需要用到 PLC 基本的数据处理功能。这些数据处理功能和另一类与子程序、中断、高速计数、位置控制、闭环控制等 PLC 高级应用有关的功能指令共同拓宽了 PLC 的应用范围。

PLC 的数据处理功能主要包括数据的传送、比较、移位、运算等。功能指令的学习我们分别放置到子学习情境 2.2、2.3 和 2.4 中。

2．功能指令基本形式

在梯形图中，用方框表示某些指令，在 SIMATIC 指令系统中将这些方框称为"盒子"（Box），在 IEC61131-3 指令系统中将它们称为"功能块"。功能指令的标题在盒子内上方，比如 SQRT、MOV_B。功能块的输入端均在左边，输出端均在右边（见图 2-4），SQRT 开平方指令和 MOV_B 字节传送指令均有两个输入、两个输出。

梯形图基于继电器梯形电气图，在梯形图中，有一条提供能流的左侧垂直电源线。图 2-4 所示的 I2.4 的常开触点闭合接通时，来自母线的能流将流到功能块 SQRT（求实数平方根）的使能输入端 EN，EN 端有能流，那么指令被执行。如果执行时无错误，则通过使能输出端 ENO，将能流传递给下一个元件。

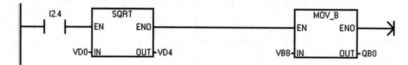

图 2-4　带功能块的梯形图

将 ENO 作为下一个功能块的 EN 输入，可以将几个功能块串联在一行中，只有前一个功能块被正确执行，后面的功能块才能被执行，因此 EN 和 ENO 的操作数均为能流，其数据类型为 BOOL（布尔型）（见本章数据类型部分）。

在 RUN 模式用程序状态监控功能监视程序的运行情况，令 SQRT 指令的输入量 VD0 的值为负数，当 I2.4 为 ON 时，可以看到有能流流入 SQRT 指令的 EN 输入端。但是因为被开方数是负数，指令执行失败，SQRT 指令框变为红色，没有能流从它的 ENO 端流出，故下个指令盒 MOV_B 无法被执行。

图 2-4 程序使用梯形图 LAD 表示，当程序用语句表 STL 书写时（可以用编程软件自行转换），可见表示 SQRT 指令和 MOV_B 指令相串联，需要用 AENO 语句。如将 AENO 语句去掉，图 2-4 中的两个功能块将变为并联。

```
LD      I2.4
SQRT    VD0, VD4
AENO
MOVB    VB8, QB0
```

注意，本章陈述的功能指令是 S7-200 系列 PLC 的功能指令。不同的 CPU 型号，可以采用的功能指令是不同的。若无特殊说明，本章中功能指令的说明对 CPU221～226 均适用。

（1）数据传送指令

意义	数据传送指令有字节、字、双字和实数的单个数据传送指令，还有以字节、字、双字和实数为单位的数据块传送指令，用以实现个存储单元之间数据的传送和复制。 单个数据传送指令一次完成一个字节、字或者双字的传送。以下仅以字节传送指令为例说明传送指令的使用方法。字节传送指令格式见表 2-3。

表 2-3　字节传送指令格式

LAD	参数	数据类型	说明	存储区：V，I，Q，M，S，SM，L
	EN	BOO	允许输入	
	ENO	BOOL	允许输出	操作数：
	OUT	BYTE	目的地址	IN：VB、IB、QB、MB、SMB、AC、*AC、*VD、SB、常数
	IN	BYTE	源数据	OUT：VB、IB、QB、MB、SMB、AC、*AC、*VD、SB

当使能输入 EN 段有效时，将输入端 IN 中的字节传送至 OUT 指定的存储单元输出，传送后，源字节内容不变。输出端 ENO 的状态和使能端 EN 的状态相同。

字、双字和实数传送指令的使用方法与字节传送指令类似，在此不再说明。

分类

字传送指令　　双字传送指令　　实数传送指令

数据块传送指令

功能：把从输入端 IN 指定地址的 N 个连续字节、字、双字的内容传送到从输出端 OUT 指定地址开始的 N 个连续节、字、双字的存储单元中去。N 的有效范围是 1～255。

应用举例

【例 1】VB0 中的数据为 20，程序下所示，试分析运行结果。

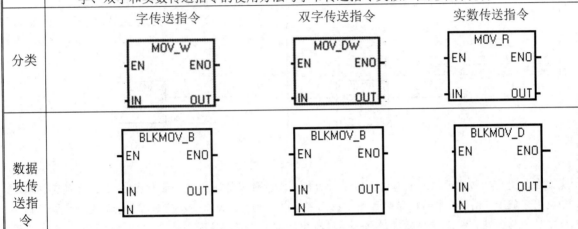

【解】当 I0.0 闭合时，执行字节传送指令，VB0 和 VB1 中的数据都为 20，同时 Q0.0 输出高电平；当 I0.0 闭合后断开，VB0 和 VB1 中的数据仍然都为 20，但 Q0.0 输出低电平。

【关键点】若将 VB1 改成 VW1，则程序出错，因为字节传送的操作数不能为字。

【例 2】编程，要求实现按下起动按钮，将 8 盏彩灯同时点亮，按下停止按钮，将 8 盏彩灯同时熄灭。

【解】先进行 I/O 分配，见表 2-4。

表 2-4　例 2 题 I/O 分配

输入 PLC 地址	说明	输出 PLC 地址	说明	输出 PLC 地址	说明
I0.0	起动按钮 SB1	Q0.0	1 灯	Q0.4	5 灯
I0.1	停止按钮 SB2	Q0.1	2 灯	Q0.5	6 灯
		Q0.2	3 灯	Q0.6	7 灯
		Q0.3	4 灯	Q0.7	4 灯

再进行编程，参考梯形图如图 2-5 所示。

网络 1　用I0.0点亮彩灯
网络注释

```
   I0.0         MOV_B
───┤├───┤P├──┤EN    ENO├──
              │          │
        255 ──┤IN   OUT├── QB0
```

网络 2　用I0.1熄灭彩灯
网络注释

```
   I0.1         MOV_B
───┤├───┤P├──┤EN    ENO├──
              │          │
          0 ──┤IN   OUT├── QB0
```

（a）

网络 1　开机运行即将VB0和VB1赋初值

```
   SM0.1                MOV_B
───┤├──────┬─────────┤EN    ENO├──
           │          │          │
           │    255 ──┤IN   OUT├── VB0
           │
           │         MOV_B
           └───────┤EN    ENO├──
                    │          │
              0 ────┤IN   OUT├── VB1
```

网络 2　用I0.0点亮彩灯

```
   I0.0               MOV_B
───┤├───┤P├────────┤EN    ENO├──
                    │          │
            VB0 ────┤IN   OUT├── QB0
```

网络 3　用I0.1熄灭彩灯

```
   I0.1               MOV_B
───┤├───┤P├────────┤EN    ENO├──
                    │          │
            VB1 ────┤IN   OUT├── QB0
```

（b）

图 2-5　例 2 参考梯形图

注： 在为变量赋初值时，为保证数据传送只执行一次，数据传送指令一般与 SM0.1 或者跳变指令联合使用。例如，图 2-4 中的梯形图程序。在此程序中，使用了 VB0 和 VB1 两个字节变量存储器作为数据的中转。在开机运行程序进行初始化过程中，常常将某些字节、字、双字存储器清零或者设置初值，为后面的控制操作做准备，这种方式常常在编程时被使用。

（2）字节交换指令（SWAP）

意义

字节交换指令用来实现字中高、低字节内容的交换。字节填充指令用于实现 16 位字型整数在指定存储器区域的填充，其格式见表 2-5。

表 2-5　字节交换指令格式

LAD	参数	数据类型	说明	存储区
SWAP ─EN　ENO─ ─IN	EN	BOOL	允许输入	V,I,Q,M,S,SM,L
	ENO	BOOL	允许输出	
	EN	BYTE	源数据	V,I,Q,M,S,SM,L,AC,*VD,*LD

应用举例

【例 1】如图 2-6 所示的程序，若 QB0=FF，QB1=0，在接通 I0.0 的前后，PLC 的输出端的指示灯有何变化？

网络 1　网络标题
网络注释

```
   I0.0         SWAP
───┤├────────┤EN    ENO├──
              │          │
        QW0 ──┤IN
```

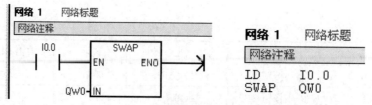

网络 1　　网络标题
网络注释

```
LD    I0.0
SWAP  QW0
```

图 2-6　字节交换指令程序示例

【解】执行程序后，QB1=FF，QB0=0，因此运行程序前 PLC 的输出端的 QB0.0～QB0.7 指示灯亮，执行程序后 QB0.0～QB0.7 指示灯灭，而 QB1.0～QB1.7 指示灯亮。

练习 1：运行下列单数据传送和数据块传送指令，读懂程序并汇报。

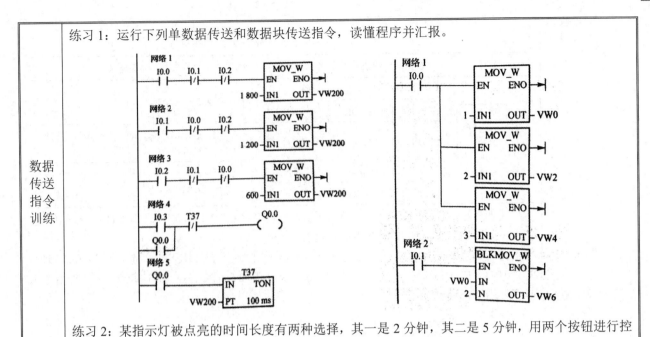

练习 2：某指示灯被点亮的时间长度有两种选择，其一是 2 分钟，其二是 5 分钟，用两个按钮进行控制选择。试进行梯形图设计。

2.2.3　数据移位指令

1. 移位指令的定义

STEP7-Micro/WIN 提供的移位指令能将存储器的内容逐位向左或者向右移动，是功能指令的一种。移动的位数由 N 决定。向左移 N 位相当于累加器的内容乘 2^N，向右移相当于累加器的内容除以 2^N。移位指令在逻辑控制中使用也很方便。循环与移位指令见表 2-6。

表 2-6　移位与循环指令汇总

名称	语句表	梯形图	描述
字节左移	SLB	SHL_B	字节逐位左移，空出的位添 0
子左移	SLW	SHL_W	字逐位左移，空出的位添 0
双字左移	SLD	SHL_D	双字逐位左移，空出的位添 0
字节右移	SRB	SHR_B	字节逐位右移，空出的位添 0
子右移	SRW	SHR_W	字逐位右移，空出的位添 0
双字右移	SRD	SHR D	双字逐位右移，空出的位添 0
字节循环左移	RLB	ROL_B	字节循环左移
字循环左移	RLW	ROL_W	字循环左移
双字循环左移	RLD	ROL_D	双字循环左移
字节循环右移	RRB	ROR_B	字节循环右移
字循环右移	RRW	ROR_W	字循环右移
双字循环右移	RRD	ROR_D	双字循环右移
移位寄存器	SHRB	SHRB	将 DATA 数值移入移位寄存器

2. 指令说明

（1）字左移（SHL_W）　当字左移指令（SHL_W）的 EN 位为高电平 "1" 时，执行移位指令，将 IN 端制订的内容左移 N 端指定的位数，然后写入 OUT 端指定的目的地址中。如果移位数目（N）大于或等于 16，则数值最多被移位 16 次，最后一次移出的位保存在 SM1.1 中。字左移指令（SHL_W）和参数见表 2-7。

表 2-7 字左移指令（SHL_W）和参数

LAD	参数	数据类型	说明	存储区
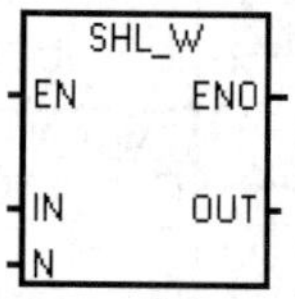 SHL_W EN ENO IN OUT N	EN	BOOL	允许输入	I, Q, M, D, L
	ENO	BOOL	允许输出	
	N	BYTE	移动的位数	V, I, Q, M, S, SM, L, AC, 常数, VD, *LD, *AC
	IN	WORD	移位对象	V, I, Q, M, S, SM, L, AC, 常数, *VD, *LD, *AC, AI 和常数（OUT 无）
	OUT	WORD	移动操作结果	

【例 1】梯形图和指令表如图 2-7 所示。假设 IN 中的字 MW0 为 2#1001 1101 1111 1011，当 I0.0 闭合时，OUT 端 MW0 中的数是多少？

【解】当 I0.0 闭合时，激活左移指令，IN 中的字存储在 MW0 中的数为 2#1001 1101 1111 1011，向左移 4 位后，OUT 端 MW0 中的数是 2# 1101 1111 1011 0000，字左移指令示意图如图 2-8 所示。

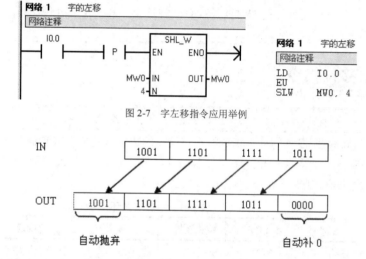

图 2-7 字左移指令应用举例

图 2-8 字左移指令示意图

【关键点】图 2-7 中的程序有一个上升沿，这样 I0.0 每闭合一次，左移 4 位，若没有上升沿，那么闭合一次，可能左移很多次。这点特别重要。

当字右移指令（SHR_W）的 EN 位为高电平"1"时，执行移位指令，将 IN 端制订的内容右移 N 端指定的位数，然后写入 OUT 端指定的目的地址中。如果移位数目（N）大于或等于 16，则数值最多被移位 16 次，最后一次移出的位保存在 SM1.1 中。字右移指令（SHR_W）和参数见表 2-8。

表 2-8 字右移指令（SHR_W）和参数

LAD	参数	数据类型	说明	存储区
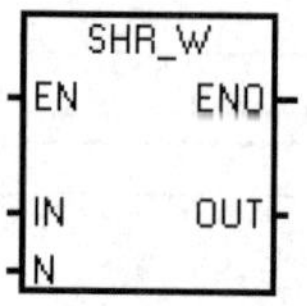 SHR_W EN ENO IN OUT N	EN	BOOL	允许输入	I, Q, M, D, L
	ENO	BOOL	允许输出	
	N	BYTE	移动的位数	V, I, Q, M, S, SM, L, AC, 常数, *VD, *LD, *AC
	IN	WORD	移位对象	V, I, Q, M, S, SM, L, AC, 常数, *VD, *LD, *AC, AI 和常数（OUT 无）
	OUT	WORD	移动操作结果	

（2）字右移（SHR_W）

【例 2】梯形图和指令表如图 2-9 所示。假设 IN 中的字 MW0 为 2#1001 1101 1111 1011，当 I0.0 闭合时，OUT 端 MW0 中的数是多少？

【解】当 I0.0 闭合时，激活右移指令，IN 中的字存储在 MW0 中，假设这个数为 2#1001 1101 1111 1011，向右移 4 位后，OUT 端 MW0 中的数是 2# 0000 1001 1101 1111，字右移指令示意图如图 2-10 所示。

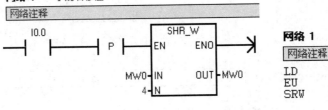

图 2-9　字右移指令应用举例

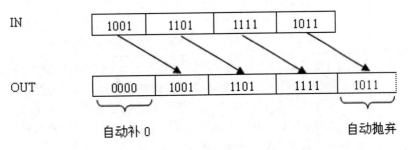

图 2-10　字右移指令示意图

字节的左移位、字节的右移位、双字的左移位、双字的右移位和字的移位指令类似，在此不再在赘述。

当双字循环左移指令（ROL_DW）的 EN 位为高电平"1"时，执行双字循环左移指令，将 IN 端指定的内容左移 N 端指定的位数，然后写入 OUT 端指定的目的地址中。如果移位数目（N）大于或等于 32，执行移位之前在移动位数（N）上执行模数 32 操作，即将 N 除以 32 后取余数从而得到一个有效的移位次数。从而使位数在 0～31 之间，例如当 N=34 时，通过模运算，实际移位为 2。双字循环左移指令（ROL_DW）和参数见表 2-9。

表 2-9　双字循环左移指令（ROL_DW）和参数

LAD	参数	数据类型	说明	存储区
	EN	BOOL	允许输入	I, Q, M, D, L, V
	ENO	BOOL	允许输出	
	N	BYTE	移动的位数	V, I, Q, M, S, SM, L, AC, 常数, *VD, *LD, *AC
	IN	WORD	移位对象	V, I, Q, M, S, SM, L, AC, 常数, *VD, *LD, *AC, AI 和常数（OUT 无）
	OUT	WORD	移动操作结果	

（3）双字循环左移指令（ROL_DW）

【例3】梯形图和指令表如图 2-11 所示。假设，IN 中的字 MW0 为 2#1001 1101 1111 1011 1001 1101 1111 1011，当 I0.0 闭合时，OUT 端 MW0 中的数是多少？

【解】当 I0.0 闭合时，激活双字循环左移指令，IN 中的字存储在 MW0 中，这个数为 2#1001 1101 1111 1011 1001 1101 1111 1011，除最高 4 位外，其余各位向左移 4 位后，双字的最高 4 位，循环到双字的最低 4 位，结果是 OUT 端的 MD0 中的数是 2#1101 1111 1011 1001 1101 1111 1011 1001，其示意图如图 2-12 所示。

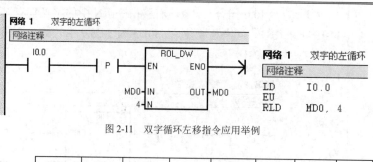

图 2-11　双字循环左移指令应用举例

OUT

图 2-12　双字循环左移指令示意图

当双字循环右移指令（ROR_DW）的 EN 位为高电平"1"时，将执行双字循环右移指令，将 IN 端指令的内容向右循环移动 N 端指定的位数，然后写入 OUT 端指定的目的地址中。如果移位数目（N）大于或等于 32，执行移位之前在移动位数（N）上执行模数 32 操作。从而使位数在 0～31 之间，例如当 N=34 时，通过模运算，实际移位为 2。双字循环右移指令（ROR_DW）和参数见表 2-10。

表 2-10　双字循环右移指令（ROR_DW）和参数

LAD	参数	数据类型	说明	存储区
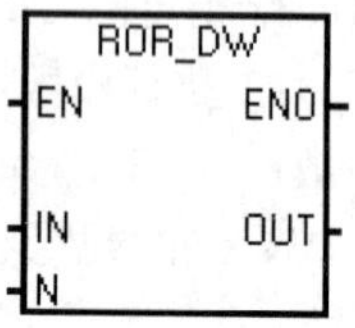 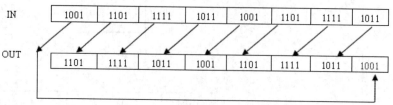	EN	BOOL	允许输入	I, Q, M, D, L
	ENO	BOOL	允许输出	
	N	BYTE	移动的位数	V, I, Q, M, S, SM, L, AC, 常数, *VD, *LD, *AC
	IN	WORD	移位对象	V, I, Q, M, S, SM, L, AC, 常数, *VD, *LD, *AC, AI 和常数（OUT 无）
	OUT	WORD	移动操作结果	

（4）双字循环右移指令（ROR_DW）

【例 4】梯形图和指令表如图 2-13 所示。假设，IN 中的字 MW0 为 2#1001 1101 1111 1011 1001 1101 1111 1011，当 I0.0 闭合时，OUT 端 MW0 中的数是多少？

【解】当 I0.0 闭合时，激活双字循环右移指令，IN 中的字存储在 MW0 中，这个数为低 4 位，循环到双字的最高 4 位，结果是 OUT 端的 MD0 中的数是 2#1011 1001 1101 1111 1011 1001 1101 1111，其示意图如图 2-14 所示。

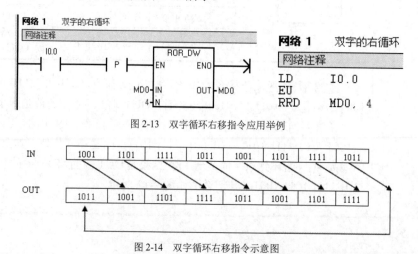

图 2-13　双字循环右移指令应用举例

图 2-14　双字循环右移指令示意图

注：字节的左循环、字节的右循环、字的左循环、字的右循环和双字的循环指令类似，不再赘述。

移位寄存器指令（SHRB）将 DATA 数值移入移位寄存器。EN 为使能输入端，连接移位脉冲信号，每次使能有效时，整个移位寄存器移动 1 位。DATA 为数据输入端，连接移入移位寄存器的二进制数值，执行指令时将该位的值移入寄存器。S_BIT 指定移位寄存器的最低位。N 指定移位寄存器的长度和移位方向，移位寄存器的最大长度为 64 位，N 为正值表示左移位，输入数据（DATA）移入移位寄存器的最低位（S_BIT），并移出移位寄存器的最高位。移出的数据被放置在溢出内存位（SM1.1）中。N 为负值表示右移位，输入数据移入移位寄存器的最高位中，并移出最低位（S_BIT）。移出的数据被放置在溢出内存位（SM1.1）中。移位寄存器指令（SHRB）和参数见表 2-11。

表 2-11　移位寄存器指令（SHRB）

LAD	参数	数据类型	说明	存储区
	EN	BOOL	允许输入	I, Q, M, D, L
	DATA	BOOL	允许输出	I, Q, M, SM, T, C, V, S, L
	S-BIT	BOO	移动的位数	
	N	BYTE	移位对象	VB, IB, QB, MB, SB, SMB, LB, AC, 常量

【例 5】梯形图和指令表如图 2-15 所示。分析运行结果，如图 2-16 所示。

（5）移位寄存器指令（SHRB）

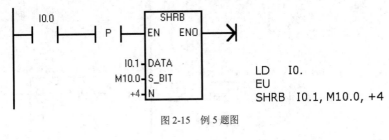

```
LD    I0.
EU
SHRB  I0.1, M10.0, +4
```

图 2-15　例 5 题图

【解】

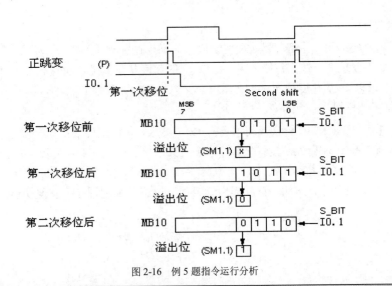

图 2-16　例 5 题指令运行分析

移位指令项目训练

【例 1】霓虹灯广告牌如图 2-17 所示。按下起动按钮，1 号灯到 8 号灯按照从下到上的顺序以 1s 的速度依次点亮，到达最顶端后，再从 1 号灯到 8 号灯依次点亮，如此循环。按下停止按钮后，霓虹灯循环停止。

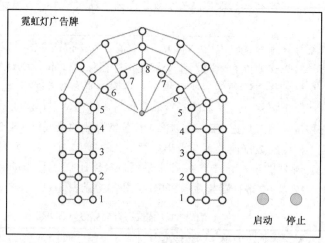

图 2-17　例 1 图

【分析】8 个彩灯分别接 Q0.0～Q0.7，可以用字节的循环移位指令进行循环移位控制。置彩灯的初始状态 QB0 为 1，则 1 号灯先亮，接着灯从下到上以 1s 的速度依次点亮，即要求字节 QB0 中的 1 以每 1s 循环左移动 1 位，因此，需要在循环左移位指令的使能 EN 端接一个 1s 的移位脉冲。

参考程序如图 2-18 所示。

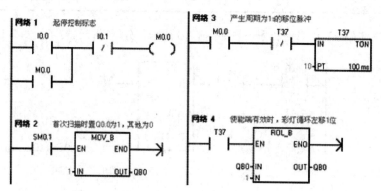

图 2-18　例 1 参考程序

【思考】

（1）如果要求用移位寄存器实现控制要求，梯形图如何编写？

（2）如果要求 8 个灯，每 2 个为一组以 1s 的速度从下到上依次点亮并循环，该如何修改程序？如果有 16 个灯，要求以 1s 的速度依次点亮并循环，又该如何修改程序。

请同学们分组加以讨论，并进行功能实现。

【例 2】用灯 L1～L12 分别代表喷泉的 12 个喷水柱。控制要求：按下起动按钮 0.5s 后 L1 亮，L1 亮 0.5s 后灭，接着 L2 亮 0.5s 后灭，接着 L3 亮 0.5s 后灭，接着 L4 亮 0.5s 后灭，接着 L5、L9 亮 0.5s 后灭，接着 L6、L10 亮 0.5s 后灭，接着 L7、L11 亮 0.5s 后灭，接着 L8、L12 亮 0.5s 后灭，接着 L1 亮 0.5s 后灭，如此循环下去，直至按下停止按钮。请同学们分组加以讨论，编制程序并实现功能，如图 2-19 所示。

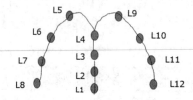

图 2-19　喷泉模拟模型

【提示】

（1）首先进行 I/O 分配。

输入：起动按钮：I0.0　　　停止按钮：I0.1

输出：L1：Q0.0　　　L5、L9：Q0.4　　　L2：Q0.1　　　L6、L10：Q0.5

　　　L3：Q0.2　　　L7、L11：Q0.6　　　L4：Q0.3　　　L8、L12：Q0.7

（2）移位寄存器设计和控制分析（见图 2-20）。

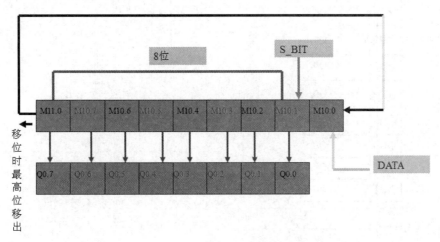

图 2-20　移位寄存器的位与输出的对应关系图

1）选择移位寄存器位数：输出 8 位（Q0.0~Q0.7）移位寄存器：8 位的移位寄存器（M10.1~M11.0），移位寄存器的 S-BIT 位为 M10.1，并且移位寄存器的每一位对应一个输出。

2）移位脉冲的确定：EN 连接移位脉冲，每来一个脉冲的上升沿，移位寄存器移动一位。移位寄存器应 0.5s 移一位，因此需要设计一个 0.5s 产生一个脉冲的脉冲发生器（由 T38 构成）。

3）数据输入端 DATA 的确定：

a）分析：M10.0 为数据输入端 DATA，根据控制要求，每次只有一个输出，因此只需要：

①在第一个移位脉冲到来时由 M10.0 送入移位寄存器 S-BIT 位（M10.1）一个"1"。

②第二个脉冲至第八个脉冲到来时由 M10.0 送入 M10.1 的值均为"0"。

b）实现方法：由定时器 T37 延时 0.5s 仅导通一个扫描周期实现。

c）循环的实现：第九个脉冲到来时送 1。

（3）方法：M11.0 常开触点与 T37 常开触点并联（第八个脉冲到来时 M11.0 置位为 1，同时通过与 T37 并联的 M11.0 常开触点使 M10.0 置位为 1，在第九个脉冲到来时由 M10.0 送入 M10.1 的值又为 1，如此循环下去，直至按下停止按钮。按下停止按钮，触发复位指令，使 M10.1~M11.0 的 8 位全部复位。参考程序如图 2-21 所示。

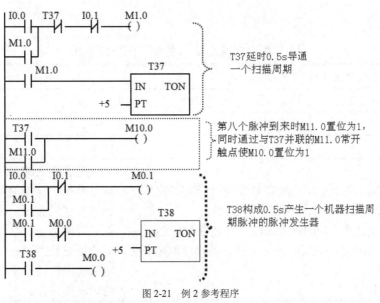

图 2-21　例 2 参考程序

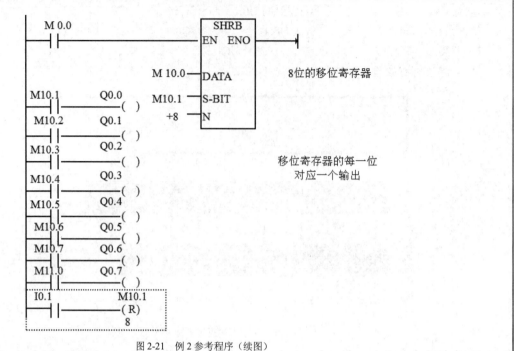

图 2-21 例 2 参考程序（续图）

知识链接

经过以上内容的简单介绍，我们了解了 S7-200 的定时器指令以及基本功能指令，包括数据传送、交换指令以及移位指令等，能够使用这些指令完成对天塔之光的控制么？能够根据控制要求分析本节工作任务单中的任务，进行 I/O 分配、绘制硬件接线图、编写 PLC 控制程序了么？尝试单纯使用定时器指令，或使用移位寄存器指令来实现控制要求。

请思考如何用 PLC 来实现对天塔之光的控制？这其中的关键是什么？

请结合你已经掌握的理论知识功底和习得的实操技能经验，完成本情境的天塔之光 PLC 的控制任务。遇到困难，学会使用多种办法解决你的问题，比如请教你的老师、查找互联网资料和技术手册等。将任务实施情况记录到"任务实施表"中。

子学习情境 2.3   十字路口交通灯 PLC 控制

"十字路口交通灯 PLC 控制"工作任务单

情 境	S7-200 系列 PLC 的指令系统和编程			
学习任务	子学习情境 2.3：十字路口交通灯 PLC 控制		完成时间	
学习团队	学习小组	组长	成员	
任务载体和资讯	任务载体			资讯
	图 2-22 所示是 S7-200 PLC 控制十字路口交通灯的模拟装置图，要求能够实现以下功能： （1）两个方向的红黄绿按照一定规律依次点亮； （2）红灯的作用时间等于黄灯和绿灯加起来的动作时间。			随着社会的发展和进步，上路的车辆越来越多，而道路建设却往往跟不上城市发展的速度。因此，城市交通的问题日益突出。经常在十字路口等交通繁忙的地方发生堵塞情况。在这个时候，道路交通灯的正常合理运行就是交通畅通的重要保证。而以往的交通信号灯大

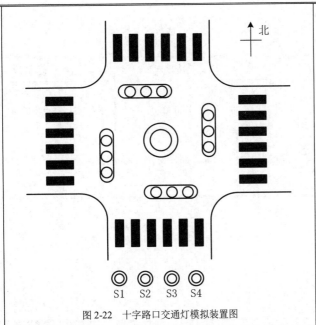

都采用继电器或是单片机来实现，存在着功能少、可靠性差、维护量大等缺点，而 PLC 编程简单、易维护，可以随着不同场合的需要灵活改变程序以实现不同的功能需求，且可靠性高，性价比较好。PLC 很适合来控制交通信号灯这类的时序控制系统，交通灯系统由东西和南北四个方向的信号灯组成．每个方向的三盏灯中又分为是红、绿和黄三种颜色。

图 2-22　十字路口交通灯模拟装置图

任务要求	1. 控制系统硬件部分： 　（1）完成十字路口交通灯模拟装置 I/O 分配表。 　（2）根据 I/O 分配表完成 PLC 硬件接线图的绘制以及线路的连接。 2. 控制系统软件部分的程序应实现下面的功能： 合上开关 K $\begin{cases} \text{南北向红灯亮，10s 后绿灯亮，再过 6s 后绿灯闪烁，再过 2s 后黄灯亮，再过} \\ \text{2s 后红灯亮} \\ \text{东西向绿灯亮，6s 后绿灯闪烁，再过 2s 后黄灯亮，再过 2s 后红灯亮，再过} \\ \text{10s 后绿灯亮} \end{cases}$ 如此循环，断开开关 K，所有灯灭。
引导文	1. 团队分析任务要求，讨论在完成本次任务前，你及你的团队缺少哪些必要的理论知识？需要具备哪些方面的操作技能？你们该如何解决这种困难？ 2. 我们在前面已经学习了 S7-200 的标准触点指令以及定时器功能指令，对于它如何实现对对象的控制你掌握了么？ 3. 通过前面的学习我们知道，PLC 要想实现对对象的控制需要完成两部分工作：一部分是硬件线路的连接，一部分是程序的编制。如何搭建硬件线路图呢？如何编写控制程序呢？它的整体思路是什么呢？ 4. 请认真学习知识链接部分的内容，为实现十字路口交通灯的 PLC 控制储备基础知识。 5. 你已经具备完成此情境学习的所有资料了吗？如果没有，还缺少哪些？应该通过哪些渠道获得？ 6. 实现我们的核心任务"用 PLC 控制十字路口交通灯"，思考其中的关键是什么？用你之前学过的指令可以实现么？ 7. 通过前面的引导文指引，你和你的团队是否明白，实现本情境任务的学习，包括哪些具体任务？你们团队该如何分工合作，共同完成这项庞大的任务？制订计划，并将团队的决策方案写到《可编程控制技术实践手册》中本任务的"计划和决策表"内。 8. 将任务的实施情况（可以包括你学到的知识点和技能点，包括团队分工任务的完成情况等）整理成文档，记录在"任务实施表"中。 9. 将你们的成果提交给指导教师，让其为你们的任务完成情况进行检查，并记录在"任务检查表"中。 10. 就你们团队的知识、技能、能力和素质进行自我评价、互相评价和教师评价，填写"任务评价表"。正确认识自己的不足之处，取长补短，争取在下次任务训练中得到进步。

学习目标	学习内容	任务准备
1．了解十字路口交通灯的工作过程； 2．掌握时序图程序设计法； 3．掌握 S7-200 比较指令； 4．能够独立编制 PLC 控制程序，并进行通电调试，当出现故障时，能够根据设计要求进行独立检修，直至系统正常工作。	1．交通灯的工作规律； 2．时序图程序设计法； 3．比较指令。	本任务可先让学生用之前学习过的指令编写控制程序。

2.3.1　时序图程序设计方法

1．什么是时序图程序设计法？

所谓的时序图就是根据 PLC 各输出信号的状态变化存在一定时间顺序，在画出各输出信号的时序图后，能更好地理解各个状态的转换条件，从而建立清晰明了的设计思路。

2．时序图法设计梯形图步骤

（1）分析控制要求，明确 I/O 信号个数，合理选择机型。

（2）对 PLC 进行 I/O 分配。

（3）将时序图划分成若干个时间区段，确定各区段时间长短，找出区段的分界点，弄清分界点处各输出信号状态的转换关系和转换条件。

（4）由时间区段的个数确定定时器数量，分配定时器号，确定各定时器定时时间，明确各定时器定时开始和定时时间到这两个关键时刻对各输出信号状态的影响。

（5）明确 I/O 信号之间的时序关系，画出各 I/O 工作时序图。

（6）根据定时器的功能明细表、时序图和 I/O 分配表画出 PLC 控制梯形图。

3．时序图的解决方案

（1）分析输入输出信号。依据控制要求，已经将交通灯的输入输出，及 I/O 进行了分配，输入信号即开关信号为 1 个；输出信号为不同方向的红、绿、黄灯，共 6 个。

（2）根据控制要求，画出各方向三色灯的工作时序图，如图 2-23 所示。

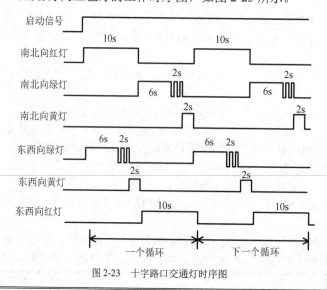

图 2-23　十字路口交通灯时序图

2.3.2 数据比较指令

1. 什么是比较指令？
本学习情境中的十字路口交通灯控制程序，在我们分析了其时序波形图之后，我们就可以进行编程了。使用我们在天塔之光学习情境中学过的定时器指令，我们就可以编制出控制程序。但我们还可以采用更为简便的办法来实现各个灯的控制。因此，我们要学习 PLC 的另一种重要功能指令——比较指令。 STEP7 提供了丰富的比较指令，可以满足用户的多种需要。STEP7 中的比较指令可以对下列数据类型的数值进行比较： ● 两个字节的比较（每个字节为 8 位）。 ● 两个字符串的比较（每个字符串为 8 位）。 ● 两个整数的比较（每个整数为 16 位）。 ● 两个双整数的比较（每个双整数为 32 位）。 ● 两个实数的比较（每个实数为 32 位）。 【关键点】一个整数和一个双整数是不能直接进行比较的，因为它们之间的数据类型不同。一般先将整数转换成双整数，再对两个双整数进行比较。 比较指令是将两个操作数按指定的条件作比较，比较条件满足时，触点闭合，否则断开。比较指令为上、下限控制等提供了极大的方便。在梯形图中，比较指令可以装入，也可以串、并联。

2. 指令说明

<table>
<tr><td rowspan="3">（1）等于比较指令（EQ）</td><td colspan="5">等于比较指令有字节等于比较指令、整数比较指令、双整数比较指令、符号等于比较指令和实数等于比较指令 5 种。整数等于比较指令和参数见表 2-12。</td></tr>
<tr><td colspan="5">

表 2-12　整数等于比较指令和参数

LAD	参数	数据类型	说明	存储区
IN1 ==I IN2	IN1	IN	比较的第一个数值	I, Q, M, S, SM, L, T, L, C, V, AI, AC, 常数, *VD, *LD, *AC
	IN2	INT	比较的第二个数值	

</td></tr>
<tr><td colspan="5">

用一个例子来说明整数等于比较指令，梯形图和指令表如图 2-24 所示。当 I0.0 闭合时，激活比较指令，MW0 中的整数和 MW2 中的整数比较，若两者相等，则 Q0.0 输出为"1"，若两者不等，则 Q0.0 输出为"0"，在 I0.0 不闭合时，Q0.0 的输出为"0"。IN1 和 IN2 可以为常数。

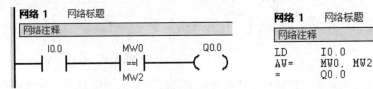

图 2-24　整数等于比较指令举例

图 2-18 中，若无敞开触点 I0.0，则每次扫描时都要进行整数比较运算。

双整数等于比较指令和实数等于比较指令的使用方法与整数等于比较指令相同，只不过 IN1 和 IN2 的参数类型分别为双整数和实数。

</td></tr>
<tr><td>（2）不等于比较指令（NQ）</td><td colspan="5">不等于比较指令有字节不等于比较指令、整数不等于比较指令、双整数不等于比较指令、符号不等于比较指令和实数不等于比较指令 5 种。整数不等于比较指令和参数见表 2-13。</td></tr>
</table>

表2-13   整数不等于比较指令和参数

LAD	参数	数据类	说明	存储区
IN1 <>I IN2	IN1	INT	比较的第一个数值	I, Q, M, S, SM, L, T, L, C, V, AI, AC, 常数*VD, *LD, *AC
	IN2	INT	比较的第二个数值	

用一个例子来说明整数不等于比较指令，梯形图和指令表如图2-25所示。当I0.0闭合时，激活比较指令，MW0中的整数和MW2中的整数比较，若两者不相等，则Q0.0输出为"1"，若两者相等，则Q0.0输出为"0"。在I0.0不闭合时，Q0.0的输出为"0"。IN1和IN2可以为常数。

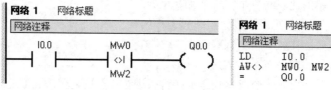

图2-25   整数不等于比较指令举例

双整数不等于比较指令和实数不等于比较指令的使用方法与整数不等于比较指令类似，只

（3）小于比较指令（LQ）

小于比较指令有字节小于比较指令、整数小于比较指令、双整数小于比较指令、实数小于比较指令4种。双整数小于比较指令和参数见表2-14。

表2-14   双整数小于比较指令和参数

LAD	参数	数据类	说明	存储区
IN1 <D IN2	IN1	DINT	比较的第一个数值	I, Q, M, S, SM, L, T, L, C, V, AI, AC, 常数, *VD, *LD, *AC
	IN2	DINT	比较的第二个数值	

用一个例子来说明双整数小于比较指令，梯形图和指令表如图2-26所示。当I0.0闭合时，激活双整数小于比较指令，MD0中的双整数和MD4中的双整数比较，若前者小于后者，则Q0.0输出为"1"，否则，则Q0.0输出为"0"。在I0.0不闭合时，Q0.0的输出为"0"。IN1和IN2可以为常数。

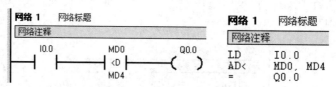

图2-26   双整数小于比较指令举例

整数小于比较指令和实数小于比较指令的使用方法与双整数小于比较指令类似，只不过

（4）大于等于比较指令（GE）

大于等于比较指令有字节大于等于比较指令、整数大于等于比较指令、双整数大于等于比较指令、实数大于等于比较指令4种。实数大于等于比较指令和参数见表2-15。

表2-15   实数大于等于比较指令和参数

LAD	参数	数据类型	说明	存储区
IN1 >=R IN2	IN1	REAL	比较的第一个数值	I, Q, M, S, SM, L, T, L, C, V, AI, AC, 常数, *VD, *LD, *AC
	IN2	REA	比较的第二个数值	

用一个例子来说明实数大于等于比较指令，梯形图和指令表如图 2-27 所示。当 I0.0 闭合时，激活实数大于等于比较指令，MD0 中的实数和 MD4 中的实数比较，若前者大于或等于后者，则 Q0.0 输出为"1"，否则，则 Q0.0 输出为"0"。在 I0.0 不闭合时，Q0.0 的输出为"0"。IN1 和 IN2 可以为常数。

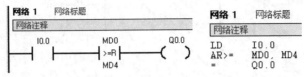

图 2-27　实数大于等于比较指令举例

整数大于等于比较指令和双整数大于等于比较指令的使用方法与实数大于等于比较指令类似，只不过 IN1 和 IN2 的参数类型分别为整数和双整数。使用比较指令的前提是数据类型必须相同。

（5）小于等于比较指令（LE）	与小于指令类似
（6）大于比较指令（GT）	与大于等于指令类似

3．应用举例

用 3 个开关（I0.0、I0.2、I0.3）控制一盏灯 Q1.0，当 3 个开关全通或者全断时灯亮，其他情况灯灭。请思考一下如何用比较指令实现这个控制要求。

4．知识链接

经过以上内容的简单介绍，我们了解了 S7-200 的一个程序设计方法（时序波形图法）和一种功能指令（比较指令），并能够使用这个方法和这个指令进行编程和控制简单对象。

现在我们再仔细分析任务单，同学们现在可以使用时序波形图和功能指令，来完成对十字路口交通灯的控制么？能够根据控制要求进行 I/O 分配、绘制硬件接线图么？请思考如何用 PLC 来实现对十字路口交通灯的控制？这其中的关键是什么？

请结合你已经掌握的理论知识功底和习得的实操技能经验，完成本情境的 PLC 控制任务。遇到困难，学会使用多种办法解决你的问题，比如请教你的老师、查找互联网资料和技术手册等。将任务实施情况记录到"任务实施表"中。

子学习情境 2.4　生产线自动装箱 PLC 控制

情境导入

"生产线自动装箱 PLC 控制"工作任务单

情　　境	S7-200 系列 PLC 的指令系统和编程			
学习任务	子学习情境 2.4：生产线自动装箱 PLC 控制		完成时间	
学习团队	学习小组	组长	成员	

	任务载体	资讯
任务载体和资讯	图2-28 生产线自动装箱装置示意图	在现代化的工业生产中常常需要对产品进行计数和包装。图2-28所示系统有两个传送带，即包装箱传送带和产品传送带。包装箱传送带用来传送产品包装箱，其功能是把已经装满的包装箱运走，并用一只空箱来代替。为使空箱恰好对准产品传送带的末端，使产品刚好落入包装箱中，在包装箱传送带的中间装一光电传感器，用以检测包装箱是否到位。产品传送带将产品从生产车间传送到包装箱，当某一产品被送到传送带的末端，会自动落入包装箱内，并由另一传感器转换成计数脉冲。本控制系统具有精度高、成本低、抗干扰能力强、故障率低、操作维护简单等特点，具有良好的应用价值。
任务要求	1. 控制系统硬件部分： （1）完成生产线自动装箱装置 I/O 分配表。 （2）根据 I/O 分配表完成 PLC 硬件接线图的绘制以及线路的连接。 2. 控制系统软件部分的程序应实现下面的功能： （1）按下控制装置起动按钮后，传送带 B 先起动运行，拖动空箱前移至指定位置，到达指定位置后，由 SQ2 发出信号，使传送带 B 制动停止。 （2）传送带 B 停车后，传送带 A 起动运行，产品逐一落入箱内，由传感器检测产品数量，当累计产品数量达 12 个时，传送带 A 制动停车，传送带 B 起动运行。 （3）上述过程周而复始地进行，直到按下停止按钮，传送带 A 和传送带 B 同时停止。 （4）应有必要的信号指示，如电源有电、传送带 A 工作和传送带 B 工作等。 （5）传送带 A 和传送带 B 应有独立点动控制，以便于调试和维修。 （6）统计产品数量，将总数量送到上位机触摸屏上显示和记录。	
引导文	1. 团队分析任务要求，讨论在完成本次任务前，你及你的团队缺少哪些必要的理论知识？需要具备哪些方面的操作技能？你们该如何解决这种困难？请认真学习知识链接部分的内容，为实现 PLC 控制任务储备基础知识。 2. 实现我们的核心任务"生产线自动装箱 PLC 控制"，思考其中的关键是什么？ 3. 通过前面的引导文指引，你和你的团队是否明白，实现本情境任务的学习，包括哪些具体任务？你们团队该如何分工合作，共同完成这项庞大的任务？制订计划，并将团队的决策方案写到《可编程控制技术实践手册》中本任务的"计划和决策表"内。 4. 将任务的实施情况（可以包括你学到的知识点和技能点，包括团队分工任务的完成情况等）整理成文档，记录在"任务实施表"中。 5. 将你们的成果提交给指导教师，让其为你们的任务完成情况进行检查，并记录在"任务检查表"中。 6. 就你们团队的知识、技能、能力和素质进行自我评价、互相评价和教师评价，填写"任务评价表"。正确认识自己的不足之处，取长补短，争取在下次任务训练中得到进步。	

任务描述

学习目标	学习内容	任务准备
1. 认识计数器增1减1指令、数据运算指令的梯形图及语句表符号，并能够正确运用指令进行编程； 2. 能够独立编制 PLC 程序，并进行通电调试，当出现故障时，能够根据设计要求进行独立检修，直至系统正常工作。	1. 计数器指令、加一减一指令、数据运算指令的表示方法及使用注意事项； 2. 产品自动装箱计数 PLC 控制的硬件接线以及软件编程方法。	本任务可用实验台上按钮、LED 灯等进行模拟。条件满足，也可以 DIY 实训装置来实现硬件的安装调试，再进行程序的设计、编制和调试。

2.4.1 计数器指令

1. 什么是计数器指令？
S7-200 PLC 共有 256 个计数器，它们是 C0～C255。这 256 个计数器分为三种类型，分别是增（加）计数器 CTU、减计数器 CTD、增（加）减计数器 CTUD。

2. 分类及工作原理		

	梯形图表示	语句表表示
（1）接通延时定时器（TON）	C20 CU　CTU R 5 PV 其中，CU 称为计数端子，R 为复位端子，PV 为设定值端子，数值范围为 1～32767，CTU 表示增（加）计数器。	CTU　C20，5

工作原理
1）增（加）计数器进行计数之前，先对其进行复位操作，即接通 R 复位端子，此时计数器被复位，计数器当前值和计数器位都为 0。 　　2）断开 R 复位端子，此时计数器复位完成，给 CU 端子输入不断发生正跳变的脉冲，每发生一次正跳变，增（加）计数器计一个数，当前值从 0 增加到 1、2、3 等，当前值达到设定值后，计数器位变为 1，其对应的常开触点闭合，常闭触点断开。直到再次接通 R 复位端子，计数器被复位，当前值和计数器位均又变为 0。

	梯形图表示	语句表表示
（2）断开延时定时器（TOF）	C40 CD　CTD LD 3 PV 其中，CU 称为计数端子，LD 为装载输入端子，PV 为设定值端子，数值范围为 1～32767，CTD 表示减计数器。	CTD　C40，5

工作原理
1）计数端子 CD：只要输入发生正跳变（从 0 变为 1），计数器就会计数。 　　2）装载输入端 LD：只要该端接通，减计数器就做初始化工作——复位，即把设定值装入计数寄存器供减计数用，计数器位变为 0，其对应的常开触点断开，常闭触点闭合。 　　3）开始减计数：只要 LD 端瞬间接通将设定值装入计数寄存器，计数器就开始对 CD 端的脉冲正跳变进行减计数了，直至当前值为 0 时停止计数，计数器位变为 1，其对应的常开触点闭合，常闭触点断开。

梯形图表示	语句表表示
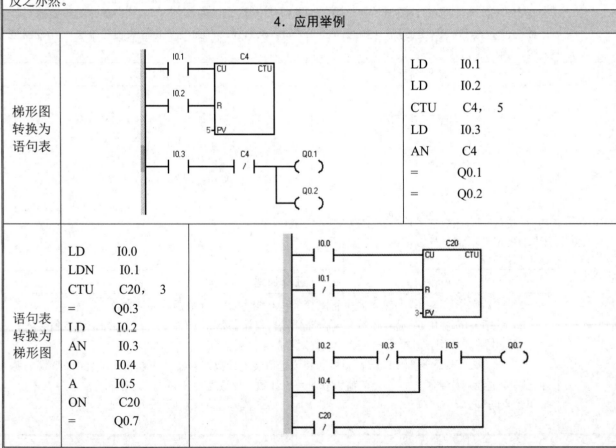（see block below）	

（3）保持型接通延时定时器

其中，CU 称为增（加）计数端子，CD 为减计数端子，R 为复位端子，PV 为设定值端子，数值范围为 1～32767，CTUD 表示增（加）减计数器。

CTUD　C30，2

工作原理

1）增（加）计数端子 CU：只要该端输入发生正跳变，当前值就会加 1，计数器就会计数。

2）减计数端子 CD：只要该端输入发生正跳变，当前值就会减 1，计数器就会计数。

3）不管是当前值增加还是减少，只要当前值大于等于设定值，则计数器位就为 1，其对应的常开触点闭合，常闭触点断开。

4）如果当前值小于设定值，则计数器位就为 0，其对应的常开触点断开，常闭触点闭合。

3．使用说明

（1）三种计数器号的范围都是 0～255。设定值 PV 端的取值范围都是 1～32767。

（2）可以使用复位 R 指令对加计数器进行复位。

（3）减计数器的装载输入端 LD 为 ON 时，计数器位被复位，设定值被装入当前值；对于加计数器与加减计数器，当复位输入 R 为 ON 或执行复位指令时，计数器被复位。

（4）对于加减计数器，当前值达到最大值 32767 时，下一个 CU 的正跳变将使当前值变为最小值-32768，反之亦然。

4．应用举例

梯形图转换为语句表

```
LD    I0.1
LD    I0.2
CTU   C4，5
LD    I0.3
AN    C4
=     Q0.1
=     Q0.2
```

语句表转换为梯形图

```
LD    I0.0
LDN   I0.1
CTU   C20，3
=     Q0.3
LD    I0.2
AN    I0.3
O     I0.4
A     I0.5
ON    C20
=     Q0.7
```

计数器 指令 训练	（1）合上开关 K1 前，增计数器 C4 被复位，合上开关 K1 后，C20 复位完成。合上、断开开关 K2，如此重复 10 次后，小灯 1 亮。再将开关 K1 断开后，小灯 1 灭。试用 PLC 对小灯进行控制，画出硬件接线图并编写梯形图及语句表程序。 （2）按下按钮 SB1 时，增计数器 C20 被复位，断开按钮 SB1，C20 复位完成。合上、断开按钮 SB2，如此重复 5 次后，小灯 1、2 亮。再将按钮 SB1 按下后，小灯 1、2 灭。试用 PLC 对小灯进行控制，画出硬件接线图并编写梯形图及语句表程序。 （3）当合上开关 K 时，小灯 1 闪烁，2 秒后小灯 2 闪烁 1 灭，再过 2 秒后小灯 3 闪烁 2 灭，再过 2 秒后小灯 1 闪烁 3 灭，如此循环 2 次后小灯全灭。试用 PLC 对小灯进行控制，画出硬件接线图并编写梯形图及语句表程序。 （4）当按下按钮 SB1 时，小灯 1 闪烁，2 秒后小灯 2 闪烁 1 灭，再过 2 秒后小灯 3 闪烁 2 灭，再过 2 秒后小灯 1 闪烁 3 灭，如此循环 3 次后小灯全灭。试用 PLC 对小灯进行控制，画出硬件接线图并编写梯形图及语句表程序。 （5）当合上开关 K 时，小灯亮 2 秒灭 3 秒，再亮 2 秒灭 3 秒，如此循环 5 次后小灯灭。试用 PLC 对小灯进行控制，画出硬件接线图并编写梯形图及语句表程序。 （6）当按下按钮 SB1 时，小灯亮 2 秒灭 3 秒，再亮 2 秒灭 3 秒，如此循环 3 次后小灯灭。试用 PLC 对小灯进行控制，画出硬件接线图并编写梯形图及语句表程序。 （7）使用接在 I0.0 端的光电开关检测传送带上通过产品的个数，有产品通过时，I0.0 为 ON。起动按钮 SB1 接通后，传送带开始工作，当检测有 10 个产品通过后，经 2 秒后，传送带停止。试用 PLC 对小灯进行控制，画出硬件接线图并编写梯形图及语句表程序。

2.4.2　增 1 减 1 指令

1. 什么是增 1 减 1 指令？

增 1 减 1 运算指令用于对无符号数字节、有符号字、有符号双字进行加 1 或减 1 的操作，见表 2-16。

表 2-16　增 1 减 1 指令

表示			指令功能
字节加1 INC_B EN ENO IN OUT INCB OUT	字节减1 DEC_B EN ENO IN OUT DECB OUT	字加1 INC_W EN ENO IN OUT INCW OUT	加 1 指令，实现把源字节、整数和双整数 IN 加 1 后送到 OUT 中
字减1 DEC_W EN ENO IN OUT DECW OUT	双字加1 INC_DW EN ENO IN OUT INCD OUT	双字减1 DEC_DW EN ENO IN OUT DECD OUT	减 1 指令，实现把源字节、整数和双整数 减 1 后送到 OUT 中

2. 使用说明

（1）操作数的寻址范围要与指令码一致，其中对字节操作时不能寻址专用的字及双字存储器，例如 T、C 及 HC 等；对字操作时不能寻址专用的双字存储器 HC，OUT 不能寻址常数。

（2）在梯形图中，IN1+1=OUT，IN1-1=OUT；在语句表中，OUT+1=OUT，OUT-1=OUT。如果 OUT 与 IN 为同一存储器，则在语句表指令中不需要使用数据传送指令，可减少指令条数，从而减少存储空间。

3．应用举例

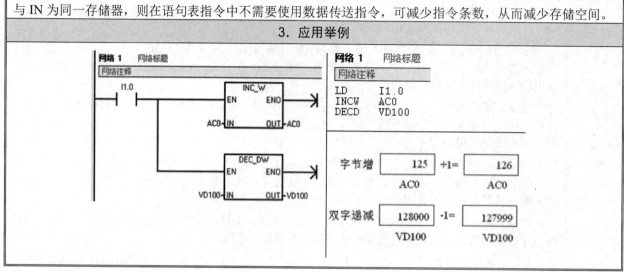

2.4.3　数据运算和数据转换指令

1．算数运算指令

数据运算指令主要实现数据的加、减、乘、除四则运算（见表 2-17、表 2-18），常用的函数变换及数据的与、或、非等逻辑运算，常常用于实现按数据的运算结果进行控制的场合，比如自动配料系统，模拟量的标准化处理，自动修改指针等。

表 2-17　加减运算指令

表示		指令功能
ADD_I EN　ENO ????-IN1　OUT-???? ????-IN2	+I　IN1,OUT	加指令：实现整数、双整数和实数的加法运算。 IN1+IN2=OUT 其中 IN1 和 IN2 指定加数和被加数。如果 IN 和 OUT 不同，将首先执行数据传送指令，将 IN1 传送给 OUT，然后再执行 IN2+OUT，结果送给 OUT；如果 OUT 与 IN2 为同一存储器，则在语句表指令中不需要使用数据传送指令，可减少指令条数，从而减少存储空间。 例如：
ADD_DI EN　ENO ????-IN1　OUT-???? ????-IN2	+D　IN1,OUT	
ADD_R EN　ENO ????-IN1　OUT-???? ????-IN2	+R　IN1,OUT	转换成语句表： 　　　　LD　　I0.0 　　　　+I　　VW0, VW2
SUB_I EN　ENO ????-IN1　OUT-???? ????-IN2	-I　IN1,OUT	减指令：实现整数、双整数和实数的减法运算。 IN1-IN2=OUT 例：

续表

表示	指令功能
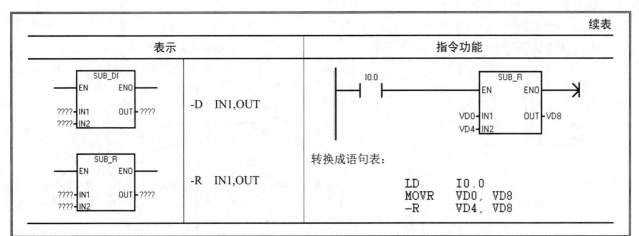	转换成语句表： LD　　I0.0 MOVR　VD0, VD8 −R　　VD4, VD8

说明：

①IN1、IN2 指定加数（或减数）及被加数（或被减数）。如果 OUT 与 IN2 为同一存储器，则在语句表中不需要使用数据传送指令，可减少指令条数，从而减少存储空间。

②该指令影响特殊内部存储器位 SM1.0（零）、SM1.1（溢出）、SM1.2（负）等标识位。

③操作数的寻址范围要与指令码一致。OUT 不能寻址常数。

表 2-18　乘除运算指令

梯形图程序	语句表程序	指令功能和说明
MUL_I EN　ENO ????-IN1　OUT-???? ????-IN2	*I　IN1,OUT	乘法指令：实现整数、双整数和实数的乘法运算 IN1*IN2=OUT 例如：
MUL_DI EN　ENO ????-IN1　OUT-???? ????-IN2	*D　IN1,OUT	（图：I0.0、MUL_I、VW0-IN1、VW2-IN2、OUT-VW4） 转换成语句表：
MUL_R EN　ENO ????-IN1　OUT-???? ????-IN2	*R　IN1,OUT	LD　　I0.0 MOVW　VW0, VW4 *I　　VW2, VW4 分析：　输入 I0.0 为"1"时，整数相乘指令将 VW0*VW2 结果送给 VW4。
DIV_I EN　ENO ????-IN1　OUT-???? ????-IN2	/I　IN1,OUT	除法指令：实现整数、双整数和实数的除法运算。 IN1/IN2=OUT 例如：
DIV_DI EN　ENO ????-IN1　OUT-???? ????-IN2	/D　IN1,OUT	（图：I0.0、DIV_I、VW0-IN1、VW2-IN2、OUT-VW4） 转换成语句表：
DIV_R EN　ENO ????-IN1　OUT-???? ????-IN2	/R　IN1,OUT	LD　　I0.0 MOVW　VW0, VW4 /I　　VW2, VW4 分析：当输入 I0.0 为"1"时，整数相除指令将 VW2/VW0 结果送给 VW4。

续表

梯形图程序	语句表程序	指令功能和说明
MUL EN　ENO ????-IN1　OUT-???? ????-IN2	MUL IN1,OUT	整数乘法产生双整数指令（整数完全乘法指令）：两个 16 位整数相乘，得到一个 32 位整数的乘积。例如： I0.0　　MUL EN　ENO VW0-IN1　OUT-VD0 VW2-IN2
DIV EN　ENO ????-IN1　OUT-???? ????-IN2	DIV IN2,OUT	带余数的除法指令（整数完全除法指令）：两个 16 位整数相除，得到一个 32 位的结果，高 16 位为余数，低 16 位为商。例如： I0.0　　DIV EN　ENO VW12-IN1　OUT-VD10 VW20-IN2

说明：

①操作数的寻址范围要与指令码一致。OUT 不能寻址常数。

②整数及双整数乘除法指令，使能输入端有效时，将两个 16 位（双整数为 32 位）有符号整数相乘或者相除，并产生一个 32 位的积或商，从 OUT 指定的单元输出。除法不保留余数。如果乘法输出结果大于一个字，则溢出位 SM1.1 置位为 1。

③该指令影响特殊内部存储器位 SM1.0（零）、SM1.1（溢出）、SM1.2（负）、SM1.3（除数为 0）等标识位。

④其中，ADD_R、SUB_R、MUL_R 和 DIV_R 是浮点数运算指令，浮点数可以方便地表示小数、很大的数和很小的数，用浮点数还可以实现函数运算。一个浮点数占 4 个字节。用浮点数做乘法、除法和函数运算时，有效位数（即尾数的位数）保持不变。整数不能用于函数运算，整数运算的速度比浮点数要快一些。

⑤输入 PLC 的数和 PLC 输出的数往往是整数，例如用拨码开关和模拟量模块输入 PLC 的数是整数，PLC 输出给七段数码显示器和模拟量输出模块的数也是整数。在进行浮点数运算之前，需要将整数转换为浮点数。在 PLC 输出数据之前，需要将浮点数转换为整数。数据的转换指令我们在下一节学习。

2．数据转换指令

在实际的控制过程中，经常要对不同类型的数据进行运算。数据运算指令要求参与运算的数值必须为同一类型。为了实现数据处理时的匹配，要对数据进行格式的转换。例如，若将 VW10 中的整数 100 和 VD100 中的实数 120.5 相加，如何操作？

转换指令的作用是对数据格式进行转换，它包括字节数与整数的互相转换、整数与双字整数的相互转换、双字整数与实数的相互转换、BCD 码与整数的相互转换、ASCII 码与十六进制数的相互转换以及编码、译码、段译码等操作（见表 2-19）。它们主要用于数据处理时的数据匹配及数据显示。

表 2-19　数据转换指令

梯形图程序		语句表程序	指令功能和说明
B_I EN　ENO IN　OUT	I_B EN　ENO IN　OUT	ITB IN,OUT BTI IN,OUT	整数转换成字节 字节转换成整数
I_DI EN　ENO IN　OUT	DI_I FN　ENO IN　OUT	ITD IN,OUT DTI IN,OUT	整数转换成双整数 双整数转换成整数
DI_R EN　ENO IN　OUT		DTR IN,OUT	双整数转换成实数

续表

梯形图程序	语句表程序	指令功能和说明
I_BCD / BCD_I（EN ENO, IN OUT）	IBCD IN,OUT BCDI IN,OUT	整数转换成 BCD 码 BCD 码转换成整数
ROUND / TRUNC（EN ENO, IN OUT）	ROUND IN,OUT TRUNC IN,OUT	实数四舍五入为双整数 实数取整为双整数
ATH / HTA（EN ENO, IN OUT, LEN）	ATH IN,OUT HTA IN,OUT	ATH 指令把 IN 字符开始、长度为 LEN 的 ASCII 码字符串转换成十六进制数，存放在从 OUT 开始的单元 HTA 指令把从 IN 开始、长度为 LEN 的十六进制数转换为 ASCII 码，存放在从 OUT 开始的单元

说明：

①操作数不能寻址一些专用的字及双字存储器，如 T、C、HC 等。OUT 不能寻址常数。

②ATH 指令和 HTA 指令各操作数按字节寻址，不能对一些专用字及双字存储器如 T、C、HC 等寻址，LEN 可寻址常数。

③使用 ATH 指令时，最多可转换 255 个 ASCII 码；HTA 指令中，可转换的十六进制数的最大个数也为 255。合法的 ASCII 字符的十六进制数值为 30～39 和 41～46。每个 ASCII 码占一个字节，转换后得到的十六进制数占半个字节。

④整数转换成双整数时，有符号的符号位被扩展到高字。字节是无符号的，转换成整数时没有扩展符号位的问题。

⑤BCD 码的运行范围为 0～9999，如果转换后的数超出输出的允许范围，溢出标志位 SM1.1 将被置为 1。

⑥指令 ROUND 将 IN 端实数四舍五入后转换成双整数，即如果小数部分≥0.5，整数部分加 1。截位取整指令 TRUNC 将 32 位实数（IN）转换成 32 位带符号整数，小数部分被舍弃。如果转换后的数超出双整数的允许范围，溢出标志位 SM1.1 被置为 1。

3．编程训练

1．半径在 VW10 中，取圆周率为 3.1416，用运算指令计算圆周长，运算结果四舍五入转换为整数，存放在 VW20 中。

2．使用 S7-200 检测边沿指令（正、负跳变指令）来检测简单信号的变化。在这个过程中，用上升和下降来区分信号边沿，上升沿指信号由"0"变为"1"，下降沿指信号由"1"变为"0"。逻辑"1"表示输入上有电压，"0"表示输入上无电压。程序用 2 个存储字分别累计输入 I0.0 的上升沿数目，以及输入 I0.1 的下降沿数目。

3．在输入信号 I0.2 的上升沿，用模拟电位器 0 调节定时器 T37 的设定值，要求定时范围 5～20s。（提示：CPU 将模拟电位器的位置转换成 0～255 的数字值，即从电位器读出的数字 0～255 对应于 5～20s。）

4．在模拟量数据采集中，为了防止干扰，经常通过程序进行数据滤波，其中一种方法为平均值滤波法。现要求连续采集 5 次数做平均，并以其值作为采集数。这 5 个数通过 5 个周期进行采集。请设计该滤波程序。

4．知识链接

经过以上内容的简单介绍，我们了解了 S7-200 的基本逻辑指令，能够使用这些指令编程、控制简单对象。现在我们再想想任务单上的产品计数，同学们现在可以使用这些计数器指令、增 1 减 1 指令及数学运算指令完成控制么？

能够根据控制要求进行 I/O 分配、绘制硬件接线图、编写 PLC 控制程序了么？请思考如何用 PLC 来实现对声光报警器的控制？这其中的关键是什么？

请结合你已经掌握的理论知识和习得的实操技能，完成本情境的产品自动装箱计数 PLC 的控制设计任务。遇到困难，学会使用多种办法解决你的问题，比如请教你的老师、查找互联网资料和技术手册等。将任务实施情况记录到"任务实施表"中。

子学习情境 2.5　四节传送带 PLC 控制

情境导入

"四节传送带 PLC 控制"工作任务单

情　　境	S7-200 系列 PLC 的指令系统和编程			
学习任务	子学习情境 2.5：四节传送带 PLC 控制		完成时间	
学习团队	学习小组	组长		成员

	任务载体	资讯
任务载体和资讯	图 2-29 所示是 S7-200 PLC 控制四节传送带的模拟装置图，M1、M2、M3、M4 表示传送带的运动情况，用发光二级管来模拟；起动、停止用按钮 SB1、SB2 来实现；故障设置用 A、B、C、D 按钮来模拟。要求能够实现以下功能： 　　按下起动，四节传送带逆序顺次起动；按下停止，四节传送带顺序顺次停止；发生故障，该皮带及之前的立刻停止，以后的运行完毕后停止。	多级皮带传输系统凭借它自身的特点和优势在现代工业中有着重要的作用和地位。本任务采用四节传送带模拟实验板，利用 PLC 对其进行顺序控制。（传送带的基本控制方法有哪些？各自有什么特点呢？可查阅资料深入了解。） 图 2-29　四节传送带模拟装置图

任务要求	1. 控制系统硬件部分： 　　（1）完成四节传送带模拟装置 I/O 分配表。 　　（2）根据 I/O 分配表完成 PLC 硬件接线图的绘制以及线路的连接。 2. 控制系统软件部分的程序应实现下面的功能： 　　（1）起动时先起动最末一条皮带机，经过 5 秒延时，再依次起动其他皮带机。 　　（2）停止时应先停止最前一条皮带机，待料运送完毕后再依次停止其他皮带机。 　　（3）当某条皮带机发生故障时，该皮带机及其前面的皮带机立即停止，而该皮带机以后的皮带机待运行完毕后才停止。例如 M2 故障，M1、M2 立即停，经过 5 秒延时后，M3 停，再过 5 秒，M4 停。
引导文	1. 团队分析任务要求，讨论在完成本次任务前，你及你的团队缺少哪些必要的理论知识？需要具备哪些方面的操作技能？你们该如何解决这种困难？ 2. 我们在用定时器可以实现对四节传送带的控制，你知道还可以用什么新的方法来实现么？ 3. 请认真学习知识链接部分的内容，为实现四节传送带的 PLC 控制储备基础知识。 4. 你已经具备完成此情境学习的所有资料了吗？如果没有，还缺少哪些？应该通过哪些渠道获得？

5．实现我们的核心任务"用 PLC 控制四节传送带"，思考其中的关键是什么？

6．通过前面的引导文指引，你和你的团队是否明白，实现本情境任务的学习，包括哪些具体任务？你们团队该如何分工合作，共同完成这项庞大的任务？制订计划，并将团队的决策方案写到《可编程控制技术实践手册》中本任务的"计划和决策表"内。

7．将任务的实施情况（可以包括你学到的知识点和技能点，包括团队分工任务的完成情况等）整理成文档，记录在"任务实施表"中。

8．将你们的成果提交给指导教师，让其为你们的任务完成情况进行检查，并记录在"任务检查表"中。

9．就你们团队的知识、技能、能力和素质进行自我评价、互相评价和教师评价，填写"任务评价表"。正确认识自己的不足之处，取长补短，争取在下次任务训练中得到进步。

 **任务描述**

学习目标	学习内容	任务准备
1．掌握顺序功能图的定义、组成五要素、分类； 2．能够根据给定控制要求绘制顺序功能图； 3．能够使用起保停方法将顺序功能图转换为梯形图； 4．掌握子程序的定义，能够编制子程序实现控制要求； 5．能够独立编制 PLC 控制程序，并进行通电调试，当出现故障时，能够根据设计要求进行独立检修，直至系统正常工作。	1．顺序功能图定义、五要素、分类； 2．基于起保停电路的顺序控制梯形图设计法； 3．子程序的定义； 4．子程序的编制。	本任务可先使用定时器指令来实现，以便进一步理解控制要求。

 **知识链接**

2.5.1　顺序功能图程序设计法

1．什么是顺序功能图程序设计方法？

顺序功能图（SFC）又叫作状态转移图，它是描述控制系统的控制过程、功能和特性的一种图形，同时也是设计 PLC 顺序控制程序的一种有力工具。它具有简单、直观等特点，不涉及控制功能的具体技术，是一种通用的语言，是 IEC（国际电工委员会）首选的编程语言，近年来在 PLC 的编程中已经得到了普及与推广。在 IEC848 中称顺序功能图，在我国国家标准 GB 6988.6—86 中称功能表图。西门子称为图形编程语言 S7-Graph 和 S7-HiGraph。

顺序功能图是设计 PLC 顺序控制程序的一种工具，适合于系统规模较大，程序关系较复杂的场合，特别适合于对顺序操作的控制。在编写复杂的顺序控制程序时，采用 S7-Graph 和 S7-HiGraph 比梯形图更加直观。

顺序功能图的基本思想是：设计者按照生产要求，将被控设备的一个工作周期划分成若干个工作阶段（简称"步"），并明确表示每一步要执行的输出，"步"与"步"之间通过制订的条件进行转换，在程序中，只要通过正确连接进行"步"与"步"之间的转换，就可以完成被控设备的全部动作。

PLC 顺序控制设计法是一种先进的设计方法，很容易被初学者接受，程序的调试、修改和阅读也很容易，并且大大缩短了设计周期，提高了设计效率。

2．PLC 顺序控制设计法的设计基本步骤

步的划分	图 2-30　步的划分	分析被控对象的工作过程及控制要求，将系统的工作过程划分成若干个阶段，这些阶段称为"步"，如图 2-30 所示。步是根据 PLC 输出量的状态划分的，只要系统的输出量状态发生变化，系统就从原来的步进入新的步。在每一步内 PLC 各输出量状态均保持不变，但是相邻两步输出量总的状态是不同的。
转换条件的确定	转换条件是使系统从当前步进入下一步的条件。常见的转换条件有按钮、行程开关、定时器和计数器的触点的动作（通/断）等。	
顺序功能图的绘制	根据以上分析画出描述系统工作过程的顺序功能图。这是顺序功能设计法中最关键的一个步骤。绘制顺序功能图的具体方法将在下节介绍。	
梯形图的绘制	根据顺序功能图，采用某种编程方式设计出梯形图。常用的设计方法有三种：起一保一停电路设计法、以转换为中心设计法、步进顺控指令设计法。	

3．顺序功能图的组成五要素

（1）步	一个顺序控制过程可分为若干个阶段，也称为步或状态。系统初始状态对应的步称为初始步，初始步一般用双线表示。在每一步中施控步是根据系统输出量的变化，将系统的一个工作循环过程分解成若干个顺序相连的阶段，步对应于系统的一个稳定的状态。步用矩形框表示，框中的数字或符号是该步的编号，如图 2-31 所示；正在执行的步称为活动步，其他为不活动步；初始步对应于控制系统的初始状态，是系统运行的起点。一个控制系统至少有一个初始步，初始步用双线框表示，如图 2-31 所示。当某步为活动步时，它对应的上一步叫作前级步，下一步叫作后续步。	
（2）有向连线	有向连线、转换、转换条件三者的关系如图 2-31 所示。 图 2-31　有向线段和转换	功能图中，步和步按运行时工作的顺序排列并用表示变化方向的有向连线连接起来。步的活动状态习惯的进展方向是从上到下从左到右，这两个方向上的有向连线的箭头可以省略，其他方向不可省略。
（3）转换		转换用有向连线上的短划线表示，用于分隔两个相邻的步，步的活动状态的转化由转换实现。
（4）转换条件		转换条件是与转换相关的逻辑命题，可以用文字、布尔表达式、图形符号等标注在表示转换的短线旁边。
（5）动作/命令	 （a） 图 2-32　动作的表示	一个步表示控制过程中的稳定状态，它可以对应一个或多个动作。可以在步右边加一个矩形框，在框中用简明的文字说明该步对应的动作，如图 2-32 所示。 一个步对应多个动作时有两种画法，可任选一种，一步中的动作是同时进行的，动作之间没有顺序关系。动作可以有存储型、非存储型等，在顺序功能图中表达动作（或命令）可分为"非存储型"和"存储型"两种。当相应步活动时，动作（或命令）即被执行，当相应步不活动时。如果动作（或命令）返回到该步活动前的状态，是"非存储型"的；如果动作（或命令）继续保持它的状态，则是

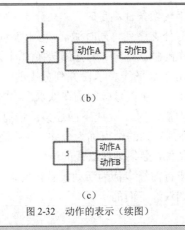

图 2-32　动作的表示（续图）

"存储型"的。当"存储型"的动作（或命令）被后续的步失励复位，仅能返回到它的原始状态。顺序功能图中表达动作（或命令）的语句应清楚地表明该动作（或命令）是"存储型"或是"非存储型"的，例如，"起动电动机 M1"与"起动电动机 M1 并保持"两条命令语句，前者是"非存储型"命令，后者是"存储型"命令。

4．顺序功能图设计基本规则

（1）步与步不能直接相连，必须用转换分开；

（2）两个转换也不能直接相连，必须用步分开；

（3）一个功能图必须有一个初始步，用于表示初始状态；

（4）自动控制系统应能多次重复执行同一工艺过程，因此功能图应包含有由步和有向连线组成的闭环。

5．顺序功能图四种基本结构

（1）单序列

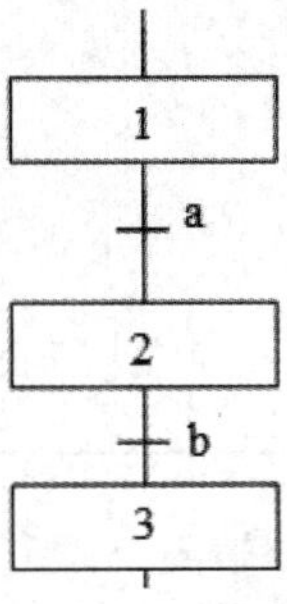

图 2-33　单序列顺序功能图结构

单序列结构（见图 2-33）由若干顺序激活的步组成，每步后面有一个转换，每个转换后也仅有一个步。

（2）选择序列

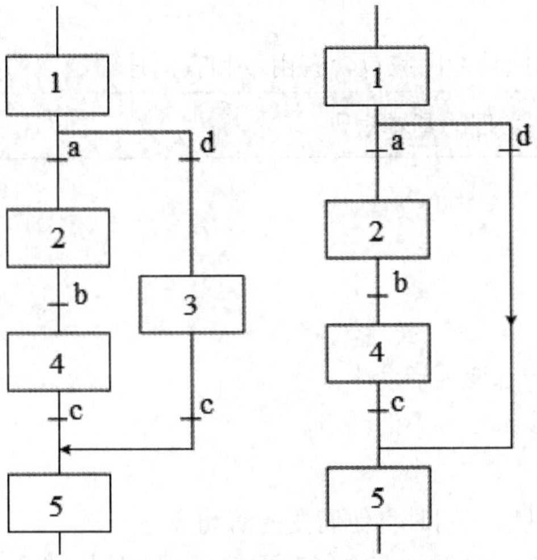

图 2-34　选择序列顺序功能图结构

选择分支（见图 2-34）结构含多个可选择的分支序列，多个分支序列分支开始和结束处用水平连线将各分支连起来。在选择分支开始处，转换符号只能标注在水平连线之上。选择序列的结束称为合并，合并处的转换符号只能标注在水平线之上，每个分支结束处都有自己的转换条件。

选择分支处，程序将转到满足转换条件的分支执行，一般只允许选择一个分支，两个分支条件同时满足时，优先选择左侧分支。

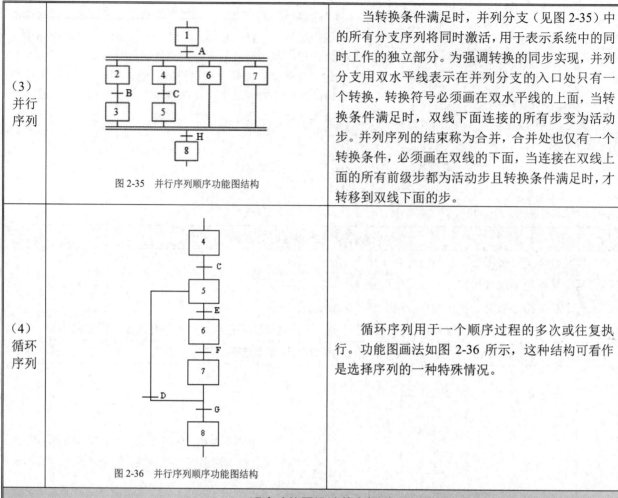

（3）并行序列	图 2-35　并行序列顺序功能图结构	当转换条件满足时，并列分支（见图 2-35）中的所有分支序列将同时激活，用于表示系统中的同时工作的独立部分。为强调转换的同步实现，并列分支用双水平线表示在并列分支的入口处只有一个转换，转换符号必须画在双水平线的上面，当转换条件满足时，双线下面连接的所有步变为活动步。并列序列的结束称为合并，合并处也仅有一个转换条件，必须画在双线的下面，当连接在双线上面的所有前级步都为活动步且转换条件满足时，才转移到双线下面的步。
（4）循环序列	图 2-36　并行序列顺序功能图结构	循环序列用于一个顺序过程的多次或往复执行。功能图画法如图 2-36 所示，这种结构可看作是选择序列的一种特殊情况。

6. 顺序功能图设计基本规则

（1）步与步不能直接相连，必须用转换分开；

（2）两个转换也不能直接相连，必须用步分开；

（3）一个功能图必须有一个初始步，用于表示初始状态；

（4）自动控制系统应能多次重复执行同一工艺过程，因此功能图应包含有由步和有向连线组成的闭环。

7. 顺序功能图转换实现的基本规则

（1）转换实现的条件

　　1）该转换所有的前级步都是活动步。

　　2）相应的转换条件得到满足。

（2）转换实现时完成的操作

　　1）使所有由有向连线与相应转换符号相连的后续步都变为活动步。

　　2）使所有由有向连线与相应转换符号相连的前级步都变为不活动步。

（3）并列序列与选择序列转换的实现

　　1）并列序列分支处，转换有几个后续步，转换实现时应同时将他们变为活动步。

　　2）并列序列合并处，转换有几个前级步，它们均为活动时才有可能实现转换，在转换实现时应将它们全部变为非活动步。

　　3）在选择序列分支与合并处，一个转换实际上只有一个前级步和一个后续步，但一个步可能有多个前级步或多个后序步。

8. 基于起保停电路的顺序控制梯形图设计法

基本思想	根据顺序功能图用起保停电路法设计梯形图时，用存储器 M 的位 Mx.y 来代替步，当某一步活动时，该步的存储位 Mx.y 为 ON，非活动步对应的存储位 Mx.y 为 OFF。当转换实现时，该转换的后续步变为活动步，前级步变为非活动步。这个过程的实施是：转换条件成立时使后续步变为非活动步是靠串在前级步的一个常闭触点来终止（停）的。梯形图中的初始步 M0.0，要用初始化脉冲 SM0.1 将其置为 ON，使系统处于等待状态，这种设计梯形图的方法称起保停电路法，基本结构如图 2-37 所示。 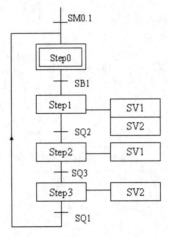 图 2-37　起保停电路法基本结构 综合来说，起保停电路法由三部分组成，如图 2-38 所示。 　（1）起动电路部分：由某步之前的转换条件的逻辑关系组成（前级步为活动步及转换条件满足规定）； 　（2）保持电路部分：在起动电路部分之上并联该步对应存储位线圈的常开触点； 　（3）停止电路部分：由该步后续步的常闭触点串联的逻辑关系组成（后续步不活动）。 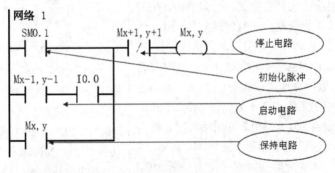 图 2-38　起保停电路法程序组成部分
（1）单序列结构的起保停电路编程方法	每一步后面只有一个转换，每一个转换后面只有一步。各个工步按顺序执行，上一工步执行结束，转换条件成立，立即开通下一工步，同时关断上一工步。当 n-1 步为活动步时，转换条件 b 成立，则转换实现，n 步变为活动步，同时 n-1 步关断。由此可见，第 n 步成为活动步的条件是：$X_{n+1}=1$，$b=1$；第 n 步关断的条件只有一个 $X_{n+1}=1$。用逻辑表达式表示功能流程图的第 n 步开通和关断条件为：左边的 X_n 为第 n 步的状态，等号右边 X_{n+1} 表示关断第 n 步的条件，X_n 表示自保持信号，b 表示转换条件。 图 2-39 的顺序功能图转换成梯形图如图 2-40 所示。 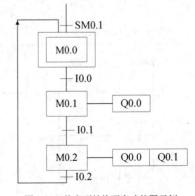 图 2-39　单序列结构顺序功能图示例

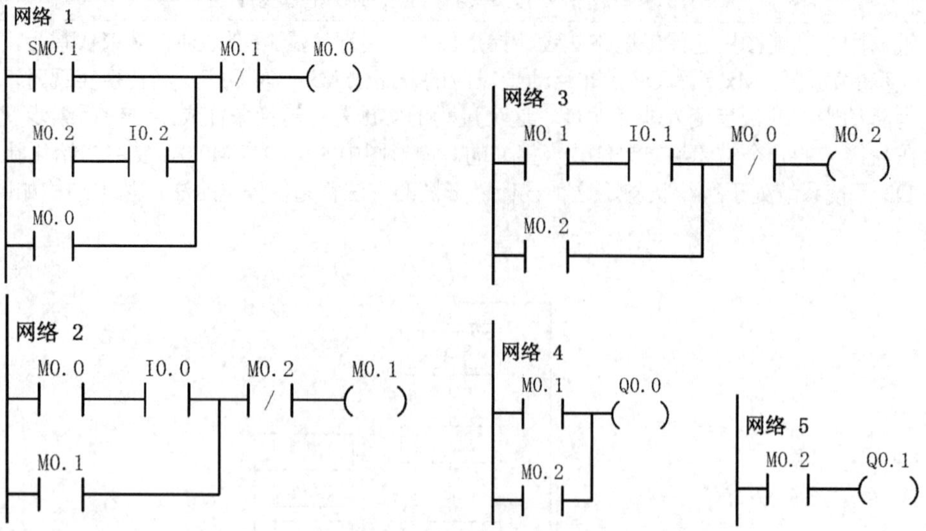

图 2-40　使用起保停电路的单序列结构梯形图

（2）选择序列结构的起保停电路编程方法

选择序列结构的起保停电路编程方法选择序列分为两种：选择分支开始与选择分支结束。选择分支开始指一个前级步后面紧接着若干个后续步可供选择，各分支都有各自的转换条件，在图中则表示为代表转换条件的短划线。选择分支结束，又称选择分支合并，是指几个选择分支在各自的转换条件成立时得到一个公共步。在图 2-27 中，假设 1 为活动步，若转换条件 a=1，则执行工步 2；如果转换条件 d=1，则执行工步 3。即哪个条件满足，则选择相应的分支，同时关断上一步 1。一般指允许选择其中一个分支。

图 2-41 中的工步 1、2、3 分别用 M0.0、M0.1、M0.2 表示，则当 M0.1、M0.2 为活动步时，都将导致 M0.0=0，所以在梯形图中应将 M0.1、M0.2 的常接闭点与 M0.0 的线圈串联，作为关断 M0.0 步的条件。

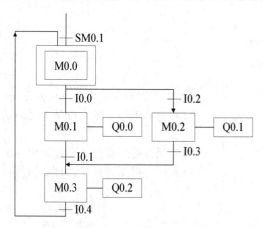

图 2-41　选择序列结构顺序功能图示例

如果步 4 为活动步。转换条件 c=1，则工步 4 向工步 5 转换；如果步 3 为活动步，转换条件 e=1，则工步 3 向工步 5 转换，若工步 3、4、5 分别用 M0.2、M0.3、M0.4 表示，则 M0.4（工步 5）的起动条件为：$M0.2 \cdot e + M0.3 \cdot c$，在梯形图中，则为 M0.2 的常开接点串联与 e 转换条件对应的触点、M0.3 的常开接点串联与 c 转换条件对应的触点，两条支路并联后作为 M0.4 现圈的起动条件。

图 2-42 的选择序列顺序功能流程图，使用起保停电路法编写梯形图程序，如图 2-42 所示。

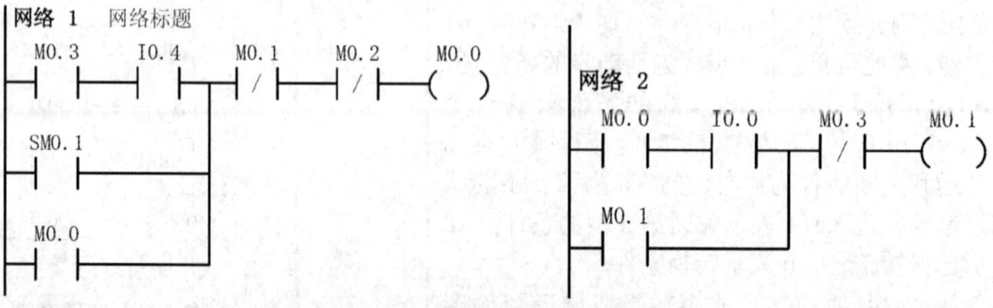

图 2-42　使用起保停电路的选择列结构梯形图

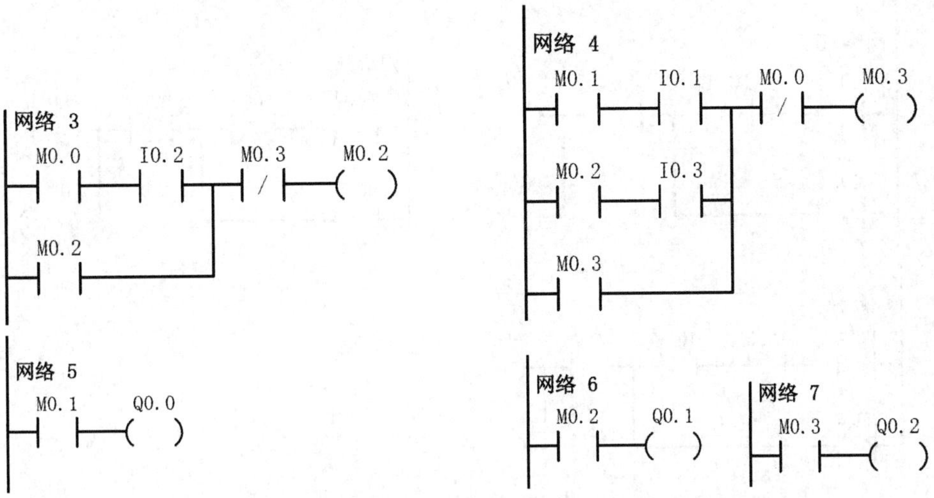

网络 3

网络 4

网络 5

网络 6　　网络 7

图 2-42　使用起保停电路的选择列结构梯形图（续图）

　　并行分支又分为并行的开始和并行的结束：并行分支的开始是指当转换条件实现后，同时使多个后续步激活。为了强调转换的同步实现，水平连线用双线表示。在图 2-35 中，当工步 1 处于激活状态，若转换条件 A=1，则工步 2、4、6、7 同时起动，工步 1 必须在工步 2、4、6、7 都开启后，才能关断。并行分支的结束是指：当前级 3、5、6、7 都为活动步，且转换条件 H 成立时，开通步 8，同时关断步 3、5、6、7。

　　图 2-43 所示的选择序列顺序功能流程图使用起保停电路法编写梯形图程序，如图 2-44 所示。

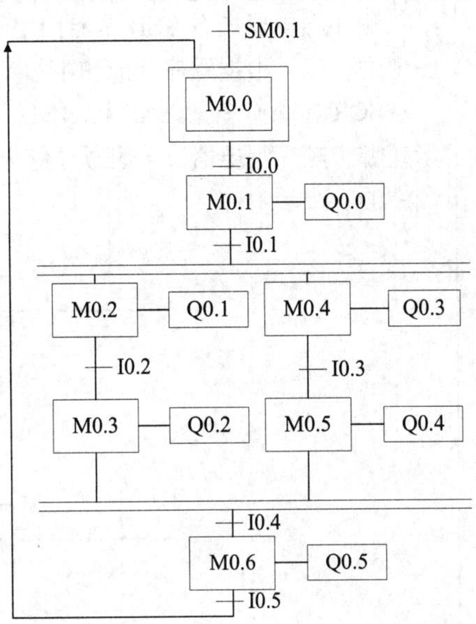

（3）并行序列结构的起保停电路编程方法

图 2-43　并行序列结构顺序功能图示例

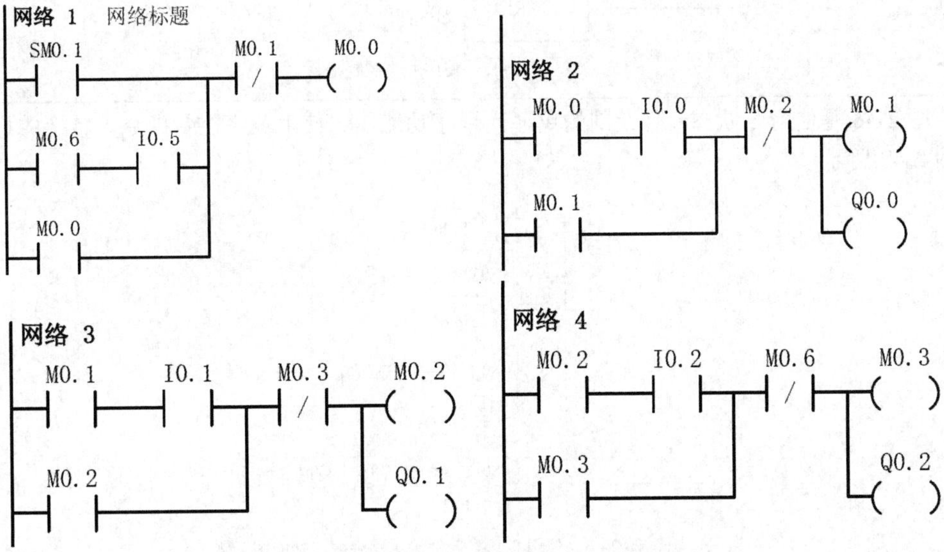

网络 1　网络标题

网络 2

网络 3

网络 4

图 2-44　使用起保停电路的并行序列结构梯形图

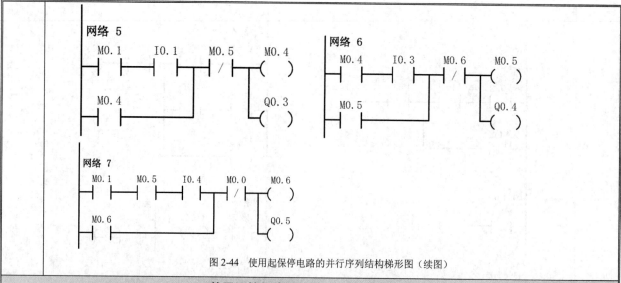

图 2-44　使用起保停电路的并行序列结构梯形图（续图）

9. 基于顺控指令的顺序控制梯形图设计法

　　顺序继电器指令 SCR 是专门用于将顺序功能图转化为梯形图的指令，一个 SCR 段对应顺序功能图中的一步。根据顺序功能图中的步对应一 SCR 段的关系很快就可将顺序功能图转化为梯形图。

　　SCR 指令有三条，如图 2-45 所示，是一个整体。Sx1,y1 和 Sx2,y2 是顺序继电器的地址，用来表示是哪个顺序继电器。一组顺序继电器指令对应顺序功能图中的一步。一个 SCR 段对应于顺序功能图中的一个步。

| 基本思想 | 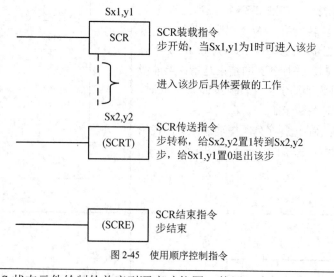 |

图 2-45　使用顺序控制指令

| 单序列结构的顺序控制指令编程 | 　　图 2-46 是使用 S 状态元件绘制的单序列顺序功能图。使用顺序控制指令，转换成梯形图，结果如图 2-47 所示。

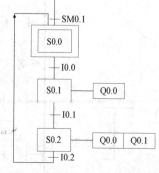

图 2-46　使用 S 状态元件的单序列顺序功能图示例 |

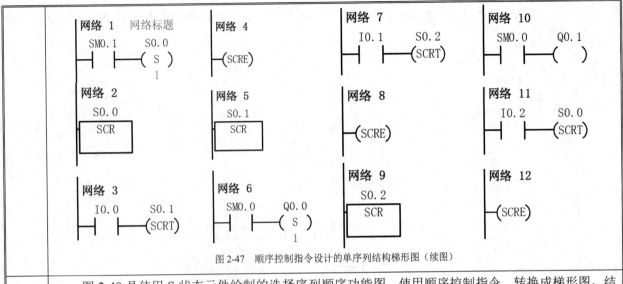

图 2-47　顺序控制指令设计的单序列结构梯形图（续图）

图 2-48 是使用 S 状态元件绘制的选择序列顺序功能图。使用顺序控制指令，转换成梯形图，结果如图 2-49 所示。

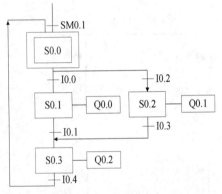

图 2-48　使用 S 状态元件的选择序列顺序功能图示例

选择序列结构的顺序控制指令编程

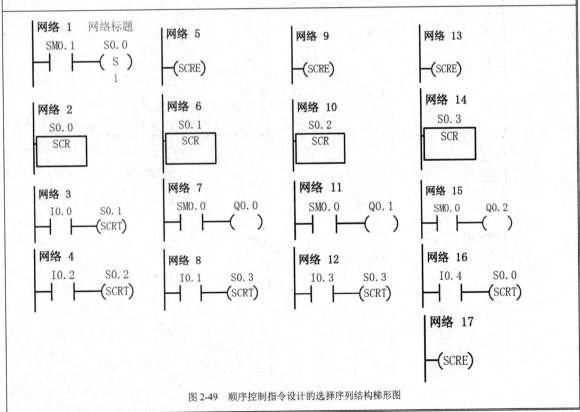

图 2-49　顺序控制指令设计的选择序列结构梯形图

图 2-50 是使用 S 状态元件绘制的选择序列顺序功能图。使用顺序控制指令，转换成梯形图，结果如图 2-51 所示。

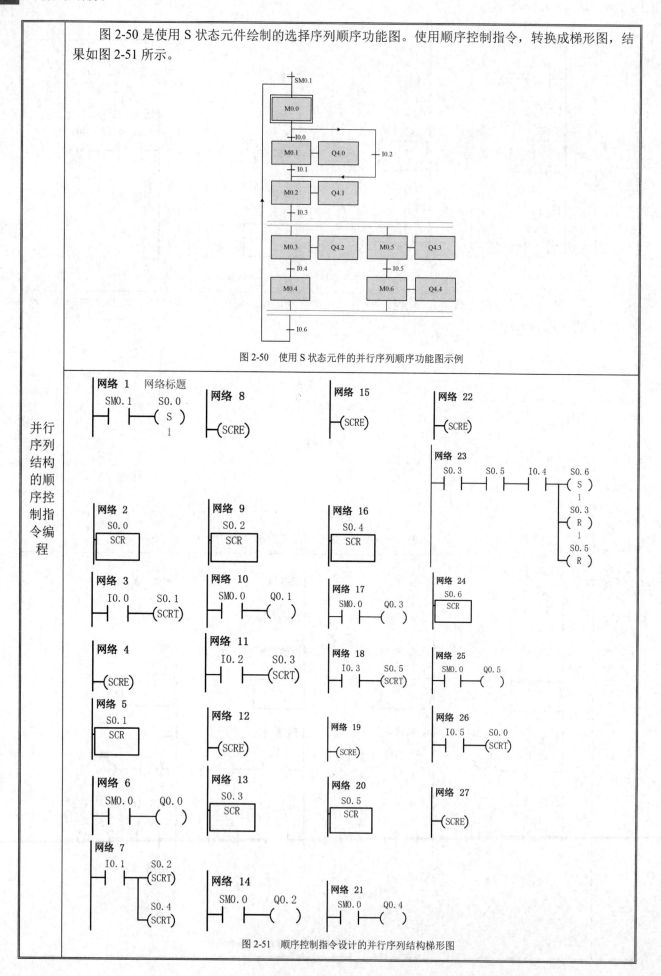

图 2-50 使用 S 状态元件的并行序列顺序功能图示例

图 2-51 顺序控制指令设计的并行序列结构梯形图

10．顺序功能图实例练习	
根据控制要求绘制顺序功能图，并转换成梯形图	（1）按下按钮 1，小灯 1 亮，按下按钮 2，小灯 2 亮，按下按钮 3，小灯 1、2 全灭。
	（2）按下按钮 1，小灯 1 亮，2s 后小灯 2 亮 1 灭，再 2s 后小灯 3 亮 2 灭，再 2s 小灯 3 灭 1 亮，开始下一轮循环，如此循环三次所有灯灭。
	（3）当按下起动按钮 I0.0 后，小车向右运行，运动到位压下限位开关（行程开关）I0.1 后，停在该处，3 s 后开始左行，左行到位压下限位开关 I0.2 后返回初始步，停止运行。

2.5.2　子程序指令

1．子程序的作用
一个完整的程序要实现多个功能，我们可以只用一个主程序来实现，还可以分多个子程序单独来实现再由主程序分别调用；如果只用一个主程序就会显得很乱，而且调试修改效率低，而使用子程序可以一目了然，快速地确定问题所在。 　　所以首选使用子程序来编程。子程序将程序分成容易管理的小块，使程序结构简单清晰，易于查错和维护。可以多次调用同一个子程序，使用子程序可以减少扫描时间。 　　在实际的项目中有很多类似的功能，像这样的就可以使用子程序，而不用多次复制相同的语句，而选择调用相同的子程序。

2．局部变量
1．局部变量与全局变量 　　每个程序组织单元（POU）均有由 64 字节局部（L）存储器组成的局部变量。局部变量只在它被创建的 POU 中有效，全局符号在各 POU 中均有效。局部变量有以下优点： 　　（1）尽量使用局部变量的子程序易于移植到别的项目； 　　（2）同一级 POU 的局部变量使用公用的存储区； 　　（3）局部变量用来在子程序和调用它的程序之间传递输入参数和输出参数。 2．查看局部变量表 　　可上下拖动分裂条，打开和关闭局部变量表。 3．局部变量的类型 　　临时变量（TEMP）是暂时保存在局部数据区中的变量。主程序或中断程序只有 TEMP 变量。 　　IN（输入参数）用来将调用它的 POU 提供的数据值传入子程序。 　　OUT（输出参数）用来将子程序的执行结果返回给调用它的 POU。IN_OUT（输入_输出参数）的初始值由调用它的 POU 传送给子程序，并用同一参数将子程序的执行结果返回给调用它的 POU。 　　每个子程序最多可以使用 16 个输入/输出参数。 4．在局部变量表中增加和删除变量 　　子程序中变量名称前面的"#"表示局部变量，是软件自动添加的。 5．局部变量的地址分配 　　由编程软件自动分配局部变量的地址。 6．局部变量数据类型检查 　　局部变量表中指定的数据类型应与调用它的 POU 的变量的数据类型匹配。

3．子程序的编写与调用	
子程序的创建	执行"编辑"菜单中的命令"插入"→"子程序"。 　　在编写子程序时，子程序中用的都是全局变量，而功能块中用到的都是局部变量 L（其实功能块也是用子程序来编写），两者的另一个区别是：在调用子程序时不用给子程序任何的输入，只要一个使能就可以，而在调用功能块时就要给功能块输入一些参数，一般编好的功能块是有输入输出的，至于功能块中使用了那些变量我们不用去考虑，还有一个优点就是功能块内的变量是自动分配的，在变量中想添加一变量时可以直接插入而不用管它占用了哪些变量地址。所以要想实现某个功能就

	可以调用功能模块，我们只需要给几个参数，然后直接取输出就可以了，很方便快捷，这样下来我们的程序就是由一个一个的功能块完成了，更加直观，如图 2-52 所示。 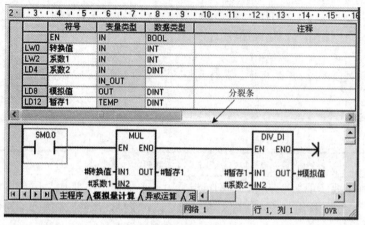 图 2-52　模拟量计算子程序
子程序的调用	将指令树中的子程序"拖"到程序编辑器中需要的位置。如果用语句表编程，子程序调用指令的格式为 CALL 子程序名称，参数 1，参数 2，……，参数 n 其中，n = 1～16。 在语句表中调用带参数的子程序时，输入参数在最前面，其次是输入/输出参数，最后是输出参数。梯形图中从上到下的同类参数，在语句表中按从左到右的顺序排列。 在调用子程序时，CPU 保存当前的逻辑堆栈，将栈顶值置为 1，堆栈中的其他值清零，控制转移至被调用的子程序。该子程序执行完后，CPU 将堆栈恢复为调用时保存的数值，并将控制权交还给调用子程序的 POU。 子程序在同一个周期内被多次调用时，子程序内部不能使用上升沿、下降沿、定时器和计数器指令。 如果在使用子程序调用指令后修改了该子程序中的局部变量表，调用指令将变为无效。必须删除无效调用，重新调用修改后的子程序。 子程序调用最多可以嵌套 8 级，中断程序中调用的子程序不能再调用别的子程序。
子程序中的定时器	停止调用子程序时，如果子程序中的定时器正在定时，100ms 定时器将停止定时，当前值保持不变，重新调用时继续定时；1ms、10ms 定时器继续定时，定时时间到时，其常开触点可以在子程序之外起作用，如图 2-53 所示。
子程序的有条件返回	子程序中的 RET 线圈通电时，子程序被终止执行，返回调用它的程序。 （a）主程序　　　　　　　　（b）"定时器控制"子程序 图 2-53　主程序与子程序

4．应用举例

如图 2-54 所示的程序是没有使用子程序编程的，如果使用子程序，则我们的主程序就会变成这样如图 2-55 所示的样子。

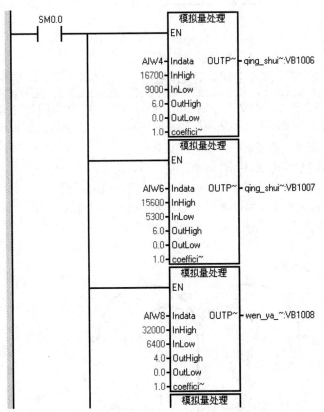

图 2-54　不使用子程序编程

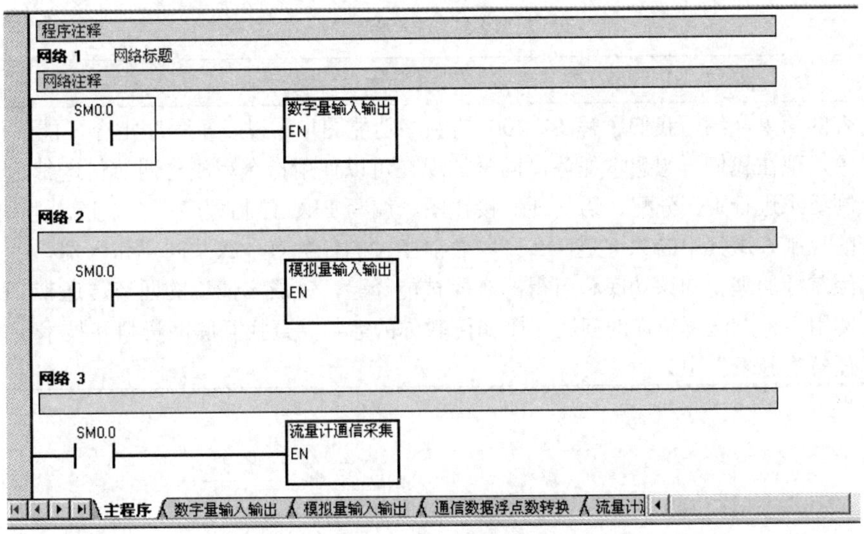

图 2-55　使用子程序编程

从上我们可以看出来，我们只需读这些子程序或是功能块，底层才是那些实实在在的编程指令。

【注意】我们都知道如图 2-56 这样的程序。如果 I0.0 闭合，Q0.0 输出是 0；I0.0 断开，Q0.0 输出是 1。在功能块中也有这样的特点，就是功能块的输出变量如果不能执行就会最后输出为零，无论之前是否输出变量赋值。所以我们在编程时要注意，功能块是否执行的判断语句不要放到功能块的内部开头部分，而要放到功能块的外部，变为是否调用功能块而不是调用后再判断是否执行。

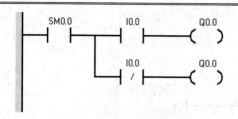

图 2-56　梯形图

5、子程序指令应用训练

1. 用子程序指令实现艺术彩灯控制程序的编制，如图 2-57 所示。彩灯的工作有四种方式，由四个模式选择开关控制。选择某种模式后，按下起动按钮，彩灯即按照相应模式工作。按下停止按钮，彩灯熄灭。

　　方式一：彩灯从 1 号到 8 号流水式轮流点亮，每个灯亮 0.5 秒，熄灭，下一个灯再亮。循环。

　　方式二：彩灯从 8 号到 1 号流水式轮流点亮，每个灯亮 1 秒，熄灭，下一个灯再亮。循环。

　　方式三：偶数号彩灯逐一点亮，熄灭，奇数号彩灯再逐一点亮，熄灭，循环。

　　方式四：彩灯从 1 号到 8 号轮流点亮，再从 8 号到 1 号逐一点亮，循环。

2. 同学们可自己定制彩灯的工作方式。训练用子程序进行程序的编制。

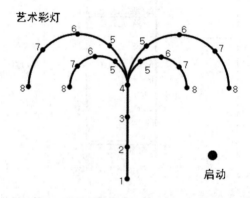

图 2-57　艺术彩灯

6．知识链接

　　经过以上内容的简单介绍，我们了解 S7-200 的顺序功能图指令以及子程序指令，能够使用这些指令编程、控制简单对象。现在我们再想想本任务，同学们现在可以使用指令完成对四节传送带的控制么？

　　能够根据控制要求进行 I/O 分配、绘制硬件接线图、编写 PLC 控制程序了么？请思考如何用 PLC 来实现对四节传送带的控制？这其中的关键是什么？与之前学过的任务有什么共同点和区别？

　　请结合你已经掌握的理论知识功底和习得的实操技能经验，完成本情境的四节传送带 PLC 的控制任务。遇到困难，学会使用多种办法解决你的问题，比如请教你的老师、查找互联网资料和技术手册等。将任务实施情况记录到"任务实施表"中。

学习情境 3　三相异步电动机 PLC 控制系统

三相异步电动机的启停既可以用传统的继电接触器进行控制，也可以用 PLC 进行控制。用 PLC 对其进行控制时，需要编写梯形图程序。在编写梯形图程序时，我们用到了经验设计法和继电器电路转换法。本章主要介绍用这两种方法实现 PLC 对三相异步电动机的控制，另外介绍了用 PLC 高速计数器和高速输出指令对步进电动机进行控制的方法。

学习目标

- **知识目标：** 掌握用传统继电接触器和 PLC 对三相异步电动机的启停进行控制。掌握 PLC 梯形图的经验设计法。掌握用 PLC 高速计数器指令和高速脉冲输出指令对异步电动机进行控制。
- **能力目标：** 培养学生利用网络资源进行资料收集的能力；培养学生获取、筛选信息和制订工作计划、方案及实施、检查和评价的能力；培养学生独立分析、解决问题的能力；培养学生的团队工作、交流、组织协调的能力和责任心。
- **素质目标：** 养成严谨细致、一丝不苟的工作作风；养成严格按照职业规范进行工作的习惯；培养学生的自信心、竞争和效率意识；培养学生爱岗敬业、诚实守信、服务群众、奉献社会等职业道德。

子学习情境 3.1　用 PLC 控制三相异步电动机的起停

情境导入

"用 PLC 控制三相异步电动机的起停"工作任务单

情 境	三相异步电动机 PLC 控制系统			
学习任务	子学习情境 3.1：用 PLC 控制三相异步电动机的起停		完成时间	
学习团队	学习小组	组长	成员	

	任务载体	资讯
任务载体和资讯	 图 3-1　三相异步电动机和控制其运行所用低压电器	如图 3-1 所示，三相异步电动机被广泛地用来驱动各种金属切削机床、起重机、锻压机、传送带、铸造机械、功率不大的通风机及水泵等。采用继电器、接触器、按钮及开关等控制电器来实现电动机的起动和停止，这种控制系统一般称为继电—接触器控制系统。 　　现代企业自动化生产线的普及，使用 PLC 控制电动机成为一种常用方式。如何将三相异步电动机的继电—接触器控制系统改造成 PLC 控制，是我们本任务的重点。

任务要求	控制系统硬件部分： （1）完成用 PLC、继电接触器对三相异步电动机进行启停控制的硬件接线图。 （2）根据硬件接线图在实训台上完成 PLC、继电接触器对三相异步电动机的启停控制电路连接。 控制系统软件部分： （1）完成从继电器电路图到 PLC 梯形图的转换。 （2）完成用 PLC、继电接触器对三相异步电动机进行启停控制的梯形图程序的编写。 　　1）当按下起动按钮 SB1 时，三相异步电动机开始转动，当按下停止按钮 SB2 时，三相异步电动机停止转动。 　　2）当按下起动按钮 SB1 时，三相异步电动机转动 3 秒后停止转动或者在此期间按下停止按钮 SB2 同样停止转动。 　　3）当按下起动按钮 SB1 时，三相异步电动机 3 秒后开始转动，当按下停止按钮 SB2 时，三相异步电动机停止转动。 　　4）当按下起动按钮 SB1 时，三相异步电动机转动 3 秒后停止 2 秒，再转动 3 秒停止 2 秒，如此循环 3 次后停止转动或者在此期间按下停止按钮 SB2 同样停止转动。
引导文	1．团队分析任务要求，讨论在完成本次任务前，你及你的团队缺少哪些必要的理论知识？需要具备哪些方面的操作技能？你们该如何解决这种困难？ 2．你是否需要认识 PLC、继电接触器硬件接线图？ 3．制订计划，将团队的决策方案写到《可编程控制技术实践手册》中本任务的"计划和决策表"内。 4．将任务的实施情况（可以包括你学到的知识点和技能点，包括团队分工任务的完成情况等）整理成文档，记录在"任务实施表"中。 5．将你们的成果提交给指导教师，让其为你们的任务完成情况进行检查，并记录在"任务检查表"中。 6．就你们团队的知识、技能、能力和素质进行自我评价、互相评价和教师评价，填写"任务评价表"。正确认识自己的不足之处，取长补短，争取在下次任务训练中得到进步。

 **任务描述**

学习目标	学习内容	任务准备
1．掌握继电器电路图和 PLC 梯形图的对应关系； 2．掌握用 PLC、继电接触器对三相异步电动机进行启停控制的硬件接线图的绘制； 3．掌握用 S7-200PLC 对三相异步电动机进行启停控制梯形图程序的编写和调试； 4．能根据接线图进行接线并且通电调试，当出现故障时，能够根据设计要求进行独立检修，直至系统正常工作。	1．继电器电路图和 PLC 梯形图的对应关系； 2．用 PLC、继电接触器对三相异步电动机进行启停控制的硬件接线图； 3．用 PLC、继电接触器对三相异步电动机进行启停控制的梯形图程序。	1．本任务可带学生到 PLC 实训室内进行 2 课时的理论学习； 2．让学生根据硬件接线图自行搭建系统，并编写梯形图程序。

 **知识链接**

3.1.1 梯形图的继电器电路转换设计方法

继电器电路转换程序设计法
PLC 的梯形图语言与继电器电路图极为相似。根据继电器电路图设计 PLC 梯形图，是系统升级改造和学习 PLC 梯形图编程比较实用的方法。这种设计方法一般不需要改动控制面板，保持了原有系统的外部特性，操作人员不用改变长期养成的习惯。

　　继电器电路图是一个纯粹的硬件电路图。将它改为 PLC 控制时,需要用 PLC 的外部接线图和梯形图来等效继电器电路图。可以将 PLC 想象成是一个控制箱,其外部接线图描述了这个控制箱的外部接线,梯形图是这个控制箱的内部"线路图",梯形图中的输入位和输出位是这个控制箱与外部世界联系的"接口继电器",这样就可以用分析继电器电路图的方法来分析 PLC 控制系统。

　　交流接触器和电磁阀等如果用 PLC 来控制,它们的线圈在 PLC 的输出端。按钮、操作开关和行程开关、接近开关等提供 PLC 的数字量输入信号,它们的触点接在 PLC 的输入端,一般使用常开触点。

　　中间继电器、时间继电器的功能用 PLC 内部的存储器位(M)和定时器(T)来完成,它们与 PLC 的输入位、输出位无关。

| 基本方法 | (1)了解和熟悉被控设备的工作原理、工艺过程和机械的动作情况,根据继电器电路图分析和掌握控制系统的工作原理。

(2)从继电器电路中,找出并确定哪些设备作为 PLC 的输入信号,哪些设备作为 PLC 的被控输出负载。为它们分配对应的 PLC 输入位和输出位地址,制订出系统 I/O 地址分配表。

(3)根据负载数量和电气特性,选择 PLC 的 CPU 模块型号、电源模块和数字量输入和输出模块。画出 PLC 的外部接线图。

(4)为继电器电路图中的中间继电器和时间继电器,分配梯形图对应的位存储器和定时器、计数器。制作地址分配表。

(5)根据上述对应关系,在继电器电路图的基础上改画出梯形图。

【例1】图 3-2 给出了继电器电路图与梯形图的对应关系。

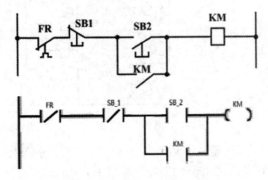

图 3-2　继电器电路图和 PLC 梯形图的对应关系

　　例如,图 3-3 是三相异步电动机的自耦减压起动电路图。我们按照基本方法来将此电路进行 PLC 控制系统改造。
　　首先,分析其工作原理。按下系统起动按钮 SB1,KM1 线圈得电,它的主触点闭合使自耦变压器的线圈接成星型。KM1 的常开触点使接触器 KM2、中间继电器 KA 和时间继电器 KT1 的线圈得电,电动机经自耦变压器的二次线圈减压后起动。

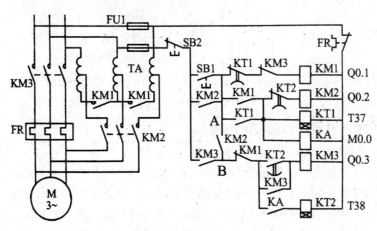

图 3-3　自耦减压起动电路 |

当 KT1 的整定时间一到，其常闭触点断开，KM1 线圈断电，电动机串入自耦变压器的部分绕组后减压起动。同时，其常开触点闭合，使 KA 线圈通电，KA 常开触点又使得 KT2 线圈通电。

当 KT2 的整定时间到，其常闭触点断开，KM2 线圈断电，自耦变压器脱离电动机；KT2 的常开触点闭合，使接触器 KM3 的线圈通电，其主触点接通，电动机全压起动。

电路中，KM1 和 KM3 不能同时得电，在各自的线圈回路中串有对方的常闭触点。

由继电器电路分析可知，系统中起动按钮、停止按钮、热继电器常闭触点等为 PLC 的输入信号，交流接触器 KM1、KM2 和 KM3 作为 PLC 的被控负载。制作系统 I/O 分配表（见表 3-1）。

表 3-1　电机自耦减压起动 PLC 改造地址分配表

输入			输出		
设备	地址	功能	设备	地址	功能
SB1 常开触点	I0.0	系统起动	KM1 线圈	Q0.1	自耦变压器的线圈接成星型
SB2 常开触点	I0.1	系统停止	KM2 线圈	Q0.2	减压起动
FR 常闭触点	I0.2	过载保护	KM3 线圈	Q0.3	全压运行

画出 PLC 的外部接线图如图 3-4 所示。

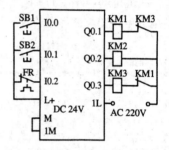

图 3-4　自耦减压起动二次回路 PLC 改造外部接线图

图 3-3 中，用到中间继电器 KA，时间继电器 KT1、KT2，分配对应 PLC 存储空间为 M0.0、T37、T38。用继电器电路转换法转换得到梯形图，如图 3-5 所示。

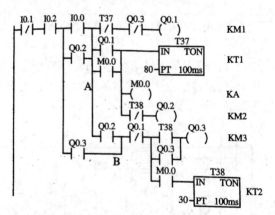

图 3-5　自耦减压起动 PLC 梯形图程序

1. 设计 PLC 外部接线图应注意的问题

（1）正确确定 PLC 的输入信号和输出负载

按钮、操作开关、行程开关、转换开关、拨码器、各种接近开关或者是继电器、接触器触点反馈信号，这些设备为 PLC 送入各种控制和检测信息，故作为 PLC 的输入信号。

接触器、继电器、电磁阀等设备的线圈，各种指示类信号，如指示灯、蜂鸣器，还有一些其他的驱动器如步进驱动器、伺服驱动器等，作为 PLC 的输出负载。

设计注意事项

（2）输入触点类型的选择

从继电器电路中，找到 PLC 的输入设备，接入 PLC 的输入端。此时，一般使用常开触点，那么，程序中触点指令的形式就可以照搬继电器电路图中的触点形式，二者可以保持相同。但有些时候，输入信号只能由常闭触点提供，比如热继电器的过载保护执行机构常闭触点。此时，在程序中转换成对应的触点指令时，要与继电器电路的触点形式取相反形式换入。图 3-2 对应关系的准确实现，必须保证外部输入设备接入 PLC 时，必须都是常开触点。

一般情况下，应尽可能地使用常开触点为 PLC 提供输入信号，使得梯形图中输入点的触点类型符合继电器电路的习惯。但有些时候，使用常闭触点可能更可靠一些，例如使用极限开关的常开触点来防止机械设备冲出限定的区域，常开触点接触不好时就起不到保护作用，此时使用常闭触点会安全些。

（3）硬件互锁电路

为了防止某些接触器同时动作出现事故，在继电器电路中设置了互锁电路，例如，将电动机的正反转接触器的常闭触点串接在对方的线圈回路中。改造成 PLC 系统后，除了在梯形图中照样设置互锁电路外，还应在 PLC 外部设置硬件互锁电路。（详见子学习情境3.2）

2. 梯形图结构的选择

图 3-2 给出了梯形图与继电器电路图的对应关系。实际程序设计时，我们可以将电动机控制的二次回路照"原样"转换过来。但是，如果继电器电路较为复杂，那么转换成梯形图时，这样的程序逻辑结构不够清晰。

如果在梯形图中，若多个线圈都受某一触点串并联电路的控制。为了简化电路和分离各线圈的电路，在梯形图中可以设置中间单元，即用该电路来控制某存储器位。这种中间元件类似于继电器电路中的中间继电器。

图 3-5 转换后的梯形图程序就存在这种情况。我们将程序中 A 点和 B 点能流用 PLC 的位存储器 M0.3 和 M0.4 来分别加以存储。改造后的程序如图 3-6 所示。

设计注意事项

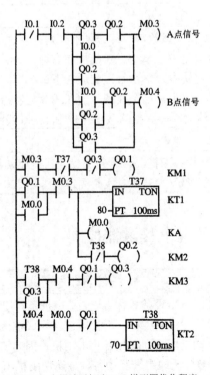

图 3-6　自耦减压起动 PLC 梯形图优化程序

3. 应考虑 PLC 的工作特点

在设计时，要注意梯形图和继电器电路图的区别，梯形图是一种软件，是 PLC 图形化的程序。在继电器电路图中，继电器的线圈通电时，它所有的常开触点和常闭触点是同时动作的，可以在电路的不同地方同时起作用。相当于并行工作，而 PLC 的 CPU 是串行工作的，CPU 同时只能处理 1 条指令，而且 PLC 在处理指令时是有先后次序的。

例如，在继电器电路图中，触点可以放在线圈的左边，也可以放在线圈的右边，但是在梯形图中，线圈和输出类指令必须放在电路的最右边。

在梯形图中，能流的方向反映了执行逻辑运算的顺序，能流只能从左往右流，从上到下流。因此，在图 3-4 所示的梯形图程序中，第三列 Q0.3 和第四列 Q0.2 处，能流出现"反向"，这在编程软件中编译时，会出现错误。因此，我们需仔细分析，画出等效的电路程序。

4. 时间继电器瞬动触点的处理

时间继电器的瞬动触点在时间继电器的线圈通电的瞬间动作，它们的触点符号没有表示延时的圆弧。PLC 的定时器触点虽然与普通的触点符号相同，但是它们是延时动作的。在梯形图中，可以在时间继电器对应的定时器功能块的两端并联存储器位 M 的线圈，用 M 的触点来模拟时间继电器的瞬动触点。

5. 尽量减少 PLC 的输入信号和输出信号

与继电器电路不同，一般只需要同一输入器件的一个常开触点给 PLC 提供输入信号，在梯形图中，可以多次使用同一输入位的常开触点和常闭触点。PLC 的价格与 I/O 点数有关，因此减少输入、输出信号的点数是降低硬件费用的主要措施。

设计继电器电路图时的一个基本原则是尽量减少图中使用的触点的个数，因为这意味着成本的节约，但是这往往会使某些线圈的控制电路交织在一起。

在设计梯形图时首要的问题是设计的思路要清楚，设计出的梯形图容易阅读和理解，并不是特别在意是否多用几个触点，因为这不会增加硬件的成本，只是在输入程序时稍微长一点。

具有手动复位功能的热继电器的常闭触点可以采用与继电器电路相同的处理方法，将它放在 PLC 的输出回路，与相应的接触器线圈串联，而不是将其作为 PLC 的输入信号，这样可以节约 PLC 的一个输入点。

6. 梯形图的优化设计

为减少语句表指令的指令条数，应遵循以下准则：

（1）在触点的串联电路中，单个触点应放在右边；

（2）在触点的并联电路中，单个触点应放在下边；

（3）在线圈的并联电路中，单个线圈应放在线圈与触点的串联电路的上面。例如，图 3-5 中，T38 的常闭触点与 Q0.2 线圈的串联电路放在 T37 和 M0.0 线圈的下面。

7. 外部负载的额定电压

PLC 的继电器输出模块和双向晶闸管输出模块只能驱动额定电压 AC220V 的负载，如果原有的交流接触器的线圈电压为 380V，应换成线圈额定电压是 220V 的接触器，或设置中间继电器。

3.1.2 三相异步电动机的继电接触器控制

1. 三相异步电动机

实现电能与机械能相互转换的电工设备总称为电机。电机是利用电磁感应原理实现电能与机械能的相互转换。把机械能转换成电能的设备称为发电机，而把电能转换成机械能的设备称为电动机。

在生产上主要用的是交流电动机，特别三相异步电动机，因为它具有结构简单、坚固耐用、运行可靠、价格低廉、维护方便等优点。它被广泛地用来驱动各种金属切削机床、起重机、锻压机、传送带、铸造机械、功率不大的通风机及水泵等。

三相异步电动机的两个基本组成部分为定子（固定部分）和转子（旋转部分）。此外还有端盖、风扇等附属部分，如图 3-7 所示。其说明见表 3-2。

为了保证转子能够自由旋转，在定子与转子之间必须留有一定的空气隙，中小型电动机的空气隙约在 0.2～1.0mm 之间。

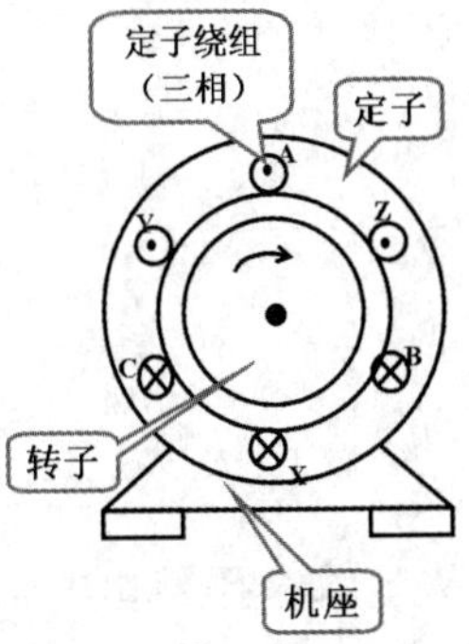

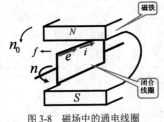

图 3-7　三相电动机的结构示意图

表 3-2　三相异步电动机的定子和转子组成

定子	定子铁心	由厚度为 0.5mm 的相互绝缘的硅钢片叠成，硅钢片内圆上有均匀分布的槽，其作用是嵌放定子三相绕组 AX、BY、CZ
	定子绕组	三组用漆包线绕制好的、对称地嵌入定子铁心槽内的相同的线圈。这三相绕组可接成星形或三角形
	机座	机座用铸铁或铸钢制成，其作用是固定铁心和绕组
转子	转子铁心	由厚度为 0.5mm 的相互绝缘的硅钢片叠成，硅钢片外圆上有均匀分布的槽，其作用是嵌放转子三相绕组
	转子绕组	转子绕组有两种形式： ● 鼠笼式——鼠笼式异步电动机 ● 绕线式——绕线式异步电动机
	转轴	转轴上加机械负载

鼠笼式电动机由于构造简单、价格低廉、工作可靠、使用方便，成为了生产上应用得最广泛的一种电动机。

图 3-8 中，在装有手柄的蹄形磁铁的两极间放置一个闭合导体，当转动手柄带动蹄形磁铁旋转时，将发现导体也跟着旋转；若改变磁铁的转向，则导体的转向也跟着改变。三相异步电动机能够旋转即基于这种物理现象。

当磁铁旋转时，磁铁与闭合的导体发生相对运动，鼠笼式导体切割磁力线而在其内部产生感应电动势和感应电流。感应电流又使导体受到一个电磁力的作用，于是导体就沿磁铁的旋转方向转动起来，这就是异步电动机的基本原理。显然，转子转动的方向和磁极旋转的方向相同。

因此，欲使异步电动机旋转，必须有旋转的磁场和闭合的转子绕组。

图 3-8　磁场中的通电线圈

工作原理

图 3-9 表示最简单的三相定子绕组 AX、BY、CZ，它们在空间按互差 120°的规律对称排列。并接成星形与三相电源 U、V、W 相联（见图 3-8）。则三相定子绕组便通过三相对称电流：

$$\begin{cases} i_U = I_m \sin(\omega t) \\ i_V = I_m \sin(\omega t - 120°) \\ i_W = I_m \sin(\omega t + 120°) \end{cases} \qquad (3-1)$$

随着电流在定子绕组中通过，在三相定子绕组中就会产生旋转磁场（见图 3-10）。

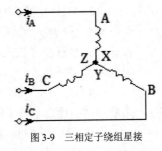

图 3-9　三相定子绕组星接

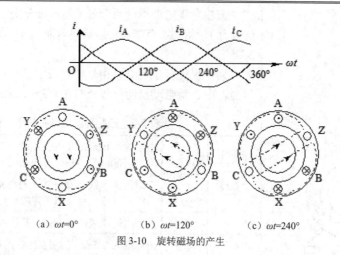

图 3-10　旋转磁场的产生

当 $\omega t = 0°$ 时，$i_A = 0$，AX 绕组中无电流；i_B 为负，BY 绕组中的电流从 Y 流入 B_1 流出；i_C 为正，CZ 绕组中的电流从 C 流入 Z 流出；由右手螺旋定则可得合成磁场的方向如图 3-9（a）所示。

当 $\omega t = 120°$ 时，$i_B = 0$，BY 绕组中无电流；i_A 为正，AX 绕组中的电流从 A 流入 X 流出；i_C 为负，CZ 绕组中的电流从 Z 流入 C 流出；由右手螺旋定则可得合成磁场的方向如图 3-9（b）所示。

当 $\omega t = 240°$ 时，$i_C = 0$，CZ 绕组中无电流；i_A 为负，AX 绕组中的电流从 X 流入 A 流出；i_B 为正，BY 绕组中的电流从 B 流入 Y 流出；由右手螺旋定则可得合成磁场的方向如图 3-9（c）所示。

可见，当定子绕组中的电流变化一个周期时，合成磁场也按电流的相序方向在空间旋转一周。随着定子绕组中的三相电流不断地作周期性变化，产生的合成磁场也不断地旋转，因此称为旋转磁场。

旋转磁场的方向是由三相绕组中电流相序决定的，若想改变旋转磁场的方向，只要改变通入定子绕组的电流相序，即将三根电源线中的任意两根对调即可。这时转子的旋转方向也跟着改变。

2. 常用低压电器

电动机或其他电气设备电路，目前普遍采用继电器、接触器、按钮及开关等控制电器来组成控制系统。这种控制系统一般称为继电—接触器控制系统。

任何复杂的控制电路，都是由一些基本的单元电路组成的。因此，在本节中我们主要讨论继电—接触器控制的一些基本电路。

要弄清一个控制电路的原理，必须了解其中各个电器元件的结构，动作原理以及它们的控制作用。电器的种类繁多，可分为手动和自动两类。手动电器是由工作人员手动操纵的，例如刀开关、点火开关等。而自动电器则是按照指令、信号或某个物理量的变化而自动动作的，例如各种继电器、接触器、电磁阀等。本节首先对这些常用控制低压电器作简单回顾。

刀开关	（1）刀开关又叫闸刀开关（见图 3-11），一般用于不频繁操作的低压电路中，用作接通和切断电源，有时也用来控制小容量电动机的直接起动与停机； （2）刀开关由闸刀（动触点）、静插座（静触点）、手柄和绝缘底板等组成； （3）刀开关的种类很多。按极数（刀片数）分为单极、双极和三极；按结构分为平板式和条架式；按操作方式分为直接手柄操作式、杠杆操作机构式和电动操作机构式；按转换方向分为单投和双投等； （4）刀开关一般与熔断器串联使用，以便在短路或过负荷时熔断器熔断而自动切断电路； （5）刀开关的额定电压通常为 250V 和 500V，额定电流在 1500A 以下；考虑到电机较大的起动电流，刀闸的额定电流值应按异步电机额定电流的 3～5 倍选择。

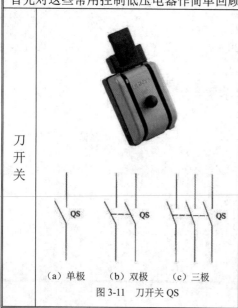

(a) 单极　　(b) 双极　　(c) 三极
图 3-11　刀开关 QS

断路器	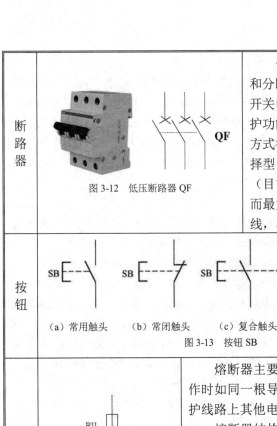 图 3-12　低压断路器 QF	低压断路器（又称空气开关，见图 3-12）是一种不仅可以接通和分断正常负荷电流和过负荷电流，还可以接通和分断短路电流的开关电器。低压断路器在电路中除起控制作用外，还具有一定的保护功能，如过负荷、短路、欠压和漏电保护等。低压断路器的分类方式很多，按使用类别分，有选择型（保护装置参数可调）和非选择型（保护装置参数不可调）；按灭弧介质分，有空气式和真空式（目前国产多为空气式）。低压断路器容量范围很大，最小为 4A，而最大可达 5000A。低压断路器广泛应用于低压配电系统各级馈出线，各种机械设备的电源控制和用电终端的控制和保护。
按钮	SB ⊣ ⊢　　SB ⊣ ⊢　　SB ⊣ ⊢ （a）常用触头　（b）常闭触头　（c）复合触头 图 3-13　按钮 SB	按钮（见图 3-13）常用于接通、断开控制电路。按钮上的触点分为常开触点和常闭触点，由于按钮的结构特点，按钮只能发出"接通"和"断开"信号的作用。此种按钮由于弹簧的作用，当按钮释放时，触点恢复原状。
熔断器	FU  图 3-14　熔断器 FU	熔断器主要作短路或过载保护用，串联在被保护的线路中。线路正常工作时如同一根导线，起通路作用；当线路短路或过载时熔断器熔断，起到保护线路上其他电器设备的作用。电气符号如图 3-14 所示。 熔断器结构有管式、磁插式、螺旋式等几种。其核心部分熔体（熔丝或熔片）是用电阻率较高的易熔合金制成，如铅锡合金，或者是用截面积较小的导体制成。 熔体额定电流 I_F 的选择： （1）无冲击电流的场合（如电灯、电炉）； （2）一台电动机的熔体：熔体额定电流 ≥ 电动机的起动电流 ÷ 2.5； （3）如果电动机起动频繁，则为：熔体额定电流 ≥ 电动机的起动电流 ÷（1.6～2）； 几台电动机合用的总熔体：熔体额定电流 =（1.5～2.5）× 容量最大的电动机的额定电流 + 其余电动机的额定电流之和。
交流接触器	KM A1 KM 1 3 5 　　A2 2 4 6 KM 13 KM 21 14 22 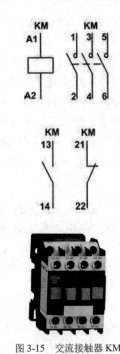 图 3-15　交流接触器 KM	接触器是一种自动开关，是电力拖动中主要的控制电器之一，它分为直流和交流两类。其中，交流接触器常用来接通和断开电动机或其他设备的主电路。接触器主要由电磁铁和触头两部分组成。它是利用电磁铁的吸引力而动作的。当电磁线圈通电后，吸引山字形动铁心（上铁心），而使常开触头闭合。电气符号和器件外观如图 3-15 所示。 根据用途不同，接触器的触头分为主触头和辅助触头两种。辅助触头通过的电流较小，常接在电动机的控制电路中；主触头能通过较大电流，常接在电动机的主电路中。如 CJ10-20 型交流接触器有三个常开主触头和四个辅助触头（两个常开，两个常闭）。 当主触头断开时，其间产生电弧，会烧坏触头，并使电路分断时间拉长，因此必须采取灭弧措施。通常交流接触器的触头都做成桥式结构，它有两个断点，以降低触头断开时加在断点上的电压，使电弧容易熄灭，同时各相间装有绝缘隔板，可防止短路。在电流较大的接触器中还专门设有灭弧装置。 在选用接触器时，应注意它的额定电流、线圈电压及触头数量等。CJ10 系列接触器的主触头额定电流有 5A、10A、20A、40A、75A、120A 等数种。

中间继电器	 图 3-16　中间继电器 KA	中间继电器（见图 3-16）的结构与接触器基本相同，只是体积较小，触点较多，通常用来传递信号和同时控制多个电路，也可以用来控制小容量的电动机或其他执行元件。常用的中间继电器有 JZ7 系列，触点的额定电流为 5A，选用时应考虑线圈的电压。
热继电器	 图 3-17　热继电器 KH（或 FR） 　　常用的热继电器有 JR0、JR10 及 JR16 等系列。热继电器的主要技术数据是整定电流。所谓整定电流，就是热元件通过的电流超过此值的 20% 时，热继电器应当在 20min 内动作。JR0-40 型的整定电流从 0.6A～40A 有 9 种规格。选用热继电器时，应使其整定电流与电动机的额定电流基本上一致。	热继电器是用来保护电动机，使之免受长期过载危害的继电器，如图 3-17 所示。 　　热继电器是利用电流的热效应动作的。图中发热元件是一段电阻值不大的电阻丝，它是接在电动机的主电路中的双金属片，由两种具有不同线膨胀系数的金属采用热和压力辗压而成，亦可采用冷结合，其中，下层金属的膨胀系数大，上层的小。当主电路中电流超过容许值，双金属片受热向上弯曲致使脱扣，扣板在弹簧的拉力下将常闭触头断开。触头是接在电动机的控制电路中的，控制电路断开使接触器的线圈断电，从而断开电动机的主电路。 　　由于热惯性，热继电器不能作短路保护，因为发生短路事故时，我们要求电路立即断开，而热继电器是不能立即动作的。但是这个热惯性又是合乎我们要求的，比如在电动机起动或短时过载时，由于热惯性热继电器不会动作，这可避免电动机不必要的停车。如果要热继电器复位，则按下复位按钮即可。

3．三相异步电动机继电—接触器控制

直接起动控制 - 点动	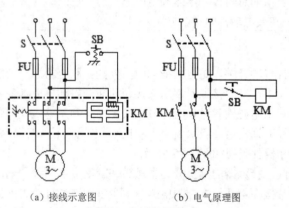 （a）接线示意图　　　（b）电气原理图 图 3-18　点动控制	直接起动即起动时把电动机直接接入电网，加上额定电压，一般来说，电动机的容量不大于直接供电变压器容量的 20%～30% 时，都可以直接起动。 　　如图 3-18 所示，合上开关 S，三相电源被引入控制电路，但电动机还不能起动。按下按钮 SB，接触器 KM 线圈通电，衔铁吸合，常开主触点接通，电动机定子接入三相电源起动运转。松开按钮 SB，接触器 KM 线圈断电，衔铁松开，常开主触点断开，电动机因断电而停转。
直接起动控制 - 常动	图 3-19 为三相异步电动机的直接起动常动控制。按下起动按钮 SB1，接触器 KM 线圈通电，与 SB1 并联的 KM 的辅助常开触点闭合，以保证松开按钮 SB1 后 KM 线圈持续通电，串联在电动机回路中的 KM 的主触点持续闭合，电动机连续运转，从而实现连续运转控制。	按下停止按钮 SB2，接触器 KM 线圈断电，与 SB1 并联的 KM 的辅助常开触点断开，以保证松开按钮 SB2 后 KM 线圈持续失电，串联在电动机回路中的 KM 的主触点持续断开，电动机停转。与 SB1 并联的 KM 的辅助常开触点的这种作用称为自锁。 　　图示控制电路还可实现短路保护、过载保护和零压保护。 　　（1）起短路保护的是串接在主电路中的熔断器 FU。一旦电路发生短路故障，熔体立即熔断，电动机立即停转。

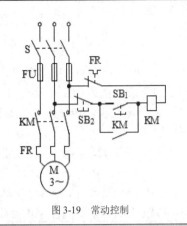

图 3-19　常动控制

（2）起过载保护的是热继电器 FR。当过载时，热继电器的发热元件发热，将其常闭触点断开，使接触器 KM 线圈断电，串联在电动机回路中的 KM 的主触点断开，电动机停转。同时 KM 辅助触点也断开，解除自锁。故障排除后若要重新起动，需按下 FR 的复位按钮，使 FR 的常闭触点复位（闭合）即可。

（3）起零压（或欠压）保护的是接触器 KM 本身。当电源暂时断电或电压严重下降时，接触器 KM 线圈的电磁吸力不足，衔铁自行释放，使主、辅触点自行复位，切断电源，电动机停转，同时解除自锁。

知识链接

经过以上内容的简单介绍，我们了解到了从继电器电路图到 PLC 梯形图的转换方法，并回顾了用继电—接触器电路对三相异步电动机的启停进行控制的知识。请结合你已经掌握的理论知识功底和习得的实操技能经验，完成本情境的继电接触器电路程序转换设计法的任务。遇到困难，学会使用多种办法解决你的问题，比如请教你的老师、查找互联网资料和技术手册等。将任务实施情况记录到"任务实施表"中。

拓展项目训练——三相异步电动机的点动和常动混合控制 PLC 改造

同学们，你现在学会了用 PLC、继电接触器控制三相异步电动机的启停了吗？在生产现场中，三相异步电动机的点动和常动混合电路常常被使用。回想点、常动混合控制用继电接触器电路控制，电路图是什么样的呢？尝试使用继电接触器转换法实现该任务的 PLC 改造。请将你的方案和实施过程资料呈交你的老师。按照实践手册中的"检查表"进行任务完成情况的检查，根据"评估表"对自己及团队在知识、技能、素养方面做出自评和互评。

子学习情境 3.2　用 PLC 控制三相异步电动机正反转

情境导入

"用 PLC 控制三相异步电动机正反转"工作任务单

情　　境	三相异步电动机 PLC 控制系统				
学习任务	子学习情境 3.2：用 PLC 控制三相异步电动机正反转			完成时间	
学习团队	学习小组		组长	成员	
	任务载体			**资讯**	
任务载体和资讯	图 3-20　三相异步电动机和控制其运行的 S7-200PLC			电动机正反转控制电路，作为电气控制的基础经典电路，在实际生产中的应用非常广泛，比如起重机、传输带等。对于普通三相异步电动机，如何实现正反转呢？根据我们在维修电工课程中所学知识可知，改变输入电动机的三相电源相序，就可改变电动机的旋转方向。三相异步电动机和控制其运行的 S7-200PLC 如图 3-20 所示。	
任务要求	控制系统硬件部分： （1）完成用 PLC、继电接触器对三相异步电动机进行正反转控制的硬件接线图。				

	（2）根据硬件接线图在实训台上完成 PLC、继电接触器对三相异步电动机的正反转控制。 控制系统软件部分： （1）完成 PLC 梯形图的经验设计法。 （2）完成用 PLC、继电接触器对三相异步电动机进行正反转控制的梯形图程序的编写。 　　　1）要求一：按下正转按钮 SB1，电动机正转（此时若按下反转按钮 SB2 电动机仍然正转），按下停止按钮 SB3 时，电动机停止转动；按下反转按钮 SB2，电动机反转（此时若按下正转按钮 SB1 电动机仍然反转），按下停止按钮，电动机停止转动。 　　　2）要求二：按下正转按钮 SB1，电动机正转，按下反转按钮 SB2，电动机反转，按下停止按钮 SB3 时，电动机停止转动。 　　　3）要求三：按下正转按钮 SB1，电动机正转，10 秒后电动机反转，10 秒后电动机再正转，如此循环两次后电动机停止转动，或者在此期间按下停止按钮 SB3 电动机同样停止转动。
引导文	1．团队分析任务要求，讨论在完成本次任务前，你及你的团队缺少哪些必要的理论知识？需要具备哪些方面的操作技能？你们该如何解决这种困难？ 2．你是否需要认识 PLC、继电接触器硬件接线图？ 3．实现我们的核心任务"用 PLC、继电接触器对三相异步电动机进行正反转控制"，思考其中的关键是什么？ 4．制订计划，将团队的决策方案写到《可编程控制技术实践手册》中本任务的"计划和决策表"内。 5．将任务的实施情况（可以包括你学到的知识点和技能点，包括团队分工任务的完成情况等）整理成文档，记录在"任务实施表"中。 6．将你们的成果提交给指导教师，让其为你们的任务完成情况进行检查，并记录在"任务检查表"中。 7．就你们团队的知识、技能、能力和素质进行自我评价、互相评价和教师评价，填写"任务评价表"。正确认识自己的不足之处，取长补短，争取在下次任务训练中得到进步。

任务描述

学习目标	学习内容	任务准备
1．掌握 PLC 梯形图的经验设计法； 2．掌握用 PLC、继电接触器对三相异步电动机进行正反转控制的硬件接线图的绘制； 3．掌握用 PLC、继电接触器对三相异步电动机进行正反转控制的梯形图程序的编写； 4．根据接线图进行接线并且通电调试，当出现故障时，能够根据设计要求进行独立检修，直至系统正常工作。	1．PLC 梯形图的经验设计法； 2．用 PLC、继电接触器对三相异步电动机进行正反转控制的硬件接线图； 3．用 PLC、继电接触器对三相异步电动机进行正反转控制的梯形图程序。	1．本任务可带学生到 PLC 实训室内进行 2 课时的理论学习； 2．让学生根据硬件接线图自行搭建系统，并编写梯形图程序。

知识链接

3.2.1　PLC 程序的经验设计法

什么是经验设计法
在 PLC 发展的初期，沿用了设计继电器电路图的方法来设计梯形图程序，即在已有的典型梯形图的基础上，根据被控对象对控制的要求，不断地修改和完善梯形图。有时需要多次反复地调试和修改梯形图，不断地增加中间编程元件和触点，最后才能得到一个较为满意的结果。 　　这种方法没有普遍的规律可以遵循，设计所用的时间、设计的质量与编程者的经验有很大的关系，所以有人把这种设计方法称为经验设计法。它可以用于逻辑关系较简单的梯形图程序设计。

经验设计法的设计步骤
1．分析控制要求、选择控制原则； 2．设计主令元件和检测元件，确定输入输出设备； 3．设计执行元件的控制程序； 4．检查修改和完善程序。
经验设计法的特点
经验设计法对于一些比较简单程序的设计是比较奏效的，可以收到快速、简单的效果。但是，由于这种方法主要是依靠设计人员的经验进行设计，所以对设计人员的要求也就比较高，特别是要求设计者有一定的实践经验，对工业控制系统和工业上常用的各种典型环节比较熟悉。经验设计法没有规律可遵循，具有很大的试探性和随意性，往往需经多次反复修改和完善才能符合设计要求，所以设计的结果往往不很规范，因人而异。经验设计法一般适合于设计一些简单的梯形图程序或复杂系统的某一局部程序（如手动程序等）。如果用来设计复杂系统梯形图，存在以下问题： 　　1．考虑不周、设计麻烦、设计周期长 　　用经验设计法设计复杂系统的梯形图程序时，要用大量的中间元件来完成记忆、联锁、互锁等功能，由于需要考虑的因素很多，它们往往又交织在一起，分析起来非常困难，并且很容易遗漏一些问题。修改某一局部程序时，很可能会对系统其他部分程序产生意想不到的影响，往往花了很长时间，还得不到一个满意的结果。 　　2．梯形图的可读性差、系统维护困难 　　用经验设计法设计的梯形图是按设计者的经验和习惯的思路进行设计。因此，即使是设计者的同行，要分析这种程序也非常困难，更不用说维修人员了，这给 PLC 系统的维护和改进带来许多困难。

3.2.2　三相异步电动机的正反转继电接触器控制

1．三相异步电动机正反转工作原理
电动机正反转控制电路，作为电气控制的基础经典电路，在实际生产中的应用非常广泛。比如起重机、传输带等。对于普通三相异步电动机，如何实现正反转呢？根据我们在维修电工课程中所学可知，改变输入电动机的三相电源相序，就可改变电动机的旋转方向。正反转控制线路就是基于这一原理设计。改变接入电动机三相电源相序的最简单的办法，就是调换其中两相线的位置。一种最简单的控制线路是使用倒顺开关直接使电动机正反转，但其只适用于电动机容量较小、正反转切换不很频繁的场合。最常见的是使用接触器的正反转控制线路。
2．三相异步电动机正反转继电接触器控制电路图
图 3-21 中主回路采用两个接触器，即正转接触器 KM1 和反转接触器 KM2。当接触器 KM1 的三对主触头接通时，三相电源的相序按 U—V—W 接入电动机。当接触器 KM1 的三对主触头断开，接触器 KM2 的三对主触头接通时，三相电源的相序按 W—V—U 接入电动机，电动机就向相反方向转动。电路要求接触器 KM1 和接触器 KM2 不能同时接通电源，否则它们的主触头将同时闭合，造成 U、W 两相电源短路。为此在 KM1 和 KM2 线圈各自支路中相互串联对方的一对辅助常闭触头，以保证接触器 KM1 和 KM2 不会同时接通电源，KM1 和 KM2 的这两对辅助常闭触头在线路中所起的作用称为联锁或互锁作用，这两对辅助常闭触头就叫联锁触头或互锁触头。 　　（1）正向起动过程 　　按下起动按钮 SB2，接触器 KM1 线圈通电，与 SB2 并联的 KM1 的辅助常开触点闭合，以保证 KM1 线圈持续通电，串联在电动机回路中的 KM1 的主触点持续闭合，电动机连续正向运转。 　　（2）停止过程 　　按下停止按钮 SB1，接触器 KM1 线圈断电，与 SB2 并联的 KM1 的辅助触点断开，以保证 KM1 线圈持续失电，串联在电动机回路中的 KM1 的主触点持续断开，切断电动机定子电源，电动机停转。 　　（3）反向起动过程

　　按下起动按钮 SB3，接触器 KM2 线圈通电，与 SB3 并联的 KM2 的辅助常开触点闭合，以保证 KM2 线圈持续通电，串联在电动机回路中的 KM2 的主触点持续闭合，电动机连续反向运转。

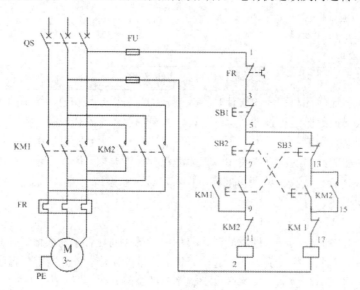

图 3-21　电动机正反转控制电路图

【注意——三相异步电动机正反转控制的安全措施】

　　电动机的正反转控制操作中，如果错误地使正转用电磁接触器和反转用电磁接触器同时动作，形成一个闭合电路后会怎么样呢?三相电源的 L1 相和 L3 相的线间电压，通过反转电磁接触器的主触头，形成了完全短路的状态，所以会有大的短路电流流过，烧坏电路。所以，为了防止两相电源短路事故，接触器 KM1 和 KM2 的主触头决不允许同时闭合。

　　如图 3-21 所示为三相异步电动机按钮接触器双重联锁的正反转控制的电气原理图，为了保证一个接触器得电动作时，另一个接触器不能得电动作，以避免电源的相间短路，就在正转控制电路中串接了反转接触器 KM2 的常闭辅助触头，而在反转控制电路中串接了正转接触器 KM1 的常闭辅助触头。当接触器 KM1 得电动作时，串在反转控制电路中的 KM1 的常闭触头分断，切断了反转控制电路，保证了 KM1 主触头闭合时，KM2 的主触头不能闭合。同样，当接触器 KM2 得电动作时，KM2 的常闭触头分断，切断了正转控制电路，可靠地避免了两相电源短路事故的发生。

知识链接

　　经过以上内容的简单介绍，我们了解了用经验设计法编写 PLC 梯形图的方法，实际上，这种方法我们在情境 2 的很多时候都在使用。之后我们回顾了用继电—接触器电路对三相异步电动机的正反转进行控制的知识。请结合你已经掌握的理论知识和习得的实操技能，完成本情境的继电接触器电路程序转换设计的任务。遇到困难，学会使用多种办法解决你的问题，比如请教你的老师、查找互联网资料和技术手册等。将任务实施情况记录到"任务实施表"中。

拓展项目训练——三相异步电动机的星角降压起动电路 PLC 改造

　　同学们，你现在学会了用 PLC 控制三相异步电动机的正反转了吗？在生产现场中，常常使用三相异步电动机的星角降压起动电路，回想如何用继电接触器电路控制实现星角降压，试着画一画电路图。然后尝试使用继电接触器转换法实现该任务的 PLC 改造。请将你的方案和实施过程资料呈交你的老师。按照实践手册中的"检查表"进行任务完成情况的检查，根据"评估表"对自己及团队在知识、技能、素养方面做出自评和互评。

　　你现在学会了用 PLC、继电接触器控制三相异步电动机的正反转，那么对于两台或者三台电动机的正反转，又该如何设计硬件接线图及梯形图程序的编写呢？请同学们课下完成用 PLC、继电接触器对多台三相异步电动机进行正反转控制的硬件接线图及梯形图的设计。请将你的方案和实施过程资料呈交你的老师。按照表实践手册中的"任务检查表"进行任务完成情况的检查，根据"任务评估表"对自己及团队在知识、技能、素养方面做出自评和互评。

学习情境 4 S7-200 系列 PLC 典型控制系统设计

一个完整的 PLC 控制系统的设计，包括电气控制原理设计和生产工艺的设计或理解。其中电气控制原理设计主要满足生产设备的基本工作要求，综合考虑设备的自动化程度；而工业设计的合理性决定了控制系统的可行性和经济型、产品造型的美观性及维修的方便性。因此仅靠掌握前面的知识是远远不够的。本章我们以几个生产实际中的实例来分析和设计典型的 PLC 控制系统。

学习目标

- **知识目标**：掌握 PLC 控制系统设计的原则、方法和实施办法。掌握 PLC 控制气动执行元件、采集模拟量传感器或变送器时的处理技术。
- **能力目标**：培养学生识读 PLC 硬件系统接线图的能力和根据控制要求搭建 PLC 硬件系统的能力；培养学生利用网络资源进行资料收集的能力；培养学生获取、筛选信息和制订工作计划、方案及实施、检查和评价的能力；培养学生独立分析、解决问题的能力；培养学生的团队工作、交流、组织协调的能力和责任心。
- **素质目标**：养成严谨细致、一丝不苟的工作作风，养成严格按照职业规范进行工作的习惯；培养学生的自信心、竞争和效率意识；培养学生爱岗敬业、诚实守信、服务群众、奉献社会等职业道德。

子学习情境 4.1 压盖机 PLC 控制

情境导入

"压盖机 PLC 控制"工作任务单

情　　境	S7-200 系列 PLC 典型控制系统设计				
学习任务	子学习情境 4.1：压盖机 PLC 控制			完成时间	
学习团队	学习小组		组长	成员	
	任务载体			资讯	
任务载体和资讯	 图4-1　压盖机		图4-1所示是一个简单压盖机装置。压盖装置由一个双作用气缸来控制。通过一个手控按钮，控制压盖装置的伸出和退回。	液体包装在包装行业占有很大比例，压盖机是液体包装生产线上重要的一类生产设备。 涉及的行业广泛、品种繁多。 ● 饮料：果汁、牛奶、矿泉水、酒类； ● 调味品：酱油、醋、果酱； ● 药品：针剂、糖浆、酊剂、农药乳剂； ● 化工产品：各种瓶装化妆品等。 （包装行业还有哪些技术、哪些设备？可查阅资料深入了解。）	

任务要求	1．控制系统硬件部分： （1）完成气缸气动回路的设计、绘制和连接。 （2）完成 PLC 控制气动电磁换向阀电路的设计、绘制和接线。 2．控制系统软件部分的程序应分别实现下面的功能（要求程序用符号表来定义电路图中的输入、输出端所对应的操作）： 1）当按住按钮 S1 时，推进气缸推出。当松开按钮 S1 时，推进气缸退回。 2）按钮 S1 按下时，气缸推出，当气缸推出到最前端，保持 5s 后，气缸退回。
引导文	1．团队分析任务要求，讨论在完成本次任务前，你及你的团队缺少哪些必要的理论知识？需要具备哪些方面的操作技能？你们该如何解决这种困难？ 2．你是否需要认识双作用气缸？包括其结构的认知、原理的理解？ 3．双作用气缸动作需要由哪些装置实现？了解气源、了解电磁阀、辅助元件。 4．如何搭建双作用气缸的气动回路？认识气路图并学会绘制它。 5．实现我们的核心任务"用 PLC 控制气动执行元件"，思考其中的关键是什么？和你前几章学过的 PLC 控制任务有什么相似之处？ 6．制订计划，将团队的决策方案写到《可编程控制技术实践手册》中本任务的"计划和决策表"内。 7．将任务的实施情况（可以包括你学到的知识点和技能点，包括团队分工任务的完成情况等）整理成文档，记录在"任务实施表"中。 8．将你们的成果提交给指导教师，让其为你们的任务完成情况进行检查，并记录在"任务检查表"中。 9．就你们团队的知识、技能、能力和素质进行自我评价、互相评价和教师评价，填写"任务评价表"。正确认识自己的不足之处，取长补短，争取在下次任务训练中得到进步。

 **任务描述**

学习目标	学习内容	任务准备
1．了解常见气动元件的结构、工作原理； 2．认识气动换向回路各组成元器件的外观和气路符号； 3．能够识别并绘制气动执行元件换向回路气路图； 4．掌握 S7-200 系列 PLC 对常见气动执行元件的控制方法； 5．掌握直线型气缸伸缩往复运动 PLC 控制回路线路的安装； 6．能够独立编制 PLC 控制程序，并进行通电调试，当出现故障时，能够根据设计要求进行独立检修，直至系统正常工作。	1．气动执行元件； 2．气动换向回路组成； 3．电磁换向阀； 4．气动换向回路气路图； 5．PLC 控制气动执行元件电路图。	1．本任务可带学生到气动技术实训室内进行 4～8 课时的前期学习。 2．压盖机可用 MPS 模块化生产加工系统操作手单元气抓手组件内的扁平气缸进行模拟。 3．如果有气缸、电磁阀、气泵、气管等，可由学生自行搭建压盖机系统。 4．硬件和软件筹备：电脑；某款 S7-200 PLC；PC/PPI 编程电缆；实验导线等；STEP7-Micro/Win 编程软件；FluildSim 气路仿真软件。

 **知识链接**

4.1.1　执行元件

1．什么是执行元件？

　　所谓执行元件，就是一种根据来自控制器的控制信息完成对受控对象的控制作用的元件。它将电能或流体能量转换成机械能或其他能量形式，按照控制要求改变受控对象的机械运动状态或其他状态（如温度、压力等）。它直接作用于受控对象，能起"手"和"脚"的作用。比如本任务中的压盖装置中用到的气缸，它的伸出和缩回，有如人手一样，能完成瓶盖的压紧工作。

　　在机械自动化系统中，执行元件根据输入能量的不同可分为电动、气动和液压三类。电动执行元件安装灵活，使用方便，在自动控制系统中应用最广。气动执行元件结构简单，重量轻，工作可靠并具有防爆特点，在中、小功率的化工石油设备和机械工业生产自动线上应用较多。液压执行元件功率大，快速性好，运行平稳，广泛用于大功率的控制系统。

2. 三种常见的执行元件	
电动执行元件 Electric Actuator	电动执行元件是将电能转换成机械能以实现往复运动或回转运动的电磁元件。常用的有直流电动机、交流电动机、伺服电动机、步进电动机、电磁制动器、继电器等。电动执行元件具有调速范围宽、灵敏度高、响应速度快、无自转现象等性能，并能长期连续可靠地工作。在特殊环境条件下，还能满足防爆、防腐、耐高温等特殊要求。随着自动控制技术的发展，电动执行元件的品种不断更新，性能不断提高。无刷电动机、低惯量电动机、慢速电动机、直线电动机和平面电动机等，都是很有发展前途的新型电动执行元件。 【学习提示】 　　在学习情境三我们对用 PLC 控制三相异步电动机和步进电机，已做了学习和研讨。这部分内容同学们应该已经熟悉，不再重复赘述。其他电动执行元件，同学们可自行拓展，查阅资料学习。

将压缩空气（注意是带压的空气，而非大气）的压力能转换成机械能以实现往复运动或回转运动的执行元件，是气动执行元件。

气动执行元件
Pneumatic Actuator

气动执行元件的分类	气缸的分类
气缸：实现直线往复运动的气动执行元件，如图 4-2 所示。  图 4-2　气缸 气动马达：实现回转运动的气动执行元件，如图 4-3 所示。  图 4-3　气马达	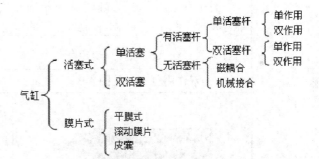 　　气缸一般用 0.5～0.7MPa 的压缩空气作为动力源，行程从数毫米到数百毫米，输出推力从数十千克到数十吨。随着应用范围的扩大，还不断出现新结构的气缸，如带行程控制的气缸、气液进给缸、气液分阶进给缸、具有往复和回转 90° 两种运动方式的气缸等，它们在机械自动化和机械人等方面得到了广泛的应用。无给油气缸和小型轻量化气缸也在研制之中。

液压执行元件
Pneumatic Actuator

　　将液压能转换为机械能以实现往复运动或回转运动的执行元件，分为液压缸、摆动液压马达和旋转液压马达三类。液压执行元件的优点是单位重量和单位体积的功率很大，机械刚性好，动态响应快。因此它被广泛应用于精密控制系统、航空和航天等各部门。导弹舵机采用液压缸推动舵面，可以减轻导弹重量、提高舵机系统的快速性和动态、静态刚度。它的缺点是制造工艺复杂、维护困难和效率低。

	标准液压缸（见图4-4）	摆动液压马达（见图4-5）	旋转液压马达（见图4-6）
	 图4-4　标准液压缸	 图4-5　摆动液压马达	 图4-6　旋转液压马达

	3．双作用气缸和单作用气缸		

| 单作用气缸 | 单作用气缸在气缸缸筒一端开有气口。实现其运动，仅需要压缩空气从开有气口的一端进入气缸，克服活塞另一端弹簧的作用力使活塞运动，撤掉压缩空气，另一端的弹簧力使活塞回到原来位置。

弹簧压入式（见图4-7） 弹簧压出式（见图4-8）

 图4-7　弹簧压入式单作用气缸和气路符号　　 图4-8　弹簧压出式单作用气缸和气路符号

注意观察图中显示好似气缸两端均开有气口。是这样的吗？实际上两个图中右边的气口是很小的一个孔，起到放出和放入空气的作用，常被称为呼吸孔。 |

| 双作用气缸 | 双作用气缸在气缸缸筒两端开有两个气口，其内部活塞的往复运动均由压缩空气推动。 |

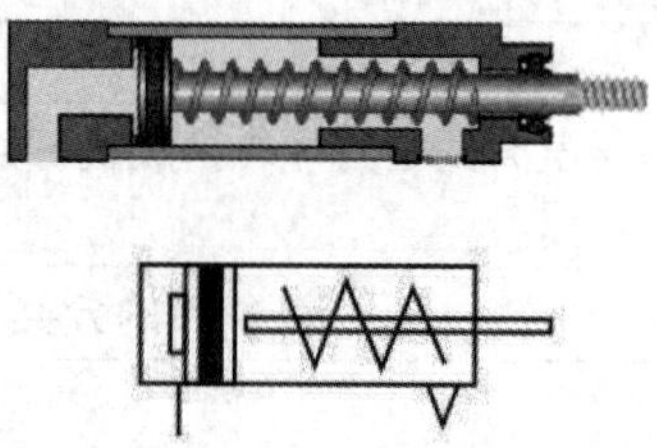

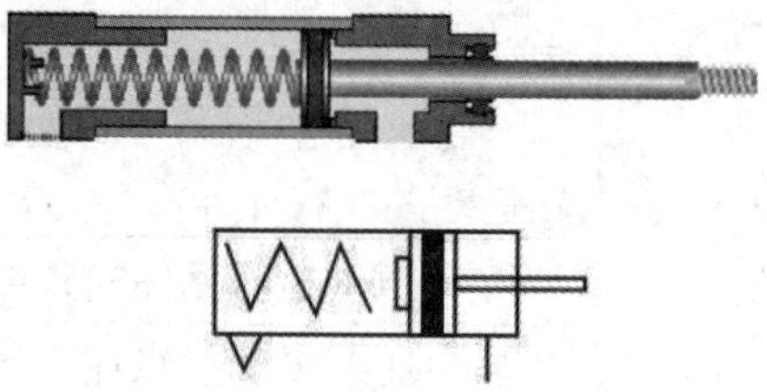

双作用气缸（见图4-9） 活塞上装有磁环的双作用气缸（见图4-10）

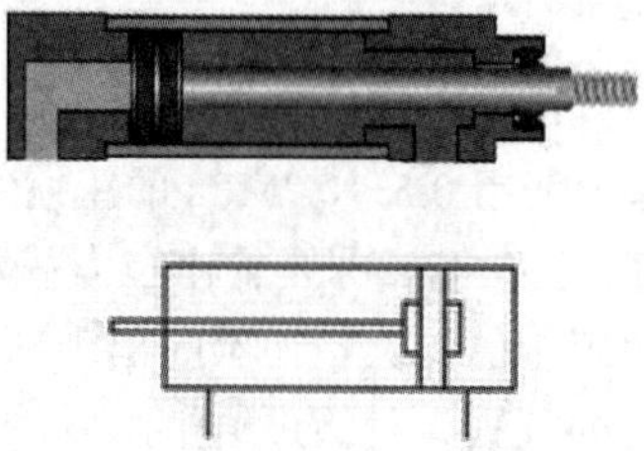

图4-9　双作用气缸及气路符号　　 图4-10　带磁环的双作用气缸及气路符号

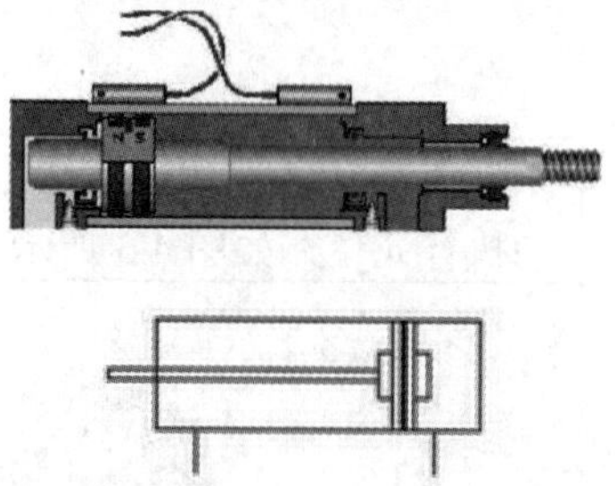

【想一想】图中所示结构显然并不是双作用气缸的唯一结构。根据前序气缸分类，我们知道不止如此。那么，请查阅资料并思考一下，单活塞双作用气缸和双活塞双作用气缸有什么区别？有活塞杆和无活塞杆又有什么区别？

【想一想】活塞上安装有磁环，就可用装在气缸外部缸筒两端的磁感应接近开关，来检测气缸活塞的终端位置或者活塞的运动行程了。（此种做法的详细解析，可见本学习情境任务2内容。）

	4．了解双作用气缸的详细结构		

| 双作用气缸内部结构 | 有杆气缸由前端盖、后端盖、活塞、气缸筒、活塞杆等构成。
双作用气缸的内部详细结构还包括防尘圈、导向套、密封圈、缓冲套等（见图4-11）。 |

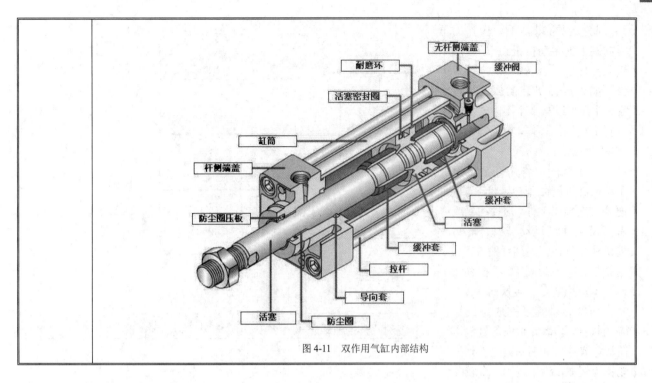

图 4-11　双作用气缸内部结构

4.1.2　电气气动技术

1. 气压传动技术
我们了解到气缸是利用压缩空气的压力能工作的。这种以压缩空气为动力源，驱动气动执行元件完成一定运动规律的应用技术，叫作气压传动技术，简称气动技术。 　　学习气动技术，我们可以借助 FESTO MPS 模块化生产加工系统或者类似实训装置首先进行感性的认识。回想我们的压盖机系统，或者实训装置中推料用的气缸系统、抓取工件的操作手控制系统。

2. 提出问题

图 4-12　操作手

　　请同学们想一想，本任务中压盖机的气缸如何升降？MPS 工作站料仓中工件怎么被推出？操作手（见图 4-12）如何实现下方平台工件的抓取，又如何实现将工件送到下一站？

　　一个典型的气压传动系统应该包括哪些元件？

　　典型的气压传动系统包含两种方式，分别是纯气动控制方式和电—气动控制方式。无论哪种，我们将各个组成元件按照信号流的方向排列，结构理解起来就非常明确。

3. 解决问题	
方案一：	纯气动控制系统：信号流程和元件（见图 4-13）
压盖机压盖过程由操作一个设置在工位上的按钮来触发。当按钮被释放时，活塞缩回。在这个控制过程中，该按钮的位置（被压下，还是被释放）是输入变量。	

此按钮可以是手动操作的方向阀上的手动按钮。属于系统输入元件。

如果压盖机装配装置被扩展，使其可以从2个不同的工作位置上被触发操作，则系统需要配置过程元件双压阀。

压盖机的双作用气缸推出工件后必须能回到初始状态，以便第二次推出工件。这种往复或者正反向连续运动需要有能够提供改变气体流通路径的设备，这就是方向控制阀，属于控制元件。这里用的是气控换向阀。

功率元件需要完成系统命令的执行。功率元件在信号输出阶段，信号从低功率被放大到大功率。例如，为了达到一个较高的速度（如工件快速喷射）或产生较高的力（如压力）。

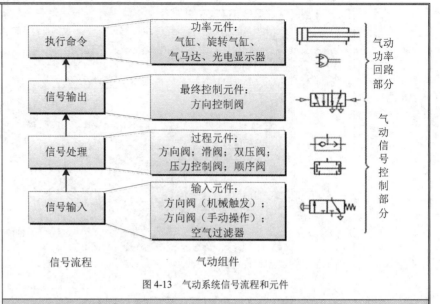

图 4-13　气动系统信号流程和元件

纯气动控制系统：双作用气缸换向控制回路（见图 4-14）

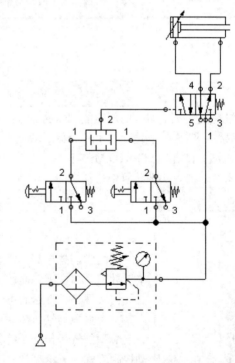

图 4-14　双作用气缸纯气动换向控制回路

方案二：

电气气动控制系统：信号流程和元件（见图 4-15）

信号输入部分的元器件，例如按钮、开关、限位开关、传感器等，这些都是电气元件。将例如起动、停止、位置检测等信号传递给过程元件。

过程元件，这里是电气设备，例如接触器、PLC 等。其接收信号输入元件的信号，做出逻辑判断，发出指令给控制元件。

控制元件接收过程元件的指令后，改变气体流通的方向或者路径，从而驱动最终气动执行元件执行系统命令，例如压盖。完成系统动作要求。

与一个纯气动控制系统不一样，一个电气气动控制回路无法在任何单一的整体回路图中表示完整。我们需要用两个单独的回路图来进行表述：一个电气部分和一个气动部分。

故，电气气动控制回路图包括两个部分：控制部分的电气回路和动力部分的气动回路。

图 4-16 是双作用气缸用电气气动控制技术实现的回路图。图（a）为气路图，图（b）为电气控制回路图。

【学习提示】对电气自动化技术专业的学生而言，读懂图 4-16（b）应该是没有困难的。关键是图（a）中的各个气动元件的识读。请同学们认真学习下面的元件介绍，之后再返回这里，读懂这个图。

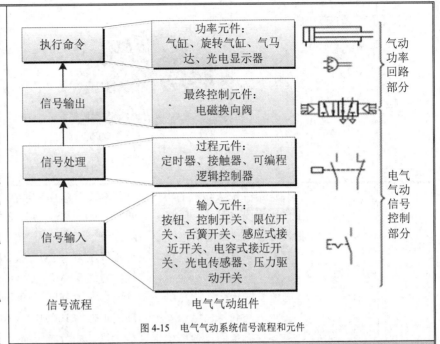

图 4-15　电气气动系统信号流程和元件

电气气动控制系统：双作用气缸换向控制回路（见图 4-16）

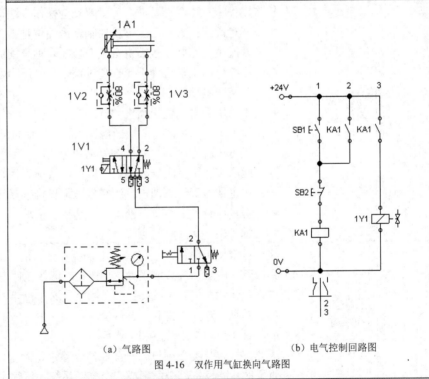

(a) 气路图　　　　　　　(b) 电气控制回路图

图 4-16　双作用气缸换向气路图

组成典型气动控制系统所需元件介绍

1. 气源系统

功能和组成		气源系统（Supplier System）是为气动设备提供满足要求的压缩空气的动力源。气源系统一般由空气压缩机和必要的净化处理装置组成。
气泵	设备图片	空气压缩机（俗称气泵）将原动机输出的机械能转变为空气的压力能，从而向气动系统提供压缩空气（见图 4-17）。空气压缩机一般有活塞式、膜片式、螺杆式等几种类型，其中气压系统最常使用的机型为活塞式。

图 4-17　气泵

	选用原则	选用空气压缩机的根据是气压传动系统所需要的工作压力和流量两个参数。根据工作压力要求可将空压机分为四类（MPa、bar 是什么单位？有什么含义和关系？同学们自行查阅资料解决这个小问题）： ● 中压空气压缩机，额定排气压力为 1MPa（10bar）； ● 低压空气压缩机，排气压力为 0.2MPa（2bar）； ● 高压空气压缩机，排气压力为 10MPa（100bar）； ● 超高压空气压缩机，排气压力为 100MPa（1000bar）。 　　输出流量的选择，要根据整个气动系统对压缩空气的需要再加一定的备用余量，作为选择空气压缩机的流量依据。空气压缩机铭牌上的流量是自由空气流量。
	操作和维护保养规程	操作规程——使用设备前，先了解安全操作方法很重要。 ● 开车前应检查空气压缩机曲轴箱内油位是否正常，各螺栓是否松动，压力表、气阀是否完好，压缩机必须安装在安稳牢固的基础上。 ● 压缩机的工作压力不允许超过额定排气压力，以免超负荷运转而损坏压缩机和烧毁电动机。 ● 不要用手去触摸压缩机的气缸头、缸体、排气管，以免因温度过高而烫伤。 ● 日常工作结束后，要切断电源，放掉压缩机储气罐中的压缩空气，打开储气罐下边的排污阀，放掉汽凝水和污油。 　　我们此次实验用空气压缩机在一般使用情况下，必须遵守以下几点： ● 每星期检查一下油位；给空气压缩机排水（设定压力 2bar）； ● 每月检查一下空气过滤器；马达积灰情况； ● 每年换一次油；检查安全阀。
其他辅助气源设备	压缩空气的要求	我们日常使用的压缩空气内不难发现水分、油污等物质。这些物质会直接增加气动工具或元件内运动部分的阻力，加速损耗，使元件寿命降低。严重的会使生产停顿，增加成本。因此，气源系统提供的压缩空气必须满足一定要求，主要包括以下几点： ● 具有一定的压力和足够的流量； ● 具有一定的清洁度和干燥度。 　　因此，气源装置必须设置一些除油、除水、除尘，并使压缩空气干燥、提高压缩空气质量的辅助设备，进而形成一个气源系统（压缩空气站，见图 4-18）。
	压缩空气站	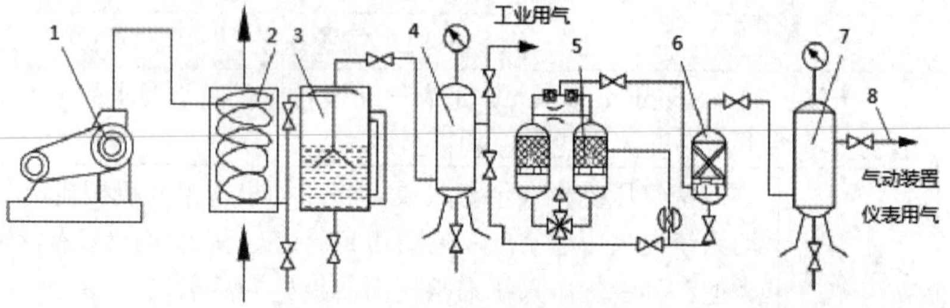 1—空气压缩机；2—后冷却器；3—除油器；4—储气罐；5—干燥器；6—过滤器；7—储气罐；8—输气管道 图 4-18　典型气源系统示意图

气源处理组件	气动系统中常常用二联件（过滤、调压组件，见图4-19）为各个工作站供给压缩空气。二联件又叫过滤—调压组件。由过滤器、压力表、截止阀、快插接口和快速连接件组成。其中过滤器的作用是滤除压缩空气中的杂质。过滤器有分水装置，可以除去压缩空气中的冷凝水、颗粒较大的固态杂质和油滴。减压阀可以控制系统中的工作压力，同时能对压力的波动作出补偿。 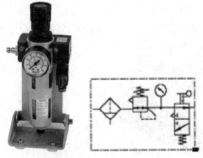 图 4-19　二联件及其气路符号	生产企业中常常用三联件，即过滤调压油雾组件（见图4-20）。其中，油雾器是一种特殊的注油装置。它以空气为动力，使润滑油雾化后，注入空气流中，并随空气进入需要润滑的部件，达到润滑的目的。油雾器上装有调节滴油量的旋钮。  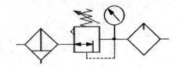 图 4-20　三联件及其气路符号

2. 气动控制元件

概念	控制元件是在气压传动系统中，控制和调节压缩空气的压力、流量和方向等各类控制阀，按功能可分为压力控制阀、流量控制阀、方向控制阀及能实现一定逻辑功能的逻辑阀等。	

压力控制阀（如减压阀）

分类——压力控制阀	 图 4-21　调压阀及其气路符号	减压阀（调压阀）是气动调节阀的一个必备配件，主要作用是将气源的压力减压并稳定到一个定值，以便于调节阀能够获得稳定的气源动力用于调节控制（见图4-21）。	【使用方法】旋转调压旋钮以调压。旋转前，先将旋钮帽向上拔起。旋转时，调压弹簧的弹簧力使得主阀芯打开，压缩空气得以通过，观察压力表进行压力的调节。压力设定好后，压下调压旋钮，实现压力锁定。

气动压力控制阀除减压阀（调压阀）之外，还包括顺序阀、安全阀等。减压阀在气动系统中主要起调节、降低或稳定气源压力的作用，顺序阀在气动系统中控制执行元件的动作顺序，安全阀保证系统的工作安全等。后二者的介绍请参看有关资料。

流量控制阀

分类——流量控制阀	通过改变阀的通流面积来调节压缩空气的流量，从而控制气缸的运动速度、换向阀的切换时间和气动信号的传递速度的气动控制元件，叫作流量控制阀。	 图 4-22　单向节流阀及图形符号	节流阀是通过改变节流截面或节流长度以控制流体流量的阀门。单向阀在一个方向上可以阻止空气流动，此时空气经可调节流阀流出，相反方向空气从单向阀流出。

	包括节流阀、单向节流阀、排气节流阀等。我们这里着重介绍单向节流阀（见图4-22）。	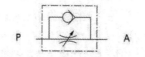 图4-22　单向节流阀及图形符号（续图）	将节流阀和单向阀并联则可组合成单向节流阀。
分类 —— 方向控制阀	**方向控制阀**		
	概念	方向控制阀是控制压缩空气的流动方向和气路的通断，以控制执行元件的动作的一类气动控制元件，也是气动控制系统中应用最多的一种控制元件。按气流在阀内的流动方向，方向阀可分为单向型控制阀和换向型控制阀。	
	单向阀概念和图片	通过单向阀的流体只能沿进口流动，出口介质却无法回流。单向阀又称止回阀或逆止阀。用于液压系统中防止油流反向流动，用于气动系统中防止压缩空气逆向流动。单向阀有直通式和直角式两种。直通式单向阀用螺纹连接安装在管路上。直角式单向阀有螺纹连接、板式连接和法兰连接三种形式。其外观和图形符号如图4-23所示。   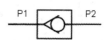 图4-23　不同连接形式的单向阀和图形符号	
	换向阀图形符号识图	换向型控制阀，简称换向阀，按控制方式分为人力控制（手动）、气压控制（气动）、电磁控制（电动）、机械控制（机动）等；按阀的通口数目分为两通阀、三通阀、四通阀、五通阀等；按阀芯的工作位置的数目分为两位阀和三位阀。 　　在气路图中，用方块表示换向阀的切换位置，而方块的数量表示阀有多少个切换位置，直线表示气流路径，箭头表示流动方向，如图4-24所示。 　　二位二通阀　　　　　二位五通阀 　　二位三通阀（常开）　三位五通阀（排气式） 　　二位三通阀（常闭）　三位五通阀（中央封闭式） 　　二位四通阀　　　　　三位五通阀（中央加压式） 图4-24　换向阀按切换路数和阀位分类	
	换向阀气口控制方式说明	在换向阀中，气体的通口包括进气端口、排气端口、工作端口，如果阀的控制方式是气压控制，那么还用气控端口。如图4-25（a）所示，二位五通电磁换向阀的工作端口有2个，代号2、4；进气端口1个，代号1；排气2个，代号3、5。图4-25（b）中，气控控制口代号12和14共2个。当进气口1和控制口12有气时，进气口1与工作口2接通，若进气口1和控制口14有气，则进气口1与工作口4接通，其余接口排气。 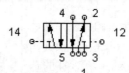 （a）二位五通单电控电磁换向阀　　（b）二位五通双气控换向阀 图4-25　换向阀气端口标号	

辅助元件

气路搭建中，还需要一些辅助元件，例如管道连接件、气管、消音器（见图 4-26）等，在此不详述。

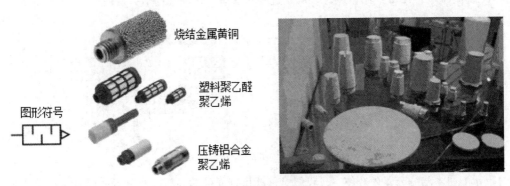

图 4-26　消声器图形符号和外观

电磁换向阀

在自动化生产线上，换向阀常常采用电动控制方式，这种换向阀为电磁换向阀，其符号和控制方式见表 4-1。

表 4-1　常见电磁换向阀的图形符号和控制内容

电磁换向阀类型	图形符号	控制内容
二位三通单电控（常闭）		断电后，恢复原来位置
二位三通单电控（常开）		断电后，恢复原来位置
二位五通单电控		断电后，恢复原来位置
二位五通双电控		某一侧供电时，则阀芯切换至该侧的位置，断电时，能保持断电前的位置
三位五通双电控（中位封闭）		两侧同时不供电时，阀处在中位，供气口及气缸口同时封堵，气缸的压力不能被释放
三位五通双电控（中位排气）		两侧同时不供电时，阀处在中位，供气口封堵，气缸内的气体向大气排放
三位五通双电控（中位加压）		两侧同时不供电时，供气口同时向两个气缸口通气

如图 4-27 所示，椭圆圈起的换向阀为二位五通双电控电磁换向阀，用其驱动一支双作用气缸，当 1M1 线圈得电时，压缩空气从气源出发，经过阀的左位，向气缸的左端进气，并从右端排气，气缸伸出；反过来，换向阀的 1M1 线圈断电、1M2 线圈得电时，从气缸的右端进气，左端排气，气缸缩回。

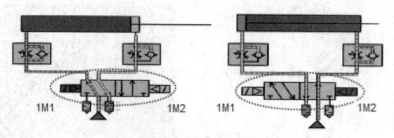

图 4-27　电磁换向阀驱动双作用气缸示例

【学习提示】在本部分元器件介绍中，我们对气动执行元件的纯气动控制方式没有进行过多的介绍。同学们要深入学习，可参考我校胡月霞老师编写的《液压与气动技术》，请示你的任课教师到 FESTO 气动技术实训室内进行学习。

4.1.3　压盖机 PLC 控制解决方案

压盖机 PLC 控制方法分析
根据任务提出中的要求，首先我们需选择电磁换向阀的类型，然后绘制气路图并搭建气路；其次，我们需选择 PLC 控制器的型号，找到与其连接的输入输出设备，然后绘制电路图，并连接电路；第三，编制程序并下载调试和运行。

1. 气动控制回路分析

根据表 4-1，我们可选择一个二位五通单电控电磁阀，或者一个二位五通双电控电磁阀，或者两个二位三通电磁阀（常开或者常闭阀）来控制压盖机的伸出和缩回。因此，我们需了解用这三种阀控制双作用气缸的气动回路图，以及选择不同阀会导致不同的控制结果。这是非常常见的双作用气缸的控制方式，我们需重点掌握。

2. 电气控制回路分析

二位五通单电控电磁阀有一个电磁线圈，二位五通双电控电磁阀或者两个二位三通电磁阀均需用两个电磁线圈。无论哪种情况，均需要通过用 S7-200 PLC 控制器发出指令进行控制。同时，起动和停止按钮作为主令电器发出启停信号也要送给 PLC 控制器。因此，我们需要确定这些设备该如何与 S7-200 PLC 相连，即确定其连接地址和连接方式，并绘制电气控制回路图。连接地址也是 S7-200 PLC 程序编制时要操作的地址。

3. 程序编制

根据我们前面课程的学习，我们可以使用经验设计法或者顺序功能图法，进行程序的设计。

气动控制回路	使用 5/2 单电控电磁阀控制双作用气缸的气路如图 4-28 所示。用 5/2 双电控电磁阀来控制双作用气缸，如图 4-29 所示。 　　因为 5/2 单电控电磁阀只有一个电磁线圈，故图 4-28 中，打开气源，让 1Y1 通电，则 1A1 气缸伸出；1Y1 断电，1A1 气缸缩回到初始位置。 　　双电控阀具有记忆功能，当电磁阀失电时，气缸仍能保持在原有的工作状态。假如如图 4-30（a）所示，上次断电时，2V1 电磁换向阀保持在右位，使得双作用气缸保持缩回状态。那么，当 2Y1 得电、2Y2 不得电的情况下，电磁换向阀换向，使得双作用气缸伸出，如图 4-30（b）所示。 　　因此，用双电控电磁换向阀控制双作用气缸的要点是两个电磁线圈不能同时得电。应用此种控制方式时，要考虑断电后，气缸是在伸出，还是在缩回状态。

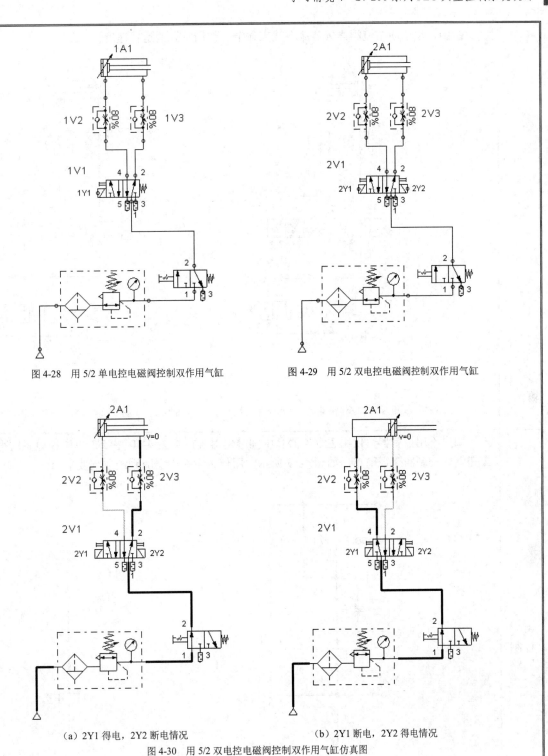

图 4-28　用 5/2 单电控电磁阀控制双作用气缸　　　图 4-29　用 5/2 双电控电磁阀控制双作用气缸

（a）2Y1 得电，2Y2 断电情况　　　　　　（b）2Y1 断电，2Y2 得电情况

图 4-30　用 5/2 双电控电磁阀控制双作用气缸仿真图

　　使用两个 3/2 单电控电磁阀（常闭型）控制双作用气缸的气路如图 4-31 所示。使用两个 3/2 单电控电磁阀（常开型）控制双作用气缸的气路如图 4-32 所示。

　　图 4-31 中，在初始状态下，常开电磁阀使得双作用气缸两端同时进气，但是因为单端活塞杆的存在，使得气缸活塞两端受力面积不相等，故双作用气缸不能保持静止状态，活塞杆会在两端气体压力差的作用下，缓慢伸出。因此，使用这种方式往往用来控制无杆气缸或者双端活塞杆气缸。两个 3/2 单电控电磁阀的两个线圈的通断电控制如同一个 5/2 双电控电磁阀一样，同样不能同时得电。

　　如果用两个 3/2 单电控电磁阀（常闭型）控制双作用气缸，如图 4-32 所示。则初始状态下，双作用气缸两端没有压缩空气进入，而分别与阀的排气口相连，因此，此时双作用气缸的位置不能保持固定，能够在外力的作用下移动。

图中，用单向节流阀排气节流方式来调节双作用气缸的运行速度。

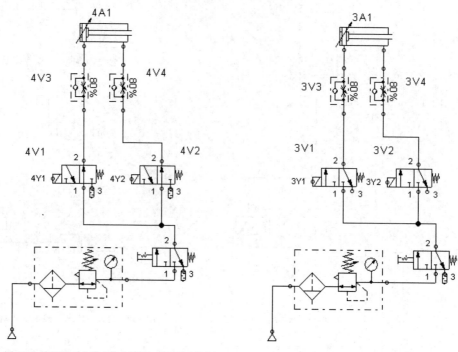

图 4-31　用两个 3/2 单电控电磁阀（常开型）控制　　　　　图 4-32　用两个 3/2 单电控电磁阀（常闭型）控制

电气 控制 回路	如果不用控制器，仅用主令电器和中间继电器等控制图 4-30 中 5/2 单电控电磁阀得电断电，那么其电气控制回路很简单，如图 4-33 所示，用何种主令电器随系统控制要求而定。 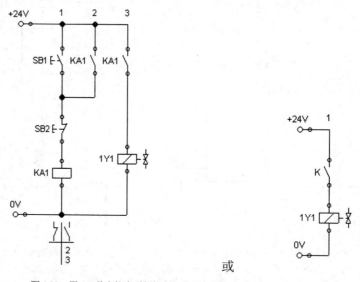 图 4-33　用 5/2 单电控电磁阀控制双作用气缸电气回路图（配套图 4-30） 　　本任务使用 S7-200 PLC 作为工作站的控制器，其型号是 CPU224CN。可以选择使用其他型号的 PLC 作为控制器。如果有条件，可以使用 S7-300PLC 作为控制器，或者使用 Smart 控制器。图 4-34 给出使用 S7-300PLC 作为控制器的压盖机控制电路图的规范画法。请同学们以此为参考绘制 S7-200 PLC 电路图。
程序	自行进行程序的编制，之后进行下载和运行。

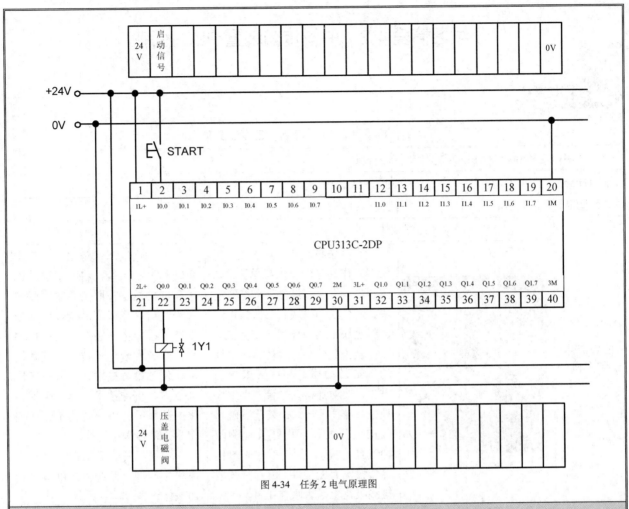

图 4-34　任务 2 电气原理图

知识链接

经过以上内容的介绍，我们了解到了气缸、气泵、二联件、换向阀、压力阀等一些知识，同学们现在可以使用这些元器件进行气动回路的设计和搭建了。此时，请回看图 4-16。告诉你的老师，这回你能读懂它了吗？

读懂了这个气路图，请思考如何用 PLC 来实现双作用气缸的控制？这其中的关键是什么？与前面章节的学习有什么共同点和区别？

请结合你已经掌握的理论知识和习得的实操技能，完成本情境的压盖机 PLC 控制系统的任务。遇到困难，学会使用多种办法解决你的问题，比如请教你的老师、查找互联网资料和技术手册等。将任务实施情况记录到"任务实施表"中。

拓展项目训练

你现在学会了一个气缸的 PLC 的控制方法，那么多个气缸联动，又该如何设计气动回路和电路图呢？该如何设计程序呢？请同学们课下完成图 4-12 气动机械手 PLC 控制系统的设计。请将你的方案和实施过程资料呈交你的老师。按照实践手册中的"任务检查表"进行任务完成情况的检查，根据"任务评估表"对自己及团队在知识、技能、素养方面做出自评和互评。

子学习情境 4.2　供料传输装置 PLC 控制

"供料传输装置 PLC 控制"工作任务单

情　　境	S7-200 系列 PLC 典型控制系统设计			
学习任务	子学习情境 4.2：供料传输装置 PLC 控制		完成时间	
学习团队	学习小组	组长	成员	
	任务载体		资讯	
任务载体 和资讯	 图 4-35　供料单元	在一条自动化生产线上，起始端工作站是一个供料单元。如图 4-35 所示，包含一个推料模块、一个摆动模块。工件的推出由料仓底下的双作用气缸完成，工件被推到位后，摆动模块中摆动气缸带动摆臂和摆臂末端的吸盘，摆动到料仓平台，将工件吸住，送往下一站。装置用磁感应接近开关和行程开关检测两种气缸的状态，用对射式光电传感器检测有无工件。用真空开关检测吸盘上是否吸住工件。		自动化生产线是由工件传送系统和控制系统，将一组自动机床和辅助设备按照工艺顺序联结起来，自动完成产品全部或部分制造过程的生产系统，简称自动线。系统融合电子技术、气动技术、传感检测技术、电机电气控制技术、机械技术，是一个综合化控制系统。供料传输单元往往作为工件传送系统的起点。 　　本任务采用 FESTO MPS 模块化生产加工系统中的供料单元为载体设备。
任务要求	1. 控制系统硬件部分： 　　（1）分析系统工作流程，绘制系统气路图和电路图。 　　（2）完成系统硬件回路的接线。 2. 控制系统软件部分： 　　程序应实现下面的功能（要求程序有符号表）： 　　（1）按下系统复位按钮，系统进行复位操作，包括推料气缸回到原位，摆臂保持不动，吸盘释放工件。 　　（2）系统复位成功，则按下起动按钮，系统起动灯亮。如果料仓有料，推料气缸将料仓中的工件推到平台上，摆动气缸摆动到料仓位置。到位后，吸取工件。摆臂带着工件摆动到下一站位置，释放工件。如果料仓没有工件，则报警灯 Q1 闪烁。 　　（3）按下停止按钮，系统将当前工作完成后，停止工作，报警灯 Q2 亮。			
引导文	1. 分析任务载体装置，团队分析任务要求，讨论在完成本次任务前，你及你的团队缺少哪些必要的理论知识？需要具备哪些方面的操作技能？你们该如何解决这种困难？ 2. 用什么检测气缸的极限位置？用什么检测工件是否在某个位置上存在？ 3. 结合在《自动检测技术》中习得的知识，分析本任务中遇到的传感器的结构、原理和功能？ 4. 传感器的电气符号是什么样子的？与 PLC 连接具有哪些连接方式？ 5. 请认真学习知识链接部分的内容。让你的老师带领你到 FESTO 或者 GE 实训基地的自动化生产线实训室中，观察设备的运行，思考这样一个问题"在自动化生产线上，进行工件在某一个位置上的检测，还有哪些方式？"想一想，将你的思考所得告诉你的指导教师。 6. 你已经具备完成此情景学习的所有资料了吗？如果没有，还缺少哪些？应该通过哪些渠道获得？ 7. 实现我们的核心任务"供料传输装置 PLC 控制"，思考其中的关键是什么？和你前几章学过的 PLC 控制任务有什么相似之处？			

8．通过前面的引导文指引，你和你的团队是否明白，实现本情境任务的学习，包括哪些具体任务？你们团队该如何分工合作，共同完成这项庞大的任务？制订计划，并将团队的决策方案写到《可编程控制技术实践手册》中本任务的"计划和决策表"内。

9．将任务的实施情况（包括你学到的知识点和技能点，包括团队分工任务的完成情况等）整理成文档，记录在"任务实施表"中。

10．将你们的成果提交给指导教师，让其为你们的任务完成情况进行检查，并记录在"任务检查表"中。

11．就你们团队的知识、技能、能力和素质进行自我评价、互相评价和教师评价，填写"任务评价表"。正确认识自己的不足之处，取长补短，争取在下次任务训练中得到进步。

 **任务描述**

学习目标	学习内容	任务准备
1．了解自动化生产线工作过程，认识各类开关量传感器在自动化生产线中的应用； 2．能够绘制供料传输单元气动回路图； 3．能够绘制供料传输单元用 S7-200 PLC 控制的电气原理图； 4．能够进行设备的硬件安装（硬件条件允许的情况下）； 5．能够独立编制 PLC 控制程序，并进行通电调试，当出现故障时，能够根据设计要求进行独立检修，直至系统正常工作。	1．生产线中磁性开关、光电开关、光纤式光电接近开关等传感器的结构、特点、电气接口特性和使用方法； 2．带有限位开关的气动换向回路； 3．S7-200 PLC 控制供料传输单元的电路图； 4．S7-200 PLC 控制供料传输单元的复位、停止程序和手动、自动运行程序。	1．本任务可带学生到 GE 或者 FESTO 自动化生产线实训室内进行 4～8 课时的前期学习。 2．如果有传感器、传送带、电机、气缸、电磁阀、气泵、气管等，可由学生自行搭建。 3．硬件和软件筹备：装有 XP 或者 Win7 操作系统的电脑、某款 S7-200 PLC、PC/PPI 编程电缆、实验导线等； 4．STEP7-Micro/Win 编程软件；FluildSim 气路仿真软件、电气 CAD 绘图软件、Office 办公软件等。

 **知识链接**

4.2.1　光电开关和磁感应接近开关

自动化生产流水线上的自动检测技术
自动化生产线是能实现产品生产过程自动化的一种机器体系，通过采用一套能自动进行加工、检测、装卸、运输的机器设备，组成高度连续的、完全自动化的生产线，来实现产品的生产，从而提高工作效率。 　　自动生产线是在流水线的基础上逐渐发展起来的，它要求线体上各种机械加工装置能自动地完成预定的各道工序，达到相应的工艺要求，生产出合格的产品。为了能够实现这个目标，可以采用自动输送和其他一些辅助装置，根据工艺顺序把不同的机械加工装置组成一个整体。各个部件之间的动作是通过气压系统和电气传动系统组合起来，使其能够按照规定的程序而进行自动工作。 　　自动检测技术是自动化生产线的重要基础。生产线中传感器用以感知外部信息，用于检测位置、颜色、高度、材质等信息，并把相应的信号传给控制器。常见的传感器有：磁电传感器（磁性开关）、光电传感器（光电开关、光纤传感器等）、电感接近开关、电容接近开关、压电传感器等。
接近开关
接近开关是一种无需与运动部件进行机械直接接触而可以操作的位置开关，当物体接近开关的感应面到动作距离时，不需要机械接触及施加任何压力即可使开关动作，从而驱动直流电器或给控制装置（如 PLC）提供控制指令。

接近开关，是一种无触点开关，属于开关量传感器。它既有行程开关、微动开关的特性，同时具有传感性能，且动作可靠、性能稳定、频率响应快、应用寿命长、抗干扰能力强，并具有防水、防震、耐腐蚀等特点。例如，当金属物体进入电感式接近开关的感应区域，开关就能无接触、无压力、无火花、迅速发出电气指令，准确反映出运动机构的位置和行程。

接近开关广泛用于行程控制，其定位精度、操作频率、使用寿命、安装调整的方便性和对恶劣环境的适用能力，是一般机械式行程开关所不能相比的。它广泛地应用于机床、冶金、化工、轻纺和印刷等行业。在自动控制系统中可作为限位、计数、定位控制和自动保护环节等。产品有光电式、电感式、电容式、霍尔式等。

磁感应接近开关	
磁簧开关	磁阻式接近开关

| 分类及原理 | 　　干簧管（Reed Switch）也称舌簧管或磁簧开关，是一种磁敏的特殊开关，是干簧继电器和接近开关的主要部件。干簧管通常有两个软磁性材料做成的、无磁时断开的金属簧片触点，有的还有第三个作为常闭触点的簧片。这些簧片触点被封装在充有惰性气体（如氮、氦等）或真空的玻璃管里，玻璃管内平行封装的簧片端部重叠并留有一定间隙或相互接触以构成开关的常开或常闭触点。干簧管比一般机械开关结构简单、体积小、速度高、工作寿命长；而与电子开关相比，它又有抗负载冲击能力强等特点，工作可靠性很高。

　　当永久磁铁靠近干簧管或绕在干簧管上的线圈通电形成的磁场使簧片磁化时，簧片的触点部分就会被磁力吸引，当吸引力大于簧片的弹力时，常开接点就会吸合；当磁力减小到一定程度时，接点被簧片的弹力打开（见图4-36）。

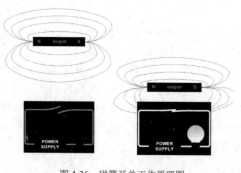
图4-36　磁簧开关工作原理图 | 　　磁阻式接近开关核心部件为 InSb 磁敏电阻，基于磁阻效应原理，即当同游电流的半导体材料置于磁场中，且磁场方向与电流方向垂直时，由于洛伦兹力的作用使得载流子的运动方向发生偏转，加长了载流子运动的半径，增大了材料的电阻率，使得电阻增大。

　　InSb 材料的电子迁移率较高，适合制作磁敏电阻。InSb 磁敏电阻由引脚、磁阻元件 MR1 和 MR2、永磁体、绝缘基片、金属外壳组成，并由环氧树脂灌封，其结构和等效电路如图 4-37 所示。其中，永磁体为磁敏电阻提供偏置磁场，提高磁敏电阻的灵敏度，使其工作特性移动到电阻—磁场曲线的线性范围之内，使磁阻电阻不仅对磁铁非常敏感，而且对铁磁性物体也非常敏感。当无铁磁性物体靠近时，偏置磁场使得磁敏电阻处于相同的磁场环境，MR1 和 MR2 的阻值大致相等。当铁磁性材料通过 MR1 是，永磁体的磁场分布发生变化，通过 MR1 的磁感线增多，MR 的磁感线减少，MR1 的阻值增大而 MR2 的阻值减小，反之，MR2 的阻值增大。由于采用稳压电源供电，因此两个磁阻元件的变化引起输出电压的变化。通过后级的信号处理电路进行电压放大到电压比较级电路，就可以得到与磁信号对应的开关量电压信号。

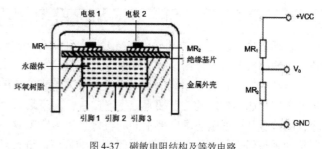
图4-37　磁敏电阻结构及等效电路 |
| 使用方法 | 　　磁性接近开关能以细小的开关体积达到最大的检测距离。由于磁场能通过很多非磁性物体，所以触发过程并不一定需要把目标物体直接靠近磁感应接近开关的感应面，而是通过磁性导体（比如铁）把磁场传送至远距离，例如，信号能够通过高温区域传送到接近开关而产生触发动作信号。 | |

光电接近开关	
简介	光电开关（光电传感器）是光电接近开关的简称，它是利用被检测物对光束的遮挡或反射，由同步回路接通电路，从而检测物体的有无。物体不限于金属，所有能反射光线（或者对光线有遮挡作用）的

物体均可以被检测。光电开关将输入电流在发射器上转换为光信号射出，接收器再根据接收到的光线的强弱或有无对目标物体进行探测，它所使用的冷光源有红外光、红色光、绿色光和蓝色光等。由于光电开关输出回路和输入回路是电隔离的（即电绝缘），所以它可以在许多场合得到应用。例如，物位检测、液位控制、产品计数、宽度判别、速度检测、定长剪切、孔洞识别、信号延时、自动门感、色标检出、冲床和剪切机以及安全防护等诸多领域。此外，利用红外线的隐蔽性，还可在银行、仓库、商店、办公室以及其他需要的场合作为防盗警戒之用。

分类及原理	对射型	光电开关 发射器　被检测物体　光电开关 接收器		由发射器和接收器组成，结构上两者相互分离，在光束被中断的情况下会产生一个开关信号变化。使用时，使发射器和接收器位于同一轴线上。二者最远可达 50 米。 特征：辨别不透明的反光物体；有效距离大；不易受干扰；耗能高，两个单元都必须敷设电缆。
	漫反射型	漫反射光电开关　被检测物体		发射器和接收器集中在本体上，当发射器发射光束时，目标产生漫反射，当有足够的组合光返回接收器时，开关状态发生变化。作用距离的典型值一般到 3 米。 特征：有效作用距离是由目标的反射能力决定，由目标表面性质和颜色决定；对目标上的灰尘敏感和对目标变化了的反射性能敏感。
	镜面反射型	被检测物体 镜反射式光电开关　专用反光镜		由发射器和接收器构成，从发射器发出的光束在对面的反射镜被反射，返回接收器，当光束被中断时会产生一个开关信号的变化。光的通过时间是两倍的信号持续时间，有效作用距离从 0.1 米至 20 米。 特征：辨别不透明的物体；借助反射镜部件，形成高的有效距离范围；不易受干扰。
	槽式	发射器 被检测物体 接收器		通常是标准的 U 字形结构，其发射器和接收器分别位于 U 形槽的两边，并形成一光轴，当被检测物体经过 U 形槽且阻断光轴时，光电开关就产生了检测到的开关量信号。 特征：适合检测高速变化，分辨透明与半透明物体。
	光纤式	光纤插入式接头　光纤线 光纤控制器　光纤传感器		采用塑料或玻璃光纤传感器来引导光线，以实现被检测物体不在相近区域的检测。通常光纤传感器分为对射式和漫反射式。 特征：适用于狭小空间的物体检测。

涡流式接近开关	
	涡流式接近开关有时也叫电感式接近开关，由三大部分组成：振荡器、开关电路及放大输出电路。振荡器产生一个交变磁场。当金属目标接近这一磁场，并达到感应距离时，在金属目标内产生涡流，从而导致振荡衰减，以至停振。振荡器振荡及停振的变化被后级放大电路处理并转换成开关信号，触发驱动控制器件，从而达到非接触式检测的目的。

	涡流效应	涡流效应应用		
工作原理	根据法拉第电磁感应定律，当块状导体置于交变磁场或在固定磁场中运动时，导体内产生感应电流，此电流在导体内闭合，就像一圈圈的漩涡，这种现象称为涡流效应。导体的外周长越长，交变磁场的频率越高，涡流就越大。涡流会产生热量，如果导体的电阻率小，则产生的涡流很强，产生的热量就很大。	（1）电磁炉：采用磁场感应涡流加热原理，利用交变电流通过线圈产生交变磁场，当磁场内的磁感线传到含铁质锅的底部时，即会产生无数强大的小涡流，使锅本身自行迅速发热，然后再加热锅内的食物。	（2）感应炉：感应炉有产生高频电流的大功率电源和产生交变磁场的线圈，线圈的中间放置一个耐火材料（例如陶瓷）制成的坩埚，用来放待熔化的金属。足够大的电力在导体中产生很大的涡流并发热，使金属受热甚至熔化。	（3）涡流探测：涡流金属探测器有一个流过一定频率交变电流的探测线圈，该线圈产生的交变磁场在金属物中激起涡流，隐蔽金属物的等效电阻、电感也会反射到探测线圈中，改变通过探测线圈电流的大小和相位，从而探知金属物。涡流金属探测器可用于探测行李包中的枪支、埋于地表的地雷、金属覆盖膜厚度等。

电容接近开关		
工作原理	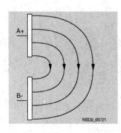	电容式传感器的感应面由两个同心布置的金属电极组成，这两个电极相当于一个非线绕电容器的电极。电极的表面 A 和 B 连接到一个高频振荡器的反馈支路中，对该振荡器的调节要使得它在表面自由时不发生振荡。当物体接近传感器的有效表面时，它就进入了电极表面前面的电场，并引起耦合电容发生改变。振荡器开始发生振荡，振荡幅度由一个评价电路记录下来并被转换为一个开关命令。 电容式接近开关对任何介质都可以检测，包括导体、半导体、绝缘体，甚至可以用于检测液体和粉末状物料。对于非金属物体，动作距离决定于材质的介电常数，材料的介电常数越大，可获得的动作距离越大。

4.2.2 供料传输装置的 PLC 控制方案

引入
在生产过程中，我们常常需要通过检测气缸的位置，来判断生产工序是否进行到某一步骤。例如，本情境的"供料传输装置"中，工件是否被推出，就是通过安装在气缸末端的磁传感器接近开关检测气缸活塞是否被推出到位而间接检测的。换言之，就是如果气缸活塞到达伸出位置（当然，前提是料仓内有工件），就可说明工件已经被推到料仓平台上。 比较我们在 4.1.2 中所学知识，要实现供料传输装置的要求，需要进一步了解如何用限位开关或者接近开关来判断气缸的状态，并从搭建纯电气气动控制回路开始学习，直到我们能构建用 PLC 实现的供料传输装置控制系统。

循环往复气动回路分析

图 4-38 中，1A1 气缸上方标尺显示在气缸首尾两端分别安装有传感器 1B1 和 1B2 检测气缸终端位置，显然，我们应该使用磁感应接近开关。1A2 气缸活塞杆伸出和缩回位置，分别有检测设备 1S1 和 1S2，显然，我们应该选用行程开关判断气缸的位置。

磁感应接近开关是三线制的，其三根出线，棕色和蓝色分别接入电源的正负极，黑色是信号线。行程开关是二线的，接线时如同按钮开关一样使用即可。

控制双作用气缸往复运动的电路图略。我们本小节重点分析如何将相关设备连入 PLC 中。

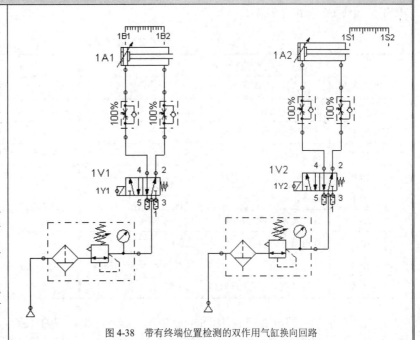

图 4-38　带有终端位置检测的双作用气缸换向回路

用 S7-200 PLC 控制料仓推料气缸电路图绘制

根据我们在前序学习中积累的经验，我们知道要实现本情境供料单元的 PLC 控制，需要分析供料单元的工作过程和设备电气特性。其次，找到需要连接到 PLC 的输入/输出设备，制订 I/O 分配表。然后，进行电路图的绘制，硬件系统的接线和调试，最后，进行程序的编写和调试运行。

1. 供料单元工作过程分析：

供料单元有三个执行元件，分别是推料气缸、摆动气缸和吸盘。三个元件均为气动执行元件，因此，我们首先要分析其气动回路图。如图 4-39 所示，图中，1A1 由一个二位五通电磁换向阀控制，2A1 由两个二位二通阀控制，3A1 由两个二位三通阀控制。故系统包含有 5 个电磁阀线圈。

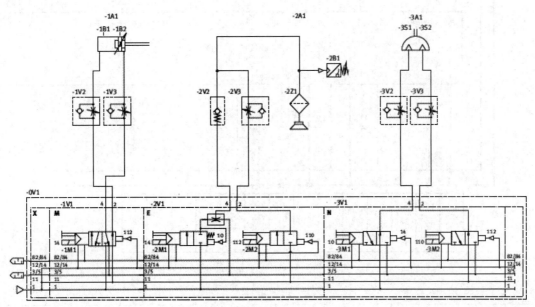

图 4-39　供料单元气动回路图

在图中，还可以得知，系统包含两个磁感应接近开关 1B1、1B2，一个真空检测开关 2B1，两个行程开关 3S1、3S2，共计 5 个传感器。另外，本单元还有一个对射式光电传感器 1B3 安装在料仓上。因此，系统有 6 个输入设备。

根据任务单中任务描述，我们得知，系统还应包括 3 个报警灯，1 个起动按钮、1 个停止按钮、1 个复位按钮。系统 I/O 分配见表 4-2。

表 4-2 供料单元 I/O 分配

输入			输出		
PLC 地址	说明	功能	PLC 地址	说明	功能
I1.0	起动按钮 SB1	系统起动	Q0.0	2M1 线圈	控制摆动气缸左摆
I1.1	停止按钮 SB2（常闭）	系统停止	Q0.1	2M2 线圈	控制摆动气缸右摆
I1.2	复位按钮 SB3	系统复位	Q0.2	3M1 线圈	控制吸盘吸气
I0.0	磁感应接近开关 1B1	推料气缸在缩回位	Q0.3	3M2 线圈	控制吸盘释放工件
I0.1	磁感应接近开关 1B2	推料气缸在伸出位	Q0.4	1M1 线圈	控制推料气缸缩回
I0.2	真空检测开关 2B1	检测吸盘吸住工件	Q0.5	灯 1	系统工作指示
I0.3	行程开关 3S1	摆动气缸在料仓位	Q0.6	灯 2	系统停止指示
I0.4	行程开关 3S2	摆动气缸在下一站位	Q0.7	灯 3	料仓空报警
I0.5	对射式光电传感器 1B3	为 0 表示料仓中有料			

之后，进行电路图的绘制，如图 4-40 所示。程序的编制和硬件接线略。请同学们自行完成。

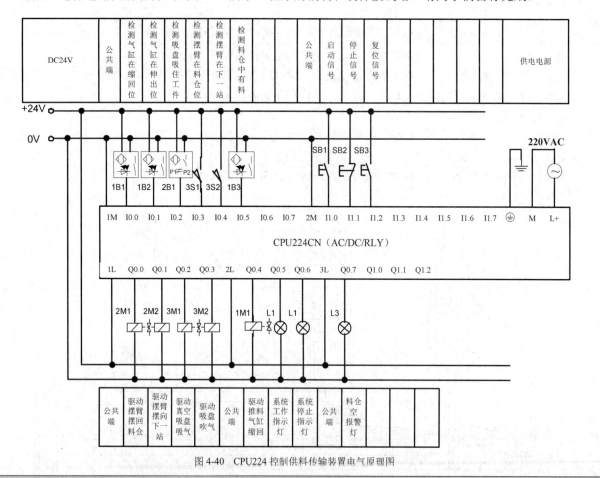

图 4-40 CPU224 控制供料传输装置电气原理图

知识链接

经过以上内容的简单介绍，我们了解到企业自动化生产流水线上经常用到的各类接近开关这种传感检测装置。实际上，除此之外，各类传感器种类之多，已经超出我们的所见。智能传感产业、物物互联，这些已经是司空见惯的名词。同学们如果感兴趣，请回顾你们《自动检测技术》课程，并在互联网上搜索相关内容。

除此之外，我们还了解到构建带有位置检测装置的电气气动控制系统的步骤和注意事项。

　　请结合你已经掌握的理论知识和习得的实操技能，完成本情境的供料检测装置 PLC 控制系统的任务。遇到困难，学会使用多种办法解决你的问题，比如请教你的老师、查找互联网资料和技术手册等。将任务实施情况记录到"任务实施表"中。

拓展项目训练

　　供料传输单元包括接近开关、气缸、三相减速电机等设备，你现在已经学会了其 PLC 控制方法，如果换成另外一种工作站，比如 GE 生产线上带有多个气缸和多个电机的模拟加工单元，或者是 FESTO 生产线上的分拣单元，那么又该如何设计气动回路和电路图呢？该如何设计程序呢？请同学们课下完成某个工作站 PLC 控制系统的设计。请将你的方案和实施过程资料呈交你的老师。按照表实践手册中的"任务检查表"进行任务完成情况的检查，根据"任务评估表"对自己及团队在知识、技能、素养方面做出自评和互评。

子学习情境 4.3　CA6140 型普通车床 PLC 控制

情境导入

"CA6140 型普通车床 PLC 控制"工作任务单

情　　境	S7-200 系列 PLC 典型控制系统设计				
学习任务	子学习情境 4.2：CA6140 型普通车床 PLC 控制			完成时间	
学习团队	学习小组	组长		成员	
任务载体和资讯	<div align="center">任务载体</div> <div align="center">图 4-41　CA6140 型普通车床</div>			<div align="center">资讯</div> 　　CA6140 型普通车床（见图 4-41）是普通精度级的万能机床，它适用于加工各种轴类、套筒类和盘类零件上的内外回转表面，以及车削端面。它还能加工各种常用的公制、英制、模数制和径节制螺纹，以及作钻孔、扩孔、铰孔、滚花等工作。其加工范围较广，由于它的结构复杂，而且自动化程度低，所以适用于单件小批生产及修配车间。		
任务要求	1. 认识 X62W 型铣床的加工运动及电气分工。 2. 学会分析 X62W 型万能铣床继电接触器控制电路。 3. 学会设计 X62W 型万能铣床 PLC 控制系统的方法。 4. 能读懂 X62W 型万能铣床 PLC 梯形图控制程序。				
引导文	1. 团队分析任务要求，讨论在完成本次任务前，你及你的团队缺少哪些必要的理论知识？需要具备哪些方面的操作技能？你们该如何解决这种困难？ 2. 学习知识链接部分内容，想一想，你已经具备完成此情景学习的所有资料了吗？如果没有，还缺少哪些？应该通过哪些渠道获得？ 3. 试着用本章子教学情境"用 S7-200 PLC 构建小型 PLC 控制系统"中"PLC 应用系统设计的内容和原则"，来进行 X62W 型万能铣床 PLC 控制系统的升级改造。 4. 制订计划，将团队的决策方案写到《可编程控制技术实践手册》中本任务的"计划和决策表"内。 5. 将任务的实施情况（可以包括你学到的知识点和技能点，包括团队分工任务的完成情况等）整理成文档，记录在"任务实施表"中。 6. 将你们的成果汇报并提交给指导教师，让其为你们的任务完成情况进行检查，并记录在"任务检查表"中。				

	7. 就你们团队的知识、技能、能力和素质进行自我评价、互相评价和教师评价，填写"任务评价表"。正确认识自己的不足之处，取长补短，争取在下次任务训练中得到进步。

任务描述

学习目标	学习内容	任务准备
1. 认识 X62W 型铣床的加工运动及电气分工； 2. 学会分析 X62W 型万能铣床继电接触器控制电路； 3. 学会设计 X62W 型万能铣床 PLC 控制系统的方法； 4. 能读懂 X62W 型万能铣床 PLC 梯形图控制程序。	1. X62W 型铣床的加工运动分析和继电器接触器控制电路； 2. X62W 型万能铣床 PLC 控制方案设计。	1. 本任务可带学生到学院机械加工车间进行观摩学习； 2. 请先行复习先修课程"维修电工"中关于低压电器控制电动机部分的内容。

知识链接

4.3.1 机床的分类和功能

机床简介

机床（Machine Tool）是指制造机器的机器，亦称工作母机或工具机，习惯上简称机床。一般分为金属切削机床、锻压机床和木工机床等。现代机械制造中加工机械零件的方法很多：除切削加工外，还有铸造、锻造、焊接、冲压、挤压等，但凡属精度要求较高和表面粗糙度要求较细的零件，一般都需在机床上用切削的方法进行最终加工。机床在国民经济现代化的建设中起着重大作用。

15 世纪开始现出机床雏形，由于制造钟表和武器的需要，出现了钟表匠用的螺纹车床和齿轮加工机床，以及水力驱动的炮筒镗床。1501 年左右，意大利人莱昂纳多·达芬奇（见图 4-42）曾绘制过车床、镗床、螺纹加工机床和内圆磨床的构想草图，其中已有曲柄、飞轮、顶尖和轴承等新机构。中国明朝出版的《天工开物》（见图 4-43）中也载有磨床的结构，用脚踏的方法使铁盘旋转，加上沙子和水来剖切玉石。工业革命导致了各种机床的产生和改进，推动了机床的发展。1774 年，英国人威尔金森发明了较精密的炮筒镗床。1797 年，英国人莫兹利（见图 4-44）设计的车床有丝杠传动刀架，能实现机动进给和车削螺纹，这是机床结构的一次重大变革。莫兹利也因此被称为"英国机床工业之父"。19 世纪由于纺织、动力、交通运输机械和军火生产的推动，各种类型的机床相继出现。1817 年英国人罗伯茨创制龙门刨床；1818 年美国人惠特尼制成卧式铣床；1876 年，美国制成万能外圆磨床。

19 世纪最优秀的机械技师应数惠特沃斯（见图 4-45），他于 1834 年制成了测长机，该测长机的测量长度误差为万分之一英寸左右。1835 年，惠特沃斯在他 32 岁时发明滚齿机。除此以外，惠特沃斯还设计了测量圆筒的内圆和外圆的塞规和环规。建议全部的

图 4-42 达芬奇自画像

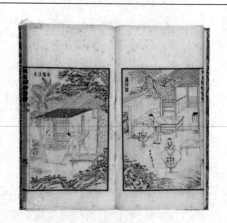

图 4-43 宋应星《天工开物》

机床生产业者都采用同一尺寸的标准螺纹。后来，英国的制订工业标准协会接受了这一建议，从那以后直到今日，这种螺纹作为标准螺纹被各国所使用。至今还很活跃的惠特尼工程公司，早在 19 世纪 40 年代就研制成功了一种转塔式六角车床。这种车床是随着工件制作的复杂化和精细化发展而问世的，在这种车床中，装有一个绞盘，各种需要的刀具都安装在绞盘上，这样，通过旋转固定工具的转塔，就可以把工具转到所需的位置上。

20 世纪初，为了加工精度更高的工件、夹具和螺纹加工工具，相继创制出坐标镗床和螺纹磨床。同时为了适应汽车和轴承等工业大量生产的需要，又研制出各种自动机床、仿形机床、组合机床和自动生产线。

1900 年进入精密化时期，19 世纪末到 20 世纪初，单一的车床已逐渐演化出了铣床、刨床、磨床、钻床等，这些主要机床已经基本定型，这样就为 20 世纪前期的精密机床、生产机械化和半自动化创造了条件。

在 1920 年以后的 30 年中，机械制造技术进入了半自动化时期，液压和电气元件在机床和其他机械上逐渐得到了应用。1938年，液压系统和电磁控制不但促进了新型铣床的发明，而且在龙门刨床等机床上也得以推广使用。30 年代以后，行程开关——电磁阀系统几乎用到各种机床的自动控制上了。

1950 年进入自动化时期，第二次世界大战以后，由于数控和群控机床和自动线的出现，机床的发展开始进入了自动化时期。数控机床（见图 4-46）是在电子计算机发明之后，运用数字控制原理，将加工程序、要求和更换刀具的操作数码和文字码作为信息进行存储，并按其发出的指令控制机床，按既定的要求进行加工的新式机床。

1958 年，美国研制成能自动更换刀具以进行多工序加工的加工中心（见图 4-47）。

1968 年，英国的毛林斯机械公司研制成了第一条数控机床组成的自动线，不久，美国通用电气公司提出了"工厂自动化的先决条件是零件加工过程的数控和生产过程的程控"，于是，到 70 年代中期，出现了自动化车间，自动化工厂也已开始建造。1970 年至1974 年，由于小型计算机广泛应用于机床控制，出现了三次技术突破。第一次是直接数字控制器，使用一台小型电子计算机同时控制多台机床，出现了"群控"；第二次是计算机辅助设计，用一支光笔进行设计和修改及计算程序；第三次是按加工的实际情况及意外变化反馈并自动改变加工用量和切削速度，出现了有自适控制系统的机床。

经过 100 多年的风风雨雨，机床的家族已日渐成熟，真正成为了机械领域的"工作母机"。

图 4-44　莫兹利

图 4-45　惠特沃斯

图 4-46　数控机床

图 4-47　加工中心

【学习提示】同学们可自行查阅相关资料，搞清楚文中提到的一些机械术语的含义，比如曲柄、飞轮、顶尖和轴承、丝杠传动等。

机床分类	
车床	车床是机械制造中使用最广的一类机床，主要用于加工各种回转表面（内外圆柱面、圆锥面及成形回转表面）和回转体的端面，有些还可加工螺纹面，主运动通常是由工件的旋转运动实现的，进给运动则由刀具的直线移动来完成，如图 4-48 所示。  图 4-48　机床外观和常见车刀
钻床	钻床是孔加工机床，是用钻头在工件上加工孔的机床，通常用于加工尺寸较小、精度要求不太高的孔，可完成钻孔、扩孔、铰孔以及攻螺纹等工作，钻孔时，工件固定不动，刀具作旋转主运动，同时沿轴向作进给运动，如图 4-49 所示。  图 4-49　钻床外观和常见钻头
镗床	镗床是主要用镗刀在工件上加工孔的机床，工艺范围较广，通常用于加工尺寸较大、精度要求较高的孔，特别是分布在不同表面上、孔距和位置精度要求较高的孔，除镗孔外，还可进行铣削、钻孔、扩孔、铰孔等工作，一般镗刀的旋转为主运动，镗刀或工件的移动为进给运动，如图 4-50 所示。  图 4-50　镗床外观和常见镗刀
刨床	刨床主要用于刨削各种平面和沟槽。插床主要用于加工工件的内表面，有时还可加工成形内外表面，主运动是滑枕带动插刀沿垂直方向所作的直线往复运动，如图 4-51 所示。

图 4-51　刨床外观和插床外观图片

铣床是用铣刀进行切削加工的机床，可加工平面、沟槽、多齿零件上的齿槽、螺旋形表面及各种曲面，用途广泛，由于铣削是多刃连续切削，生产率较高，如图 4-52 所示。

铣床

图 4-52　铣床外观和常见铣刀

磨床是用磨料磨具（砂轮、砂袋）为工具进行切削加工的机床，广泛用于零件的精加工，尤其是淬硬零件、高硬度特殊材料及非金属材料的加工，如图 4-53 所示。

磨床

图 4-53　磨床外观和常见磨具

4.3.2　CA6140 型普通车床传统继电接触器控制系统

认识 CA6140 型普通车床

根据上一节我们知道，车床是主要用车刀对旋转的工件进行车削加工的机床。在车床上还可以用钻头、扩孔钻、铰刀、丝锥、板牙和滚花工具等进行相应的加工。CA6140 属于通用的中型卧式车床，是在原 C620 基础上加以改进而来。型号里面的 C 代表车床，A 代表改进型号，6 代表卧式，1 代表基本型，40 代表最大旋转直径。其外形如图 4-54 所示，是机械设备制造企业常用设备之一。其主要组成部件可概况为"三箱刀架尾座床身"，具体如下所述。

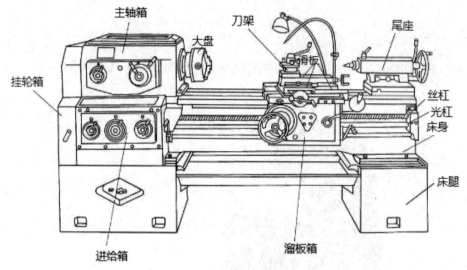

图 4-54　CA6140 型普通车床

床身	是车床的大型基础部件，精度要求很高，用来支撑和连接车床的各个部件。床身上面有两条精确的导轨，床鞍和尾座可沿着导轨移动。
主轴箱	内装有主轴实现主运动，主轴端部有三爪或四爪卡盘以夹持工件，并带动工件作回转运动。箱内的齿轮、轴等零件，组成变速传动机构，变换箱外手柄位置，可使主轴得到多种不同的转速。
进给箱	是进给传动系统的变速机构。它把交换齿轮箱传递来的运动，经过变速后传递给丝杆，以实现各种螺纹的车削或机动进给。
交换齿轮箱	用来将主轴的回转运动传递到进给箱。更换箱内的齿轮，配合进给箱变速机构，可以得到车削各种螺距的螺纹的进给运动；并满足车削时对不同纵、横向进给量的需求。
溜板箱	接受光杆传递的运动，驱动床鞍和中、小滑板及刀架实现车刀的纵横进给运动。溜板箱上装有一些微手柄和按钮。可以方便地操纵车床上来选择诸如机动、手动、车螺纹及快速移动等运动方式。
刀架	由床鞍、两层滑板和刀架体共同组成，用于装夹车刀并带动车刀作纵向、横向和斜向运动。装四组刀具，按需要手动转位使用。
尾座	安装在床身导轨上，并可沿着导轨纵向移动，以调整其工作位置。尾座主要用于安装后顶尖，以支撑较长的工件，也可以安装钻头、铰刀等切削刀具进行孔加工。
床脚	床身前后两个床脚分别与床身前后两端下部连为一体，用以支撑床身及安装在床身上的各个部件。可以通过调整垫块把床身调整到水平状态，并用长地脚螺栓固定在工作场地上。

CA6140 型普通车床的加工运动及电气分工

如图 4-55 所示，电动机经主换向机构、主变速机构带动主轴完成主运动。进给传动从主轴开始，经进给换向机构、交换齿轮和进给箱内的变速机构和转换机构、溜板箱中的传动机构和转换机构传至刀架。溜板箱中的转换机构起改变进给方向的作用，使刀架作纵向或横向、正向或反向进给运动。

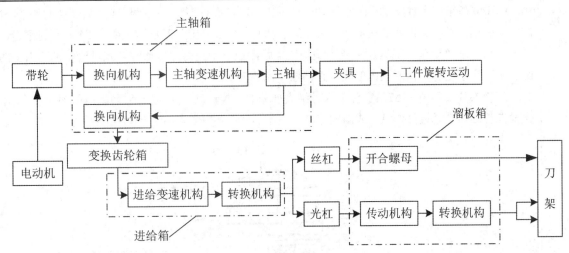

图 4-55　CA6140 型卧式车床运动传递

CA6140 型卧式车床的主运动传动链的两末端件是主电动机与主轴，它的功用是把运动源（电动机）的运动及动力传给主轴，使主轴带动工件旋转实现主运动，并满足卧式车床主轴变速和换向的要求。

主轴箱中的传动机构包括定比机构和变速机构两部分，前者仅用于传递运动和动力，或进行升速、降速，一般采用齿轮传动副；后者用来使主轴变速，通常采用滑移齿轮变速机构，因其结构简单紧凑，传动效率高。

进给运动传动链是使刀架实现纵向或横向运动的传动链。进给运动的动力来源也是主电动机（7.5kW，1450r/min）。运动由电动机经主传动链、主轴、进给传动连至刀架，使刀架带着车刀实现机动的纵向进给、横向进给或车削螺纹。

CA6140 型车床操作步骤和要求	
车床的起动操作	（1）检查车床各变速手柄是否处于空挡位置，离合器是否处于正确位置，操纵杆是否处于停止状态，确认无误后，合上车床电源总开关。 （2）按下床鞍上的绿色起动按扭，电动机起动。 （3）向上提起溜板箱右侧的操纵杆手柄，主轴正转；操纵杆手柄回到中间位置，主轴停止转动；操纵杆向下压，主轴反转。 （4）主轴正反转的转换要在主轴停止转动后进行，避免因连续转换操作使瞬间电流过大而发生电器故障。 （5）按下床鞍上的红色停止按钮，电动机停止工作。
主轴箱的变速操作	通过改变主轴箱正面右侧的两个叠套手柄的位置来控制。前面的手柄有 6 个挡位，每个有 4级转速，由后面的手柄控制，所以主轴共有 24 级转速，如图 4-56 所示。主轴箱正面左侧的手柄用于变换螺纹的左右旋向和加大螺距，共有 4 个挡位，即左旋螺纹、右旋螺纹、左旋加大螺距螺纹和右旋大螺距螺纹，其挡位如图 4-56 所示。 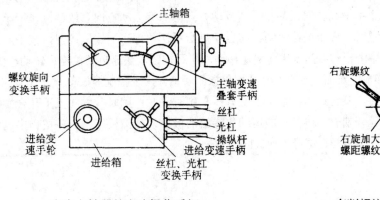

图 4-56　主轴箱的变速操作手柄、挡位图

进给箱 变速 操作	C6140 型车床上进给箱正面左侧有一个手轮,手轮有 8 个挡位;右侧有前、后叠装的两个手柄,前面的手柄是丝杆、光杆变换手柄,后面的手柄有Ⅰ、Ⅱ、Ⅲ、Ⅳ4 个挡位,用于与手轮配合,用以调整螺距或进给量。根据加工要求调整所需螺距或进给量时,可通过查找进给箱油池盖上的调配表来确定手轮和手柄的具体位置。其挡位如图 4-56 所示。
溜板箱 的操作	溜板部分(见图 4-57)实现车削时绝大部分的进给运动:床鞍及溜板箱作纵向移动,中滑板作横向移动,小滑板可作纵向或斜向移动。进给运动有手动进给和机动进给两种方式。 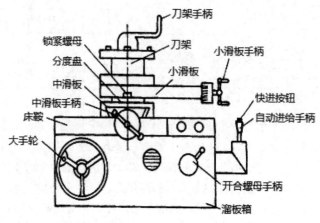 图 4-57　溜板部分 1. 溜板部分的手动操作: (1)床鞍及溜板箱的纵向移动由溜板箱正面左侧的大手轮控制。顺时针方向转动手轮时,床鞍向右运动;逆时针方向转动手轮时,向左运动。手轮轴上的刻度盘圆周等分 300 格,手轮每转过 1 格,纵向移动 1mm。 (2)中滑板的横向移动由中滑板手柄控制。顺时针方向转动手柄时,中滑板向前运动(即横向进刀);逆时针方向转动手轮时,向操作者运动(即横向退刀)。手轮轴上的刻度盘圆周等分 100 格,手轮每转过 1 格,纵向移动 0.05mm。 (3)小滑板在小滑板手柄控制下可作短距离的纵向移动。小滑板手柄顺时针方向转动时,小滑板向左运动;逆时针方向转动手柄时,向右运动。小滑板手轮轴上的刻度盘圆周等分 100 格,手轮每转过 1 格,纵向或斜向移动 0.05mm。小滑板的分度盘在刀架需斜向进给车削短圆锥体时,可顺时针或逆时针地在 90° 范围内偏转所需角度,调整时,先松开锁紧螺母,转动小滑板至所需角度位置后,再锁紧螺母将小滑板固定。 2. 溜板部分的机动进给操作: (1)C6140 型车床的纵、横向机动进给和快速移动采用单手柄操纵。自动进给手柄在溜板箱右侧,可沿十字槽纵、横扳动,手柄扳动方向与刀架运动方向一致,操作简单、方便。手柄在十字槽中央位置时,停止进给运动。在自动进给手柄顶部有一快进按钮,按下此钮,快速电动机工作,床鞍或中滑板作纵向或横向快速移动,松开按钮,快速电动机停止转动,快速移动中止。 (2)溜板箱正面右侧有一开合螺母操作手柄,用于控制溜板箱与丝杆之间的运动联系。车削非螺纹表面时,开合螺母手柄位于上方;车削螺纹时,顺时针方向扳下开合螺母手柄,使开合螺母闭合并与丝杆啮合,将丝杆的运动传递给溜板箱,使溜板箱、床鞍按预定的螺距作纵向进给。车完螺纹应立即将开合螺母手柄扳回到原位。

尾座操作（见图5-58）	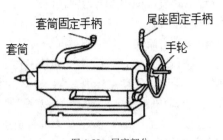图 4-58　尾座部分 （1）手动沿床身导轨纵向移动尾座至合适的位置，逆时针方向扳动尾座固定手柄，将尾座固定。注意移动尾座时用力不要过大。 （2）逆时针方向移动套筒固定手柄，摇动手轮，使套筒作进、退移动。顺时针方向转动套筒固定手柄，将套筒固定在选定的位置。 （3）擦净套筒内孔和顶尖锥柄，安装后顶尖；松开套筒固定手柄，摇动手轮使套筒后退出后顶尖。

CA6140 型普通车床的控制要求及继电器接触器电路解读

CA6140 型卧式车床电气控制电路由三台电动机拖动，全部单方向旋转，主轴旋转方向的改变、进给方向的改变、快速移动方向的改变都靠机械传动关系来实现。它具有完善的人身安全保护环节：设有带钥匙的电源断路器 QS、机床床头皮带罩处的安全开关 SQ1、机床控制配电箱门上的安全开关 SQ2 等。

机床电气控制线路如图 4-59 所示。电气原理图是由主电路、控制电路和照明电路三部分组成。

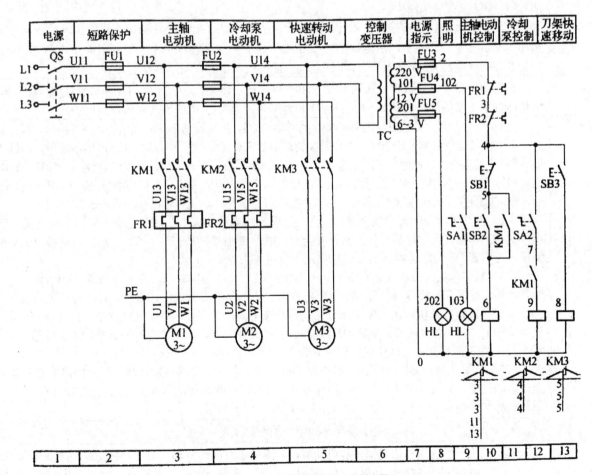

图 4-59　CA6140 型普通车床电气原理图

主电路分析	主电路中共有三台电动机，图中 M1 为主轴电动机，用以实现主轴旋转和进给运动；M2 为冷却泵电动机；M3 为溜板快速移动电动机。M1、M2、M3 均为三相异步电动机，容量均小于 10kW，全部采用全压直接起动皆有交流接触器控制单向旋转。 M1 电动机由起动按钮 SB1、停止按钮 SB2 和接触器 KM1 构成电动机单向连续运转控制电路。主轴的正反转由摩擦离合器改变传动来实现。 M2 电动机是在主轴电动机起动之后，扳动冷却泵控制开关 SA1 来控制接触器 KM2 的通断，实现冷却泵电动机的起动与停止。由于 SA1 开关具有定位功能，故不需自锁。 M3 电动机由装在溜板箱上的快慢速进给手柄内的快速移动按钮 SB3 来控制 KM3 接触器，从而实现 M3 的点动。操作时，先将快速进给手柄扳到所需移动方向，再按下 SB3 按钮，即实现该方向的快速移动。 三相电源通过转换开关 QS1 引入，FU1 和 FU2 作短路保护。主轴电动机 M1 由接触器 KM1 控制起动，热继电器 FR1 为主轴电动机 M1 的过载保护。冷却泵电动机 M2 由接触器 KM2 控制起动，热继电器 FR2 为它的过载保护。溜板快速移动电机 M3 由接触器 KM3 控制起动。
控制电路分析	控制回路的电源由变压器 TC 副边输出 110V 电压提供，采用 FU3 作短路保护。 （1）主轴电动机的控制：按下起动按钮 SB2，接触器 KM1 的线圈获电动作，其主触头闭合，主轴电动机 M1 起动运行。同时 KM1 的自触头和另一副常开触头闭合。按下停止按钮 SB1，主轴电动机 M1 停车。 （2）冷却泵电动机控制：如果车削加工过程中，工艺需要使用却液时，合上开关 QS2，在主轴电动机 M1 运转情况下，接触器 KM1 线圈获电吸合，其主触头闭合，冷却泵电动机获电运行。由电气原理图可知，只有当主轴电动机 M1 起动后，冷却泵电动机 M2 才有可能起动，当 M1 停止运行时，M2 也就自动停止。 （3）溜板快速移动的控制：溜板快速移动电动机 M3 的起动是由安装在进给操纵手柄顶端的按钮 SB3 来控制，它与中间继电器 KM3 组成点动控制环节。将操纵手柄扳到所需要的方向，压下按钮 SB3，继电器 KM3 获电吸合，M3 起动，溜板就向指定方向快速移动。
照明	控制变压器 TC 的副边分别输出 24V 和 6V 电压，作为机床低压照明灯和信号灯的电源。EL 为机床的低压照明灯，由开关 SA 控制；HL 为电源的信号灯，采用 FU4 作短路保护。
电路的保护环节	（1）电路电源开关是带有开关锁 SA2 的断路器 QS。机床接通电源时需用钥匙开关操作，再合上 QS，增加了安全性。需要送电时，先用开关钥匙插入 SA2 开关锁中并右旋，使 QS 线圈断电，再扳动断路器 QS 将其合上，此时，机床电源送入主电路 380V 交流电压，并经控制变压器输出 110V 控制电路、24V 安全照明电路、6V 信号灯电压。断电时，若将开关锁 SA2 左旋，则触头 SA2（03—13）闭合，QS 线圈通电，断路器 QS 断开，机床断电。若出现误操作，QS 将在 0.1s 内再次自动跳闸。 （2）打开机床控制配电盘壁箱门，自动切除机床电源的保护。在配电盘壁箱门上装有安全行程开关 SQ2，当打开配电盘壁箱门时，安全开关的触头 SQ2（03—13）闭合，将使断路器 QS 线圈通电，断路器 QS 自动跳闸，断开机床电源，以确保人身安全。 （3）机床床头皮带罩处设有安全开关 SQ1，当打开皮带罩时，安全开关触头 SQ1（03—1）断开，将接触器 KM1、KM2、KM3 线圈电路切断，电动机将全部停止旋转，以确保了人身安全。 （4）为满足打开机床控制配电盘壁箱门进行带电检修的需要，可将 SQ2 安全开关传动杆拉出，使触头 SQ2（03—13）断开，此时 QS 线圈断电，QS 开关仍可合上。当检修完毕，关上壁箱门后，将 SQ2 开关传动杆复位，SQ2 保护照常起作用。 （5）电动机 M1、M2 由 FU 热继电器 FR1、FR2 实现电动机长期过载保护；断路器 QS 实现全电路的过流、欠压保护及热保护；熔断器 FU、FU1 至 FU6 实现各部分电路的短路保护。 此外，还设有 EL 机床照明灯和 IIL 信号灯进行刻度照明。

中小型车床对电气控制的要求

（1）主拖动电动机一般选用三相笼型异步电动机，为满足调速设计要求，采用机械变速。主轴要求正、反转，对于小型车床主轴的正反转由拖动电动机正反转来实现；当拖动电动机容量较大时，可由摩擦离合器来实现主轴正反转，电动机只作单向旋转。一般中小型车床的主轴电动机均采用直接起动。当电动机容量较大时，常采用 Y-△降压起动。停车时为实现快速停车，一般采用机械或电气制动。

（2）切削加工时，刀具与工件温度较高时需要切削液进行冷却。为此设有一台冷却泵电动机，且与主轴电动机有着联锁关系，即冷却泵电动机应在主轴电动机起动后方可选择起动与否；当主轴电动机停止时，冷却泵电动机便立即停止。

（3）快速移动电动机采用点动控制，单方向旋转，靠机械结构实现不同方向的快速移动。

（4）电气电路应具有必要的保护环节、安全可靠的照明电路及信号指示。

电气控制电路中各元件的选择与技术数据

1．电动机的选择

M1 主轴电动机：Y 系列电动机具有体积小、重量轻、运行可靠、结构坚固、外形美观等特点，起动性能好，具有效率高等优点，达到了节能效果。而且噪声低、寿命长、经久耐用。Y 系列电动机适用于空气中不含易燃、易爆或腐蚀性气体的场所。Y132-4-B3 型号电动机功率为 7.5kW，频率为 50Hz，转速为 1450r/min，功率因素 $\cos\phi$ 为 0.85，效率为 87%，堵转转矩为 2.2N.m，最大转矩为 2.3N.m，所以此类型电动机能符合电路配置，并能有效完成工作。

M2 冷却泵电动机：AOB-25 机床冷却泵是一种浸渍式的三相电泵，它由封闭式三相异步电动机与单极离心泵组合而成，具有安装简单方便、运行安全可靠、过负荷能力强、效率高、噪声低等优点，适合作为各种机床输送冷却液、润滑液的动力。此电动机输出功率为 90W，扬程为 4 米，流量为 25L/min，出口管径为 1/2 吋，能有效配合 M1 电动机使用。

M3 快速移动电动机：AOS5634 功率为 250W，电压为 380V，频率为 50Hz，转速为 1360 转/min，E 级。

2．控制变压器的选择

查看电源电压、实际用电载荷和地方条件，然后参照变压器铭牌标示的技术数据逐一选择，一般应从变压器容量、电压、电流及环境条件综合考虑，其中容量选择应根据用户用电设备的容量、性质和使用时间来确定所需的负荷量，以此来选择变压器容量。

在正常运行时，应使变压器承受的用电负荷为变压器额定负荷的 75%～90% 左右。运行中如实测出变压器实际承受负荷小于额定负荷 50% 时，应更换小负荷变压器，如大于变压器额定负荷应立即更换大变压器。同时，在选择变压器根据线路电源决定变压器的初级线圈电压值，根据用电设备选择次级线圈的电压值，最好选择低压三相四线制供电。这样可同时提供动力用电和照明用电。对于电流的选择要注意额定负荷在电动机起动时能满足电动机的要求（因为电动机起动电流要比下沉运行时大 4～7 倍）。

JBK2-100VA 机床控制变压器适用交流 50～60Hz，输出额定电压不超过 220V，输入额定电压不超过 500V，可作为各行业的机械设备、一般电器的控制电源工作照明和信号灯的电源之用。此类控制变压器初级电压为 380V，次级电压分别为 110V、24V、6V。

3．熔断器的选择

其类型根据使用环境、负载性质和各类熔断器的适用范围来进行选择。例如用于照明电路或小的热负载，可选用 RCIA 系列瓷插式熔断器；在机床控制电路中，较多选用 RL1 系列螺旋式熔断器。

熔断器的额定电压必须大于或等于被保护电路的额定电压；熔断器的额定电流必须大于或等于所装熔体的额定电流。

4．导线的选择

在安装电器配电设备中，经常遇到导线选择的问题，正确选择导线是项十分重要的工作，如果导线的截面积选小了，电器负载大易造成电器火灾；如果导线的截面积选大了，成本高，造成材料浪费。

导线的载流量与导线截面有关，也与导线的材料、型号、敷设方法以及环境温度等有关，主电路选择 BVR-2.5mm^2 铜芯导线，控制电路选择 BVR-1mm^2 铜芯导线。

电气故障检修的相关知识

一般步骤	1．观察和调查故障现象 电气故障现象是多种多样的。例如：同一类故障可能有不同的故障现象，不同类故障可能有同种故障现象，这种故障现象的同一性和多性，给查找故障带来复杂性。但是，故障现象是检修电气故障的基本依据，是电气故障检修的起点，因而要对故障现象进行仔细观察、分析，找出故障现象中最主要的、最典型的方面，搞清故障发生的时间、地点、环境等。 2．分析故障原因，确定故障范围

根据故障现象、分析故障原因是电气故障检修的关键。分析的基础是：电工电子基本理论；电气设备的构造、原理及性能特点；机床设备电气控制系统的组成、作用及工作流程等。某一电气故障产生的原因可能很多，重要的是根据分析要在众多原因中确定引起故障的大致范围。

3. 采用具体的故障检查方法寻找故障点

在确定的故障范围里，先建立故障检修方案，然后采用各种具体检查方法缩小故障范围，依靠边检查边分析的形式将故障缩小至某一器件是电气故障检修的最终目的和结果。设备的故障点可以是电路的短路点、损坏的元器件，或者是某些运行参数的变异（如电压的波动、三相不平衡等）。

一般方法	电气故障的检修，一方面要理论联系实际，根据具体故障进行具体分析，另一方面主要采用适当的检修方法。 （1）直观法：通过"问、看、听、摸、闻"来发现异常情况，从而来确定故障电路和故障所在部位。 1）问：向现场操作人员了解故障发生前后的情况。如故障发生前是否过载、频繁起动和停止；故障发生时是否有异常声音和振动；有没有冒烟、冒火等现象。 2）看：仔细察看各种电器元件的外观变化情况。如看触点是否烧融、氧化，熔断器熔体熔断指示器是否跳出，热继电器是否脱扣，导线和线圈是否烧焦，热继电器整定值是否合适，瞬时动作整定电流是否符合要求等。 3）听：主要听有关电器在故障发生前后声音是否有差异。如听电动机起动时是否只"嗡嗡"响而不转；接触器线圈得电后是否噪声很大等。 4）摸：故障发生后，断开电源，用手触摸或轻轻推拉导线及电器的某些部位，以察觉异常变化。如摸电动机、自耦变压器和电磁线圈表面等，感觉温度是否过高；轻拉导线，看连接是否松动；轻推电器活动机构，看移动是否灵活等。 5）闻：故障出现后，断开电源，将鼻子靠近电动机、自耦变压器、继电器、接触器、绝缘导线等处，闻闻是否有焦味。如有焦味，则表明电器绝缘层已被烧坏，主要原因则是过载、短路或三相电流严重不平衡等故障所造成。 （2）状态分析法：发生故障时，根据电气设备所处的状态进行分析的方法，称为状态分析法。电气设备的运行过程总可以分解成若干个连续的阶段，这些阶段也可称为状态。任何电气设备都处在一定的状态下工作，如电动机工作过程可以分解成起动、运转、正转、反转、高速、低速、制动、停止等工作状态。电气故障总是发生于某一状态，而在这一状态中，各种元件又处于什么状态，这正是分析故障的重要依据。例如：电动机起动时，哪些元件工作，哪些触点闭合等，因而检修电动机起动故障时就要注意这些元件的工作状态。 （3）图形变换法：电气图是用以描述电气装置的构成、原理、功能，提供装接和使用维修信息的工具。检修电气故障，常常需要将实物和电气图对照进行。然而，电气图种类繁多，因此需要从故障检修方便出发，将一种形式的图变换成另一种形式的图。其中最常用的是将设备布置接线图变换成电路图，将集中式布置电路图变换成为分开式布置电路图。
检修技巧	1. 熟悉电路原理，确定检修方案 当一台设备的电气系统发生故障时，不要急于动手拆卸，首先要了解该电气设备产生故障的现象、经过、范围、原因；熟悉该设备及电气系统的组成和工作原理；掌握各个具体电路的作用和特点；明确电路中各级之间的相互联系以及信号在电路中的来龙去脉；再结合实际经验，经过周密思考，确定一个科学的故障检修方案。 2. 先机损，后电路 电气设备都以电气与机械原理为基础，特别是机电一体化的先进设备，机械和电子在功能上有机配合，是一个整体的两个部分。往往机械部件出现故障，会影响电气系统，使许多电气部件的功能不起作用。因此不要被表面现象迷惑，电气系统出现故障并不全都是电气本身问题，有可能是机械部件发生故障所造成的。因此先检修机械系统所产生的故障，再排除电气部分的故障，往往会收到事半功倍的效果。 3. 先简单，后复杂 检修故障要先用最简单易行、自己最拿手的方法去处理，再用复杂、精确的方法。排除故障时，先排除直观、显而易见、简单常见的故障，后排除难度较高、没有处理过的疑难故障。

4. 先检修通病、后疑难杂症

电气设备经常容易产生相同类型的故障就是"通病"。由于通病比较常见，积累的经验较丰富，因此可快速排除，这样就可以集中精力和时间排除比较少见、难度高、古怪的疑难杂症。通过简化步骤，来缩小范围，提高检修速度。

5. 先外部调试，后内部处理

外部是指暴露在电气设备外壳或密封件外部的各种开关、按钮、插口及指示灯。内部是指在电气设备外壳或密封件内部的印制电路板、元器件及各种连接导线。先外部调试，后内部处理，就是在不拆卸电气设备的情况下，利用电气设备面板上的开关、旋钮、按钮等调试检查，缩小故障范围。首先排除外部部件引起的故障，再检修机内的故障，尽量避免不必要的拆卸。

6. 先不通电测量，后通电测试：

首先在不通电的情况下，对电气设备进行检查和测量，然后通电对电气设备进行检修。对许多发生故障的电气设备检修时，不能立即通电，否则可能会人为扩大故障范围，烧毁更多的元器件，造成不应有的损失。因此，在故障机通电前，先进行电阻测量，采取必要的测量措施后，方能通电检修。

7. 先公用电路，后专用电路

任何电气系统的公用电路出现故障，其能量、信息就无法传送和分配到各具体专用电路，专用电路的功能、性能就不起作用。如一个电气设备的电源出现故障，整个系统就无法正常运转，向各种专用电路传递的能量、信息就不可能实现。因此遵循先公用电路、后专用电路的顺序，就能快速、准确地排除电气设备的故障。

8. 总结经验，提高效率

电气设备出现的故障五花八门、千奇百怪。任何一台有故障的电气设备检修完，应该把故障现象、原因、检修经过、技巧、心得记录在专用笔记本上。通过学习掌握各种新型电气设备的机电理论知识、熟悉其工作原理、积累维修经验，并将自己的经验上升为理论。在理论指导下，具体故障具体分析，才能准确、迅速地排除故障。

4.3.3　用 S7-200 PLC 实现 CA6140 型普通车床电气控制系统的改造

CA6140 型普通车床 PLC 控制系统硬件电路设计

根据上一节的分析，我们得到元件表见表 4-3。

表 4-3　CA6140 型普通车床元件清单

元器件代号	图上区号	元器件的名称	数量	用途
M1	2	主轴电动机	1	主轴及进给电动机
M2	3	冷却泵电动机	1	提供切削液
M3	4	快速移动电动机	1	刀架快速移动
FR1	2	热继电器	1	M1 过载保护
FR2	2	热继电器	1	M3 过载保护
SB1	7	按钮	1	起动 M1
SB2	7	按钮	1	停止 M1
SB3	9	按钮	1	起动 M3
SB4	10	按钮	1	控制 M2
SB	6	旋钮开关	1	电源开关锁
FU1	2	熔断器	1	M2、M3 短路保护
FU2	5	熔断器	1	控制电路短路保护
FU3	5	熔断器	1	信号灯短路保护

续表

元器件代号	图上区号	元器件的名称	数量	用途
FU4	5	熔断器	1	照明灯短路保护
KM	2	交流接触器	1	控制 M1
KA1	3	中间继电器	1	控制 M2
KA2	4	中间继电器	1	控制 M3
SQ1、SQ2	7、6	行程开关	1	短路保护
TC	5	控制变压器	1	控制电路电源
QF	1	断路器	1	电源开关
HL	11	信号灯	1	电源指示
EL	12	照明灯	1	工作照明

其中，输入信号为 7 个，分别为 SB1～SB4 按钮，SQ1、SQ2 行程开关，FR1、FR2 热继电器；3 个输出信号，分别为 KM1～KM3。因此，我们可以选用 S7-200 系列 PLC 的 CPU224 型 PLC 实现控制功能。

根据前述分析，我们首先进行 I/O 分配，见表 4-4。

表 4-4　CA6140 型普通车床 PLC 控制 I/O 分配

输入		输出	
编程元件地址	元件及功能	编程元件地址	元件及功能
I0.0	主轴电动机 M1 起动按钮 SB2	Q0.0	主轴电动机 M1 启停 KM1
I0.1	主轴电动机 M1 停止按钮 SB1	Q0.1	快速电动机 M3 启停 KM2
I0.2	快速电动机 M3 启停按钮 SB3	Q0.2	冷却泵电动机 M2 启停 KM3
I0.3	冷却泵电动机 M2 启停按钮 SB4	Q0.3	驱动照明灯 EL
I0.4	照明灯 EL 开关 SA1		
I0.5	M1 的过载保护 FR1		
I0.6	M2 的过载保护 FR2		

在断电情况下，连接好 PC/PPI 电缆及 PLC 外围电路，编写程序。二者参考如图 4-60 和图 4-61 所示。

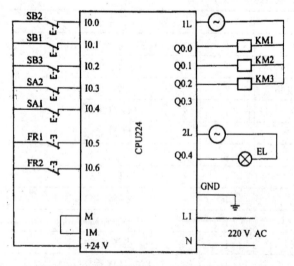

图 4-60　CA6140 型普通车床 PLC 控制电气原理图　　　图 4-61　CA6140 型普通车床 PLC 控制程序

子学习情境 4.4　X62W 型铣床控制 PLC 改造

"X62W 型铣床控制 PLC 改造"工作任务单

情　　境	S7-200 系列 PLC 典型控制系统设计				
学习任务	子学习情境 4.2：X62W 型铣床控制 PLC 改造		完成时间		
学习团队	学习小组	组长		成员	
	任务载体			资讯	

	任务载体	资讯
任务载体和资讯	 图 4-62　X62W 型铣床 如图 4-62 所示，铣床是一种用途广泛的机床，在铣床上可以加工平面（水平面、垂直面）、沟槽（键槽、T 形槽、燕尾槽等）、分齿零件（齿轮、花键轴、链轮）、螺旋形表面（螺纹、螺旋槽）及各种曲面。此外，还可用于对回转体表面、内孔加工及进行切断工作等。	铣床在工作时，工件装在工作台上或分度头等附件上，铣刀旋转为主运动，辅以工作台或铣头的进给运动，工件即可获得所需的加工表面。由于是多刃断续切削，因而铣床的生产率较高。简单来说，铣床是可以对工件进行铣削、钻削和镗孔加工的机床。 　　铣床采用传统的继电接触器电路实现电气控制。此种控制方式具有结构简单、价格低廉、容易操作、技术难度小等优点，长期以来被广泛应用于工业控制的各种领域中。但是，因为系统使用的电气元件体积大、触点多、故障率大、运行的可靠性较低，因而继电接触器电气控制方式的缺点也是显而易见的。将 X62W 万能铣床电气控制线路改造为可编程控制器控制，可以提高整个电气控制系统的工作性能，减少维护、维修的工作量。
任务要求	1．认识 X62W 型铣床的加工运动及电气分工。 2．学会分析 X62W 型万能铣床继电接触器控制电路。 3．学会设计 X62W 型万能铣床 PLC 控制系统的方法。 4．能读懂 X62W 型万能铣床 PLC 梯形图控制程序。	
引导文	1．团队分析任务要求，讨论在完成本次任务前，你及你的团队缺少哪些必要的理论知识？需要具备哪些方面的操作技能？你们该如何解决这种困难？ 2．学习知识链接部分内容，想一想，你已经具备完成此情景学习的所有资料了吗？如果没有，还缺少哪些？应该通过哪些渠道获得？ 3．试着用本章子教学情境"用 S7-200 PLC 构建小型 PLC 控制系统"中"PLC 应用系统设计的内容和原则"，来进行 X62W 型万能铣床 PLC 控制系统的升级改造。 4．制订计划，将团队的决策方案写到《可编程控制技术实践手册》中本任务的"计划和决策表"内。 5．将任务的实施情况（可以包括你学到的知识点和技能点，包括团队分工任务的完成情况等）整理成文档，记录在"任务实施表"中。 6．将你们的成果汇报并提交给指导教师，让其为你们的任务完成情况进行检查，并记录在"任务检查表"中。 7．就你们团队的知识、技能、能力和素质进行自我评价、互相评价和教师评价，填写"任务评价表"。正确认识自己的不足之处，取长补短，争取在下次任务训练中得到进步。	

任务描述

学习目标	学习内容	任务准备
1. 认识 X62W 型铣床的加工运动及电气分工； 2. 学会分析 X62W 型万能铣床继电接触器控制电路； 3. 学会设计 X62W 型万能铣床 PLC 控制系统的方法； 4. 能读懂 X62W 型万能铣床 PLC 梯形图控制程序。	1. X62W 型铣床的加工运动分析和继电器接触器控制电路； 2. X62W 型万能铣床 PLC 控制方案设计。	1. 本任务可带学生到学院机械加工车间进行观摩学习； 2. 请先行复习先修课程《维修电工》课程中关于低压电器控制电动机部分内容。

知识链接

4.4.1　X62W 型万能铣床传统继电接触器控制系统

认识 X62W 万能铣床
铣床是一种应用非常广泛的机床，其主运动是铣刀的旋转运动，进给运动一般是工作台带动工件的运动。铣床类型很多，包括卧式铣床、立式铣床、龙门铣床、工具铣床、键槽铣床等。 　　X62W 万能铣床全称是 X6312 卧式万能升降台铣床，款式较老，但因为其稳定性好，工作台可以回转左右 45°，三项进刀等很多优点，在普通铣床中一直很被机械加工所喜爱，是国内卧式铣床中销量较大的一种。X62W 外能铣床外形如图 4-63 所示。

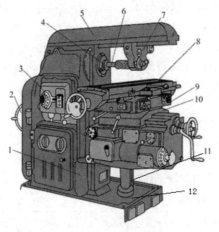

1	车身
2	主传动电动机
3	主轴变速箱机构
4	主轴
5	横梁
6	刀架
7	吊架
8	纵向工作台
9	转台
10	横向工作台
11	升降台
12	底座

图 4-63　X62W 型万能铣床外观图

车身	床身是机床的主体，大部分部件都安装在床身上，如主轴、主轴变速机构等装在床身的内部。床身的前壁着燕尾形的垂直导轨，供升降台上下移动用。床身的顶上有燕尾形的水平导轨，供横梁前后移动用。在床身的后面装有主电动机，提高安装在床身内部的变速机构，使主轴旋转。在床身的左下方有电器柜。
主传动 电动机	主传动电动机为三相鼠笼异步电动机，额定电压为 380V，额定功率为 7.5kW。 　　其通过主轴转动是由主轴电动机通过弹性联轴器来驱动传动机构，当机构中的一个双联滑动齿轮块啮合时，主轴即可旋转。
主轴 变速箱 机构	主轴转速的变换是由一个手柄和一个刻度盘来实现，它们均装在床身的左上方。在变速时必须停车。

主轴	用于安装或通过刀杆来安装铣刀，并带动铣刀旋转。主轴是一根空心轴，前端是锥度为 7:24 的圆锥孔，用于装铣刀或铣刀杆，并用长螺栓穿过主轴通孔从后面将其紧固。
横梁	横梁可以借助齿轮、齿条前后移动，调整其伸出长度，并可由两套偏心螺栓来夹紧。在横梁上安装着支架，用来支承刀杆的悬出端，以增强刀杆的刚性。
纵向工作台	用来安装工件或夹具，并带着工件作纵向进给运动。纵向工作台的上面有三条 T 形槽，用来安装压板螺栓（T 形螺栓）。这三条 T 形槽中，当中一条精度较高，其余两条精度较低。工作台前侧面有一条小 T 形槽，用来安装行程挡铁。 纵向工作台台面的宽度，是标志铣床大小的主要规格。
转台	万能铣床在纵向工作台和横向工作台之间，还有一层转台，其唯一作用是能将纵向工作台在水平面内回转一个正、反不超过 45° 的角度，以便铣削螺旋槽。 有无转台是区分万能卧铣和一般卧铣的唯一标志。
横向工作台	位于纵向工作台的下面，用以带动纵向工作台作前后移动。这样，有了纵向工作台、横向工作台和升降台，便可以使工件在三个互相垂直的坐标方向移动，以满足加工要求。工作台的进给通过进给电动机驱动，其额定电压为 380V，额定功率为 2.4kW。
升降台	它是工作台的支座，在升降台上安装着铣床的纵向工作台、横向工作台和转台。进给电动机和进给变速机构是一个独立部件，安装在升降台的左前侧，使升降台、纵向工作台和横向工作台移动。变换进给速度由一个蘑菇形手柄控制，允许在开车的情况下进行变速。升降台可以沿床身的垂直导轨移动。在升降台的下面有一根垂直丝杆，它不仅使升降台升降，并且支撑着升降台。 横向工作台和升降台的机动操纵是靠装在升降台左侧的手柄来控制的，操纵手柄有两个，是联动的。手柄有五个位置：向上、向下、向前、向后及停止。五个位置是互锁的。
底座	底座是整个铣床的基础，承受铣床的全部重量，以及盛放切削液。

X62W 万能铣床的加工运动及电气分工

　　X62W 万能铣床的工作原理是由三相 380V 供电，电机带动变速箱传动到主轴及工作台。用装在主轴上的刀具对装在工作台的工件进行切削。冷却水泵泵出冷却液对切削部分进行冷却。变速箱可选择合理的转速和线速。在进行工件切削时，工件放置在工作台上，工作台可以纵向移动。工作台面的移动由进给电动机驱动，放置在可以转动的回转台上，回转台放置在可以横向移动的横溜板上，而横溜板又放置在可以上下移动的升降台上。通过机械机构使工作台能进行三种形式六个方向的移动，即：工作台面能直接在溜板上部可转动部分的导轨上作纵向（左、右）移动；工作台面借助横溜板作横向（前、后）移动；工作台面还能借助升降台作垂直（上、下）移动。

　　工作台的运动方式分为手动、常速进给和快速移动三种。进给电动机为进给运动和快速移动提供动力，通过机械挂挡实现不同的运动速度。铣床的主运动为铣刀的转动，由主轴电动机提供动力，加工过程中不需要改变转向和速度。

　　机床要求有三台电动机，分别称为主轴电动机、进给电动机和冷却泵电动机。

　　由于加工时有顺铣和逆铣两种，所以要求主轴电动机能正反转及在变速时能瞬时冲动一下，以利于齿轮的啮合，并要求可以制动停车和实现两地控制。

　　工作台的三种运动形式、六个方向的移动是依靠机械的方法来达到的，对进给电动机要求能正反转，且要求纵向、横向、垂直三种运动形式相互间应有联锁，以确保操作安全。同时要求工作台进给变速时，电动机也能瞬间冲动、快速进给及两地控制等要求。

　　冷却泵电动机只要求正转。

　　进给电动机与主轴电动机需实现两台电动的联锁控制，即主轴工作后才能进行进给。X62W 万能铣床的控制电路如图 4-75 所示。

X62W 万能铣床控制要求及继电器接触器电路解读

　　机床电气控制线路如图 4-75 所示。电气原理图是由主电路、控制电路和照明电路三部分组成。

主电路

　　有三台电动机。M1 是主轴电动机；M2 是进给电动机；M3 是冷却泵电动机。

（1）主轴电动机 M1 通过换相开关 SA5 与接触器 KM1 配合，能进行正反转控制，而与接触器 KM2、制动电阻器 R 及速度继电器的配合，能实现串电阻瞬时冲动和正反转反接制动控制，并能通过机械进行变速。

（2）进给电动机 M2 能进行正反转控制，通过接触器 KM3、KM4 与行程开关及 KM5、牵引电磁铁 YA 配合，能实现进给变速时的瞬时冲动、六个方向的常速进给和快速进给控制。

（3）冷却泵电动机 M3 只能正转。

（4）熔断器 FU1 作机床总短路保护，也兼作 M1 的短路保护；FU2 作为 M2、M3 及控制变压器 TC、照明灯 EL 的短路保护；热继电器 FR1、FR2、FR3 分别作为 M1、M2、M3 的过载保护。

控制电路

1．主轴电动机的控制

（1）SB1、SB3 与 SB2、SB4 是分别装在机床两边的停止（制动）和起动按钮，实现两地控制，方便操作。

（2）KM1 是主轴电动机起动接触器，KM2 是反接制动和主轴变速冲动接触器。

（3）SQ7 是与主轴变速手柄联动的瞬时动作行程开关。

（4）主轴电动机需起动时，要先将 SA5 扳到主轴电动机所需要的旋转方向，然后再按起动按钮 SB3 或 SB4 来起动电动机 M1。

（5）M1 起动后，速度继电器 KS 的一副常开触点闭合，为主轴电动机的停转制动作好准备。

（6）停车时，按停止按钮 SB1 或 SB2 切断 KM1 电路，接通 KM2 电路，改变 M1 的电源相序进行串电阻反接制动。当 M1 的转速低于 120 转/分时，速度继电器 KS 的一副常开触点恢复断开，切断 KM2 电路，M1 停转，制动结束。

据以上分析可写出主轴电机转动（即按 SB3 或 SB4）时控制线路的通路：1—2—3—7—8—9—10—KM1 线圈—0；主轴停止与反接制动（即按 SB1 或 SB2）时的通路：1—2—3—4—5—6—KM2 线圈—0。

（7）主轴电动机变速时的瞬动（冲动）控制，是利用变速手柄与冲动行程开关 SQ7 通过机械上联动机构进行控制的。

变速时，先下压变速手柄，然后拉到前面，当快要落到第二道槽时，转动变速盘，选择需要的转速。此时凸轮压下弹簧杆，使冲动行程 SQ7 的常闭触点先断开（见图 4-64），切断 KM1 线圈的电路，电动机 M1 断电；同时 SQ7 的常开触点后接通，KM2 线圈得电动作，M1 被反接制动。当手柄拉到第二道槽时，SQ7 不受凸轮控制而复位，M1 停转。接着把手柄从第二道槽推回原始位置时，凸轮又瞬时压动行程开关 SQ7，使 M1 反向瞬时冲动一下，以利于变速后的齿轮啮合。

但要注意，不论是开车还是停车时，都应以较快的速度把手柄推回原始位置，以免通电时间过长，引起 M1 转速过高而打坏齿轮。

2．工作台进给电动机的控制

工作台的纵向、横向和垂直运动都由进给电动机 M2 驱动，接触器 KM3 和 KM4 使 M2 实现正反转，用以改变进给运动方向。它的控制电路采用了与纵向运动机械操作手柄联动的行程开关 SQ1、SQ2 和横向及垂直运动机械操作手柄联动的行程开关 SQ3、SQ4 组成复合联锁控制。即在选择三种运动形式的六个方向移动时，只能进行其中一个方向的移动，以确保操作安全，当这两个机械操作手柄都在中间位置时，各行程开关都处于未压的原始状态，如图 4-76 所示。

由原理图可知：M2 电机在主轴电机 M1 起动后才能进行工作。在机床接通电源后，将控制圆工作台的组合开关 SA3-2（21—19）扳到断开状态，使触点 SA3-1（17—18）和 SA3-3（11—21）闭合，然后按下 SB3 或 SB4，这时接触器 KM1 吸合，使 KM1（8—12）闭合，就可进行工作台的进给控制。

（1）工作台纵向（左右）运动的控制，工作台的纵向运动是由进给电动机 M2 驱动，由纵向操纵手柄来控制。此手柄是复式的，一个安装在工作台底座的顶面中央部位，另一个安装在工作台底座的左下方。手柄有三个：向左、向右、零位。当手柄扳到向右或向左运动方向时，手柄的联动机构压下行程 SQ2 或 SQ1，使接触器 KM4 或 KM3 动作，控制进给电动机 M2 的转向。工作台左右运动的行程，可通过调整安装在工作台两端的撞铁位置来实现。当工作台纵向运动到极限位置时，撞铁撞动纵向操纵手柄，使它回到零位，M2 停转，工作台停止运动，从而实现了纵向终端保护。

工作台向左运动：在 M1 起动后，将纵向操作手柄扳至向右位置，一方面机械接通纵向离合器，同时在电气上压下 SQ2，使 SQ2-2 断，SQ2-1 通，而其他控制进给运动的行程开关都处于原始位置，此时使 KM4 吸合，M2 反转，工作台向右进给运动。其控制电路的通路为：11—15—16—17—18—24—25—KM4 线圈—0。

工作台向右运动：当纵向操纵手柄扳至向左位置时，机械上仍然接通纵向进给离合器，但却压动了行程开关 SQ1，使 SQ1-2 断，SQ1-1 通，使 KM3 吸合，M2 正转，工作台向右进给运动，其通路为：11－15－16－17－18－19－20－KM3 线圈－0。

（2）工作台垂直（上下）和横向（前后）运动的控制：工作台的垂直和横向运动，由垂直和横向进给手柄操纵。此手柄也是复式的，有两个完全相同的手柄分别装在工作台左侧的前、后方。手柄的联动机械一方面压下行程开关 SQ3 或 SQ4，同时能接通垂直或横向进给离合器。操纵手柄有五个位置（上、下、前、后、中间），五个位置是联锁的，工作台的上下和前后的终端保护是利用装在床身导轨旁与工作台座上的撞铁，将操纵十字手柄撞到中间位置，使 M2 断电停转。

工作台向后（或者向上）运动的控制：将十字操纵手柄扳至向后（或者向上）位置时，机械上接通横向进给（或者垂直进给）离合器，同时压下 SQ3，使 SQ3-2 断，SQ3-1 通，使 KM3 吸合，M2 正转，工作台向后（或者向上）运动。其通路为：11－21－22－17－18－19－20－KM3 线圈－0。

工作台向前（或者向下）运动的控制：将十字操纵手柄扳至向前（或者向下）位置时，机械上接通横向进给（或者垂直进给）离合器，同时压下 SQ4，使 SQ4-2 断，SQ4-1 通，使 KM4 吸合，M2 反转，工作台向前（或者向下）运动。其通路为：11－21－22－17－18－24－25－KM4 线圈－0。

（3）进给电动机变速时的瞬动（冲动）控制：变速时，为使齿轮易于啮合，进给变速与主轴变速一样，设有变速冲动环节。当需要进行进给变速时，应将转速盘的蘑菇形手轮向外拉出并转动转速盘，把所需进给量的标尺数字对准箭头，然后再把蘑菇形手轮用力向外拉到极限位置并随即推向原位，就在一次操纵手轮的同时，其连杆机构二次瞬时压下行程开关 SQ6，使 KM3 瞬时吸合，M2 作正向瞬动。

其通路为：11－21－22－17－16－15－19－20－KM3 线圈－0，由于进给变速瞬时冲动的通电回路要经过 SQ1～SQ4 四个行程开关的常闭触点，因此只有当进给运动的操作手柄都在中间（停止）位置时，才能实现进给变速冲动控制，以保证操作时的安全。同时，与主轴变速时冲动控制一样，电动机的通电时间不能太长，以防止转速过高，在变速时打坏齿轮。

（4）工作台的快速进给控制：为提高劳动生产率，要求铣床在不作铣切加工时，工作台能快速移动。

工作台快速进给也是由进给电动机 M2 来驱动，在纵向、横向和垂直三种运动形式六个方向上都可以实现快速进给控制。

主轴电动机起动后，将进给操纵手柄扳到所需位置，工作台按照选定的速度和方向作常速进给移动时，再按下快速进给按钮 SB5（或 SB6），使接触器 KM5 通电吸合，接通牵引电磁铁 YA，电磁铁通过杠杆使摩擦离合器合上，减少中间传动装置，使工作台按运动方向作快速进给运动。当松开快速进给按钮时，电磁铁 YA 断电，摩擦离合器断开，快速进给运动停止，工作台仍按原常速进给时的速度继续运动。

3．圆工作台运动的控制

铣床如需铣切螺旋槽、弧形槽等曲线时，可在工作台上安装圆形工作台及其传动机械，圆形工作台的回转运动也是由进给电动机 M2 传动机构驱动的。

圆工作台工作时，应先将进给操作手柄都扳到中间（停止）位置，然后将圆工作台组合开关 SA3 扳到圆工作台接通位置。此时 SA3-1 断，SA3-3 断，SA3-2 通。准备就绪后，按下主轴起动按钮 SB3 或 SB4，则接触器 KM1 与 KM3 相继吸合。主轴电机 M1 与进给电机 M2 相继起动并运转，而进给电动机仅以正转方向带动圆工作台作定向回转运动。其通路为：11－15－16－17－22－21－19－20－KM3 线圈－0，由上可知，圆工作台与工作台进给有互锁，即当圆工作台工作时，不允许工作台在纵向、横向、垂直方向上有任何运动。若误操作而扳动进给运动操纵手柄（即压下 SQ1－SQ4、SQ6 中任一个），M2 即停转。

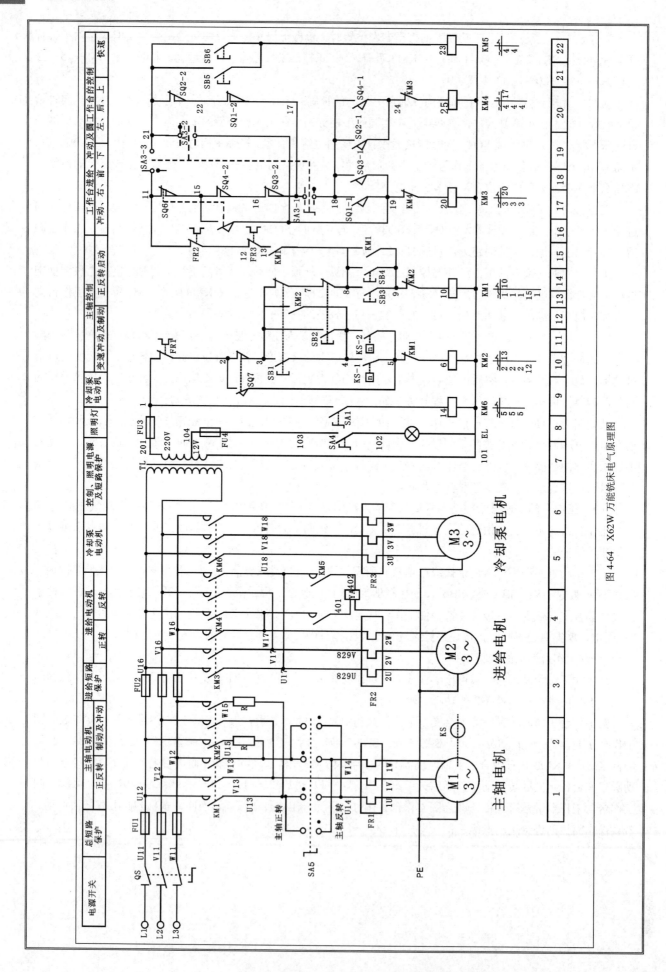

图 4-64 X62W 万能铣床电气原理图

4.4.2　PLC 控制系统的设计与调试步骤

引入
面对企业生产实际问题进行 PLC 控制系统应用型研究或者系统设计时，除了要掌握 PLC 的工作原理、结构和指令系统之外，还要学习系统设计原则。例如，需要确定整个系统的控制规模和输入输出设备总数；需要学习 PLC 选型以及硬件设计、软件设计和系统调试等，此外还有抗干扰等问题。 　　本小节我们对 PLC 控制系统的设计原则进行详尽的分析和研究。

PLC 应用系统设计的内容和原则
PLC 控制系统设计的一般步骤可以分为以下几步：熟悉控制对象并计算输入/输出设备、PLC 选型及确定硬件配置、设计电气原理图、设计控制台（柜）、编制控制程序、程序调试和编制技术文件。

1．明确控制要求，了解被控对象的生产工艺过程
熟悉控制对象，设计工艺布置图或信号图，这一步是系统设计的基础。首先应详细了解被控对象的工艺过程和它对控制系统的要求，各种机械、液压、气动、仪表、电气系统之间的关系，系统工作方式（如自动、半自动、手动等），PLC 与系统中其他智能装置之间的关系，人机界面的种类，通信联网的方式，报警的种类与范围，电源停电及紧急情况的处理等等。 　　此阶段，还要选择用户输入设备（按钮、操作开关、限位开关、传感器等）、输出设备（继电器、接触器、信号指示灯等执行元件），以及由输出设备驱动的控制对象（电动机、电磁阀等）。 　　同时，还应确定哪些信号需要输入给 PLC，哪些负载由 PLC 驱动，并分类统计出各输入量和输出量的性质及数量，是数字量还是模拟量，是直流量还是交流量，以及电压的大小等级，为 PLC 的选型和硬件配置提供依据。 　　最后，将控制对象和控制功能进行分类，可按信号用途或按控制区域进行划分，确定检测设备和控制设备的物理位置，分析每一个检测信号和控制信号的形式、功能、规模、互相之间的关系。信号点确定后，设计出工艺布置图或信号图。

2．PLC 控制系统的硬件设计
（1）PLC 控制系统的硬件设计——PLC 机型的选择

　　PLC 机型的选择应是在满足控制要求的前提下，保证可靠、维护使用方便以及最佳的性能价格比。具体应考虑以下几方面：

1）性能与任务相适应	 图 4-65　OMRON PLC  图 4-66　西门子 S7-300 PLC	对于小型单台、仅需要数字量控制的设备，一般的小型 PLC，如西门子公司的 S7-200 系列、OMRON 公司的 CPM1/CPM2 系列（见图 4-65）、三菱的 FX 系列等都可以满足要求。 　　对于以数字量控制为主，带少量模拟量控制的应用系统，如工业生产中常遇到的温度、压力、流量等连续量的控制，应选用带有 A/D 转换的模拟量输入模块和带 D/A 转换的模拟量输出模块，配接相应的传感器、变送器（对温度控制系统可选用温度传感器直接输入的温度模块）和驱动装置，并选择运算、数据处理功能较强的小型 PLC[如西门子公司的 S7-200 或 S7-300 系列（见图 4-66）、OMRON 的公司的 CQM1/CQM1H 系列等]。对于控制比较复杂，控制功能要求更高的工程项目，例如要求实现 PID 运算、闭环控制、通信联网等功能时，可视控制规模及复杂程度，选用中档或高档机，如西门子公司的 S7-300 或 S7-400 系列、OMRON 的公司的 C200H@或 CV/CVM1 系列、A-B 公司的 Control Logix 系列（见图 4-67）等。

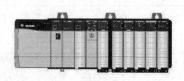

图 4-67　美国 A-B 公司 Control Logix PLC

2）结构上合理、安装要方便、机型上应统一

按照物理结构，PLC 分为整体式和模块式。整体式每一 I/O 点的平均价格比模块式的便宜，所以人们一般倾向于在小型控制系统中采用整体式 PLC。但是模块式 PLC 的功能扩展方便灵活，I/O 点数的多少、输入点数与输出点数的比例、I/O 模块的种类和块数、特殊 I/O 模块的使用等方面的选择余地都比整体式 PLC 大得多，维修时更换模块、判断故障范围也很方便。因此，对于较复杂的和要求较高的系统一般应选用模块式 PLC。

根据 I/O 设备距 PLC 之间的距离和分布范围确定 PLC 的安装方式为集中式、远程 I/O 式还是多台 PLC 联网的分布式（见图 4-68）。

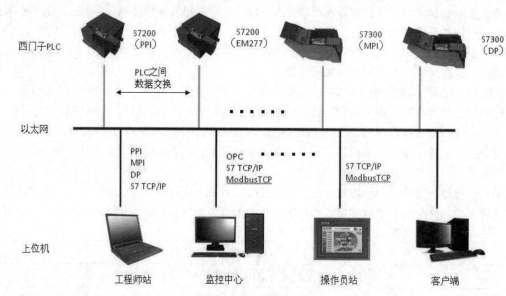

图 4-68　PLC 通信网络示例

对于一个企业，控制系统设计中应尽量做到机型统一。因为同一机型的 PLC，其模块可互为备用，便于备品备件的采购与管理；其功能及编程方法统一，有利于技术力量的培训、技术水平的提高和功能的开发；其外部设备通用，资源可共享。同一机型 PLC 的另一个好处是，在使用上位计算机对 PLC 进行管理和控制时，通信程序的编制比较方便。这样，容易把控制各独立的多台 PLC 联成一个多级分布式系统，相互通信，集中管理，充分发挥网络通信的优势。

3）是否满足响应时间的要求

由于现代 PLC 有足够高的速度处理大量的 I/O 数据和解算梯形图逻辑，因此对于大多数应用场合来说，PLC 的响应时间并不是主要的问题。然而，对于某些个别的场合，则要求考虑 PLC 的响应时间。为了减少 PLC 的 I/O 响应延迟时间，可以选用扫描速度高的 PLC，使用高速 I/O 处理这一类功能指令，或选用快速响应模块和中断输入模块。

最初研制生产的 PLC 主要用于代替传统的由继电器接触器构成的控制装置，但这两者的运行方式是不相同的。继电器控制装置采用硬逻辑并行运行的方式，即如果这个继电器的线圈通电或断电，该继电器所有的触点（包括其常开或常闭触点）在继电器控制线路的哪个位置上都会立即同时动作。

而 PLC 的 CPU 则采用顺序逻辑扫描用户程序的运行方式，即如果一个输出线圈或逻辑线圈被接通或断开，该线圈的所有触点（包括其常开或常闭触点）不会立即动作，必须等扫描到该触点时才会动作。

为了能实现继电器控制线路的硬逻辑并行控制，同时也为了增强 PLC 的抗干扰能力，提高其可靠性，PLC 的每个开关量输入端都采用光电隔离等技术。基于以上两个原因，PLC 采用了不同于一般微型计算机的运行方式（扫描技术），同时也使得 PLC 的 I/O 响应比一般微型计算机构成的工业控制系统慢得多，其响应时间至少等于一个扫描周期，一般均大于一个扫描周期甚至更长。

所谓 I/O 响应时间指从 PLC 的某一输入信号变化开始到系统有关输出端信号的改变所需的时间。其最短的 I/O 响应时间与最长的 I/O 响应时间如图 4-69 和图 4-70 所示。

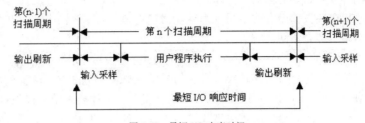

图 4-69　最短 I/O 响应时间

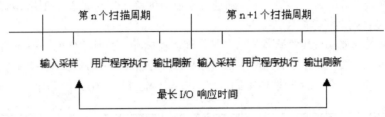

图 4-70　最长 I/O 响应时间

以上是一般的 PLC 的工作原理，但在现代出现的比较先进的 PLC 中，输入映像刷新循环、程序执行循环和输出映像刷新循环已经各自独立的工作，提高了 PLC 的执行效率。在实际的工控应用之中，编程人员应当知道以上的工作原理，才能编写出质量好、效率高的工艺程序。

4）对联网通信功能的要求	近年来，随着工厂自动化的迅速发展，企业内小到一块温度控制仪表的 RS-485 串行通信、大到一套制造系统的以太网管理层的通信，应该说一般的电气控制产品都有了通信功能。PLC 作为工厂自动化的主要控制器件，大多数产品都具有通信联网能力。选择时应根据需要选择通信方式。
5）其他特殊要求	考虑被控对象对于模拟量的闭环控制、高速计数、运动控制和人机界面（HMI）等方面的特殊要求，可以选用有相应特殊 I/O 模块的 PLC。对可靠性要求极高的系统，应考虑是否采用冗余控制系统或热备份系统。

（2）PLC 控制系统的硬件设计——PLC 容量的估算

PLC 的容量指 I/O 点数和用户存储器的存储容量两方面的含义。在选择 PLC 型号时不应盲目追求过高的性能指标，但是在 I/O 点数和存储器容量方面除了要满足控制系统要求外，还应留有余量，以做备用或系统扩展时使用。

1）I/O 点数的确定

PLC 的 I/O 点数的确定以系统实际的输入输出点数为基础确定。在确定 I/O 点数时，应留有适当余量。通常 I/O 点数可按实际需要的 10%～15%考虑余量；当 I/O 模块较多时，一般按上述比例留出备用模块。

2）存储器容量的确定

用户程序占用多少存储容量与许多因素有关，如 I/O 点数、控制要求、运算处理量、程序结构等。因此在程序编制前只能粗略地估算。

（3）PLC 控制系统的硬件设计——I/O 模块的选择

在 PLC 控制系统中，为了实现对生产过程的控制，要将对象的各种测量参数按要求的方式送入 PLC。PLC 经过运算、处理后，再将结果以数字量的形式输出，此时也要把该输出变换为适合于对生产过程进行控制的量。所以，在 PLC 和生产过程之间，必须设置信息的传递和变换装置。这个装置就是输入/输出（I/O）模块。不同的信号形式，需要不同类型的 I/O 模块。对 PLC 来讲，信号形式可分为四类。

1）数字量输入信号。生产设备或控制系统的许多状态信息，如开关、按钮、继电器的触点等，它们只有两种状态：通或断，对这类信号的拾取需要通过数字量输入模块来实现。输入模块最常见的为 24V 直流输入，还有直流 5V、12V、48V，交流 115V/220V 等。按公共端接入正负电位不同分为漏型和源型。有的 PLC 即可以源型接线，也可以漏型接线，比如 S7-200。当公共端接入负电位时，就是源型接线；接入正电位时，就是漏型接线。有的 PLC 只能接成其中一种。

2）数字量输出信号。还有许多控制对象，如指示灯的亮和灭、电机的起动和停止、晶闸管的通和断、阀门的打开和关闭等，对它们的控制只需通过二值逻辑"1"和"0"来实现。这种信号通过数字量输出模块去驱动。数字量输出模块按输出方式不同分为继电器输出型、晶体管输出型、晶闸管输出型等。此外，输出电压值和输出电流值也各有不同。

3）模拟量输入信号。生产过程的许多参数，如温度、压力、液位、流量都可以通过不同的检测装置转换为相应的模拟量信号，然后再将其转换为数字信号输入 PLC。完成这一任务的就是模拟量输入模块。

4）模拟量输出信号。生产设备或过程的许多执行机构，往往要求用模拟信号来控制，而 PLC 输出的控制信号是数字量，这就要求有相应的模块将其转换为模拟量。这种模块就是模拟量输出模块。

典型模拟量模块的量程为-10V～+10V、0～+10V、4～20mA 等，可根据实际需要选用，同时还应考虑其分辨率和转换精度等因素。一些 PLC 制造厂家还提供特殊模拟量输入模块，可用来直接接收低电平信号（如热电阻 RTD、热电偶等信号）。

此外，有些传感器如旋转编码器输出的是一连串的脉冲，并且输出的频率较高（20kHz 以上），尽管这些脉冲信号也可看作数字量，但普通数字量输入模块不能正确的检测之，应选择高速计数模块。

不同的 I/O 模块，其电路和性能不同，它直接影响着 PLC 的应用范围和价格，应该根据实际情况合理选择。

（4）PLC 控制系统的硬件设计——分配输入/输出点

PLC 机型及输入/输出（I/O）模块选择完毕后，首先，设计出 PLC 系统总体配置图。然后依据工艺布置图，参照具体的 PLC 相关说明书或手册将输入信号与输入点、输出控制信号与输出点一一对应画出 I/O 接线图即 PLC 输入/输出电气原理图。

PLC 机型选择完后输入/输出点数的多少是决定控制系统价格及设计合理性的重要因素，因此在完成同样控制功能的情况下可通过合理设计以简化输入/输出点数。

（5）PLC 控制系统的硬件设计——安全回路设计

安全回路是保护负载或控制对象以及防止操作错误或控制失败而进行连锁控制的回路。在直接控制负载的同时，安全保护回路还给 PLC 输入信号，以便于 PLC 进行保护处理。安全回路一般考虑以下几个方面。

1）短路保护。应该在 PLC 外部输出回路中装上熔断器，进行短路保护。最好在每个负载的回路中都装上熔断器。

2）互锁与联锁措施。除在程序中保证电路的互锁关系，PLC 外部接线中还应该采取硬件的互锁措施，以确保系统安全可靠地运行。

3）失压保护与紧急停车措施。PLC 外部负载的供电线路应具有失压保护措施，当临时停电再恢复供电时，不按下"起动"按钮 PLC 的外部负载就不能自行起动。这种接线方法的另一个作用是，当特殊情况下需要紧急停机时，按下"急停"按钮就可以切断负载电源，同时"急停"信号输入 PLC。

4）极限保护。在有些如提升机类超过限位就有可能产生危险的情况下，设置极限保护，当极限保护动作时直接切断负载电源，同时将信号输入 PLC。

3. PLC 控制系统软件设计

（1）PLC 控制系统软件设计——PLC 应用软件设计的内容

PLC 的应用软件设计是指根据控制系统硬件结构和工艺要求，使用相应的编程语言，对用户控制程序的编制和相应文件的形成过程。主要内容包括：确定程序结构；定义输入/输出、中间标志、定时器、计数器和数据区等参数表；编制程序；编写程序说明书。PLC 应用软件设计还包括文本显示器或触摸屏等人机界面（HMI）设备及其他特殊功能模块的组态。

（2）PLC 控制系统软件设计——熟悉被控制对象制订设备运行方案

在系统硬件设计基础上，根据生产工艺的要求，分析各输入/输出与各种操作之间的逻辑关系，确定检测量和控制方法。并设计出系统中各设备的操作内容和操作顺序。对于较复杂的系统，可按物理位置或控制功能将系统分区控制。较复杂系统一般还需画出系统控制流程图，用以清楚表明动作的顺序和条件，简单系统一般不用。

（3）PLC 控制系统软件设计——熟悉编程语言和编程软件

熟悉编程语言和编程软件是进行程序设计的前提。这一步骤的主要任务是根据有关手册详细了解所使用的编程软件及其操作系统，选择一种或几种合适的编程语言形式，并熟悉其指令系统和参数分类，尤其注意那些在编程中可能要用到的指令和功能。

熟悉编程语言最好的办法就是上机操作，并编制一些试验程序，在模拟平台上进行试运行，以便详尽地了解指令的功能和用途，为后面的程序设计打下良好的基础，避免走弯路。

（4）PLC 控制系统软件设计——定义参数表

参数表的定义包括对输入/输出、中间标志、定时器、计数器和数据区的定义。参数表的定义格式和内容根据系统和个人爱好的情况有所不同，但所包含的内容基本是相同的。总的设计原则是便于使用，尽可能详细。

程序编制开始以前必须首先定义输入/输出信号表。主要依据是 PLC 输入/输出电气原理图。每一种 PLC 的输入点编号和输出点编号都有自己明确的规定，在确定了 PLC 型号和配置后，要对输入/输出信号分配 PLC 的输入/输出编号（地址），并编制成表。

一般情况下，输入/输出信号表要明显地标出模板的位置、输入/输出地址号、信号名称和信号类型等。尤其输入/输出定义表注释注解内容应尽可能详细。地址尽量按由小到大的顺序排列，没有定义或备用的点也不要漏掉，这样便于在编程、调试和修改程序时查找使用。

而中间标志、定时器、计数器和数据区编程以前可能不太好定义，一般是在编程过程中随使用随定义，在程序编制过程中间或编制完成后连同输入/输出信号表统一整理。

（5）PLC 控制系统软件设计——程序的编写

如果有操作系统支持，尽量使用编程语言高级形式，如梯形图语言。在编写过程中，根据实际需要，对中间标志信号表和存储单元表进行逐个定义，要注意留出足够的公共暂存区，以节省内存的使用。

由于许多小型 PLC 使用的是简易编程器，只能输入指令代码。梯形图设计好后，还需要将梯形图按指令语句编出代码程序，列出程序清单。在熟悉所选的 PLC 指令系统后，可以很容易地根据梯形图写出语句表程序。

编写程序过程中要及时对编出的程序进行注释，以免忘记其间的相互关系。注释应包括程序段功能、逻辑关系、设计思想、信号的来源和去向等的说明，以便于程序的阅读和调试。

PLC 的编程方法主要有经验设计法和逻辑设计法。逻辑设计是以逻辑代数为理论基础，通过列写输入与输出的逻辑表达式，再转换成梯形图。由于一般逻辑设计过程比较复杂，而且周期较大，大多采用经验设计的方法。如果控制系统比较复杂，可以借助流程图。所谓经验设计是在一些典型应用基础上，根据被控对象对控制系统的具体要求，选用一些基本环节，适当组合、修改、完善，使其成为符合控制要求的程序。一般经验设计法没有普通的规律可以遵循，只有在大量的程序设计中不断地积累、丰富自己，并且逐渐形成自己的设计风格。一个程序设计的质量，以及所用的时间往往与编程者的经验有很大关系。

所谓常用基本环节很多是借鉴继电接触器控制线路转换而来的。它与继电接触器线路图画法十分相似，信号输入、输出方式及控制功能也大致相同。对于熟悉继电接触器控制系统设计原理的工程技术人员来讲，掌握梯形图语言设计无疑是十分方便和快捷的。

（6）PLC 控制系统软件设计——程序的测试

程序的测试是整个程序设计工作中的一项重要的内容，它可以初步检查程序的实际运行效果。程序测试和程序编写是分不开的，程序的许多功能是在测试中修改和完善的。

测试时先从各功能单元入手，设定输入信号，观察输入信号的变化对系统的作用，必要时可以借助仪器仪表。各功能单元测试完成后，再连通全部程序，测试各部分的接口情况，直到满意为止。

程序测试可以在实验室进行，也可以在现场进行。如果是在现场进行程序测试，那就要将 PLC 与现场信号隔离，以免引起事故。

（7）PLC控制系统软件设计——程序说明书的编写

程序说明书是整个程序内容的综合性说明文档，是整个程序设计工作的总结。编写的主要目的是让程序的使用者了解程序的基本结构和某些问题的处理方法，以及程序阅读方法和使用中应注意的事项。

程序说明书一般包括程序设计的依据、程序的基本结构、各功能单元分析、使用的公式和原理、各参数的来源和运算过程、程序的测试情况等。

上面流程中各个步骤都是应用程序设计中不可缺少的环节，要设计一个好的应用程序，必须做好每一个环节的工作。但是，应用程序设计中的核心是程序的编写，其他步骤都是为其服务的。

4. PLC控制系统的抗干扰性设计

（1）PLC控制系统的抗干扰性设计——抗电源干扰的措施

实践证明，因电源引入的干扰造成PLC控制系统故障的情况很多。PLC系统的正常供电电源均由电网供电。由于电网覆盖范围广，它将受到所有空间电磁干扰而在线路上感应电压和电流。尤其是电网内部的变化，开关操作浪涌、大型电力设备起停、交直流传动装置引起的谐波、电网短路暂态冲击等，都通过输电线路传到电源。采取以下措施以减少因电源干扰造成的PLC控制系统故障。

采用性能优良的电源，抑制电网引入的干扰	硬件滤波措施
在PLC控制系统中，电源占有极重要的地位。电网干扰串入PLC控制系统主要通过PLC系统的供电电源（如CPU电源、I/O电源等）、变送器供电电源和与PLC系统具有直接电气连接的仪表供电电源等耦合进入的。现在，对于PLC系统供电的电源，一般都采用隔离性能较好电源，而对于变送器供电的电源和PLC系统有直接电气连接的仪表的供电电源，并没受到足够的重视，虽然采取了一定的隔离措施，但普遍还不够，主要是使用的隔离变压器分布参数大，抑制干扰能力差，经电源耦合而串入共模干扰、差模干扰。所以，对于变送器和共用信号仪表供电应选择分布电容小、抑制带大（如采用多次隔离和屏蔽及漏感技术）的配电器，以减少PLC系统的干扰。此外，为保证电网馈电不中断，可采用不间断供电电源（UPS）供电，提高供电的安全可靠性。并且UPS还具有较强的干扰隔离性能，是一种PLC控制系统的理想电源。	在干扰较强或可靠性要求较高的场合，应该使用带屏蔽层的隔离变压器对PLC系统供电，如图4-71所示。 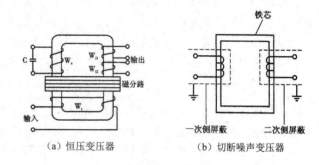 （a）恒压变压器　　（b）切断噪声变压器 图4-71　加隔离变压器 还可以在隔离变压器一次侧串接滤波器，如图4-72所示。 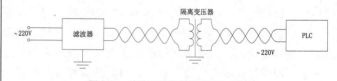 图4-72　滤波器和隔离变压器同时使用

（2）PLC控制系统的抗干扰性设计——控制系统的接地设计

良好的接地是保证PLC可靠工作的重要条件，可以避免偶然发生的电压冲击危害。接地的目的通常有两个，其一为了安全，其二是为了抑制干扰。完善的接地系统是PLC控制系统抗电磁干扰的重要措施之一。接地系统的接地方式一般可分为3种方式：串联式单点接地、并联式单点接地、多分支单点接地。PLC采用第3种接地方式即单独接地。

PLC控制系统的地线包括系统地、屏蔽地、交流地和保护地等。接地系统混乱对PLC系统的干扰主要是各个接地点电位分布不均，不同接地点间存在地电位差，引起地环路电流，影响系统正常工作。例如电缆屏蔽层必须一点接地，如果电缆屏蔽层两端都接地，就存在地电位差，有电流流过屏蔽层，当发生异常状态如雷击时，地线电流将更大。此外，屏蔽层、接地线和大地有可能构成闭合环路，在变化磁场的作用下，屏蔽层内又会出现感应电流，通过屏蔽层与芯线之间的耦合，干扰信号回路。若系统地与其他接地处理混乱，所产生的地环流就可能在地线上产生不等电位分布，影响PLC内逻辑电路和模拟电路的正常工作。PLC工作的逻辑电压干扰容限较低，逻辑地电位的分布干扰容易影响PLC的逻辑运算和数据存储，造成数据混乱、程序跑飞或死机。模拟地电位的分布将导致测量精度下降，引起对信号测控的严重失真和误动作。

（3）PLC 控制系统的抗干扰性设计——防 I/O 干扰的措施

由信号引入干扰会引起 I/O 信号工作异常和测量精度大大降低，严重时将引起元器件损伤。对于隔离性能差的系统，还将导致信号间互相干扰，引起共地系统总线回流，造成逻辑数据变化、误动作或死机。可采取以下措施以减小 I/O 干扰，把 PLC 的软硬件结合起来处理电磁干扰问题，是 PLC 系统的优越性之一。

安装与布线时注意	软件抗干扰措施
1）动力线、控制线以及 PLC 的电源线和 I/O 线应分别配线，隔离变压器与 PLC 和 I/O 之间应采用双绞线连接。将 PLC 的 I/O 线和大功率线分开走线，如必须在同一线槽内，可加隔板，分槽走线最好，这不仅能使其有尽可能大的空间距离，并能将干扰降到最低限度。 2）PLC 应远离强干扰源如电焊机、大功率硅整流装置和大型动力设备，不能与高压电器安装在同一个开关柜内。在柜内 PLC 应远离动力线（二者之间距离应大于 200mm）。与 PLC 装在同一个柜子内的电感性负载，如功率较大的继电器、接触器的线圈，应并联 RC 电路。 3）PLC 的输入与输出最好分开走线，开关量与模拟量也要分开敷设。模拟量信号的传送应采用屏蔽线，屏蔽层应一端接地，接地电阻应小于屏蔽层电阻的 1/10。 4）交流输出线和直流输出线不要用同一根电缆，输出线应尽量远离高压线和动力线，避免并行。 5）输入接线一般不要太长，但如果环境干扰较小，电压降不大时，输入接线可适当长些。输入/输出线要分开。尽可能采用常开触点形式连接到输入端，使编制的梯形图与继电器原理图一致，便于阅读。但急停、限位保护等情况例外。 6）输出端接线分为独立输出和公共输出，在不同组中，可采用不同类型和电压等级的输出电压。但在同一组中的输出只能用同一类型、同一电压等级的电源。由于 PLC 的输出元件被封装在印制电路板上，并且连接至端子板，若将连接输出元件的负载短路，将烧毁印制电路板。采用继电器输出时，所承受的电感性负载的大小，会影响到继电器的使用寿命，因此，使用电感性负载时应合理选择，或加隔离继电器。	所谓软件抗干扰措施就是通过程序设计手段排除电磁干扰可能造成的误动作。这里仅举几个简单的例子。 1）抖动的消除 对于外部输入设备可能产生的触点抖动，如按钮、继电器、传感器等的输入信号，可通过延时消除；对一些可持续一定时间的脉冲干扰，也可以采取这种办法消除。 在选择时间设定值时，应使其大于触点抖动间隔时间或干扰脉冲持续时间。若采用高速定时器，最小选定时间为 10ms，如果干扰持续时间较短，为缩短系统的响应时间，可考虑利用程序扫描时间或某一段指令的执行时间代替定时器的作用。 2）可测干扰信号的抑制 对于可通过一定办法测出的短时干扰信号，如大电感负载断开时产生的干扰信号，可通过检测设备将干扰信号产生的时间由接点的方式通知 PLC，然后由 PLC 的 JMP 指令屏蔽输入信号，即在有干扰信号作用的这段时间，不采集输入信号。 3）漏扫描检测 在编制应用程序时，可将程序分成若干段，在每段程序的尾部都加一个段检查节点。当每次扫描过后，如果各段程序均已被扫描，则给出一个正确信号，继续执行程序指令；如果有某段漏扫描，则发出警告信号并进行预先规定的处理。 4）联锁诊断 继电器、接触器等的动合、动断触点，不论其动作与否，总是呈联锁状态，即一对闭合，一对断开。若同时闭合或同时断开则为故障状态，必须妥善处理。 在进行故障诊断时，对可预测的干扰信号总可以找到解决的办法。但有些干扰信号造成的故障很难事先预知，这就要求在软件及硬件设计时，全面考虑系统的抗干扰措施。同时还要考虑到，在软件控制的 PLC 系统中，由于软件和硬件的相互作用，有些故障很难判断出到底是由硬件引起的还是由软件引起的，也就是说，在利用软件容错和冗余技术进行抗干扰时，软件和硬件故障必须结合起来考虑。有些硬件故障可以通过软件发现并自动采取修复及补救措施。有时又用硬件来监视软件工作的正确性。

5. PLC 控制系统的调试

系统调试是系统在正式投入使用之前的必经步骤。与继电器控制系统不同，PLC 控制系统既有硬件部分的调试还有软件的调试，与继电器控制系统相比，PLC 控制系统的硬件调试要相对简单，主要是 PLC 程序的编制和调试。一般可按以下几个步骤进行：应用程序的编制和离线调试、控制系统硬件检查、应用程序在线调试、现场调试、总结整理相关资料、系统正式投入使用。

不论是用 PLC 组成集散控制系统，还是独立控制系统，控制部分的设计都可以参考图 4-73 所示的步骤。

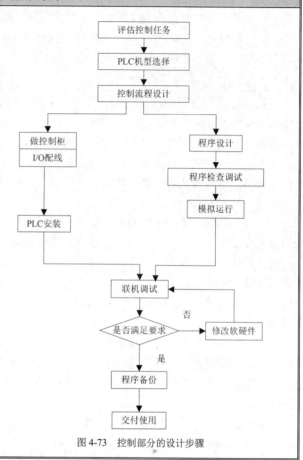

图 4-73　控制部分的设计步骤

4.4.3　用 S7-200 PLC 实现 X62W 型万能铣床电气控制系统的改造

X62W 万能铣床 PLC 控制系统硬件电路设计

X62W 万能铣床的继电接触器电路看起来并不复杂，但仔细分析后才知道其中包含了许多联锁环节。

1. 主电动机与进给电动机的联锁

这是电气上的联锁。进给电动机接触器 KM3、KM4 的电源只有当 KM1 或 KM2 接通时才能接通。

2. 工作台各进给方向上的连锁

这是机械及电气的双重互锁联，工作台纵向进给操作手柄及工作台横向进给操作手柄是十字形操作手柄，手柄每次操作只能拨向某一个位置，这是机械连锁。此外从电路中可以知道，当这两个操作手柄同时从中间位置移开时，KM3 及 KM4 的电流通道即被切断，这是电气联锁。

3. 线性进给运动工作台与圆工作台间的联锁

当使用圆工作台时，SQ1～SQ4 中任一限位开关动作时，KM3 将断电。为了在使用 PLC 作为主要控制装置后，以上联锁功能都得以保留，以上联锁所涉及的器件都需接入 PLC 的输入口，这包括 SQ1～SQ4 和 SB3～SB6。SA3 的处理原则不同。由于 SA3 只有断开及接通两个工作位置，它的三对触点的状态可以用其中的一对触点的状态表示。因而只选继电器图中接于 29～31 点的一对触点接入 PIC，且以断开为常态。

经统计，以上器件再加上各种按钮及冲动开关等器件，铣床控制所需输入口为 12 个。在具体连接时，这器件的串联及并联的触点均在连接后接入 PLC，且热继电器触点均串在输出器件电路中，不占用输入口在考虑输出口数量时，注意到输出器件有两个电压等级，并将控制逻辑简单的电路（如 KM2 的常闭触点对 YC2 的控制）直接在 PLC 机外连接，不再通过 PLC。这样输出口分为两组连接点。依输入输出口的数量及控制功能选取西门子 CPU224 机一台，输入输出口接线如图 4-74 所示。

　　我们使用梯形图设计 X62W 万能铣床的 PLC 程序。设计的基本原则是"复述"原继电器电路所叙述的逻辑内容。由于梯形图总是针对输出列写支路的，所以可以根据继电器线路中 KM1 的逻辑关系绘出梯形图的第一个支路，根据 KM2 的逻辑关系绘出第二个支路。为了表达继电器线路图中主轴电动机与进给电动机的联锁，选取辅助继电器 M10.0 绘第三个支路。

　　Ml0.0 支路中的触点可结合继电器图中 2、3 号线得电的条件绘出。4、5、6 支路表达的是线性工作台进给、进给冲动及圆工作台的工作逻辑。这三个支路的绘出，主要依据是这三个工况中继电器电路中电流的流动过程。这样做，既保留了原电路的逻辑关系，又简化了梯形图的结构，是由继电器电路设计梯形图时常用的方法。作为设计结果的梯形图程序如图 4-75 所示。图中最后的三个支路是针对电磁阀 YC1、YC3 及 KM3 的。由于梯形图中 4、5、6 等三个支路都与 KM3 有关，依 PLC 中不允许出现双线圈的规定，在梯形图中选用了 M11.1～M11.3 等三只辅助继电器。

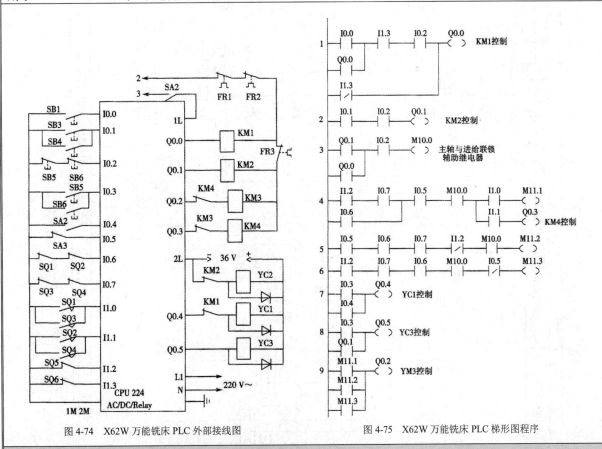

图 4-74　X62W 万能铣床 PLC 外部接线图　　　　图 4-75　X62W 万能铣床 PLC 梯形图程序

拓展项目训练

　　KH-Z3050 摇臂钻床电气控制线路如图 4-76 所示。要求对其进行 PLC 改造，利用 PLC 代替继电器实现机床控制功能。

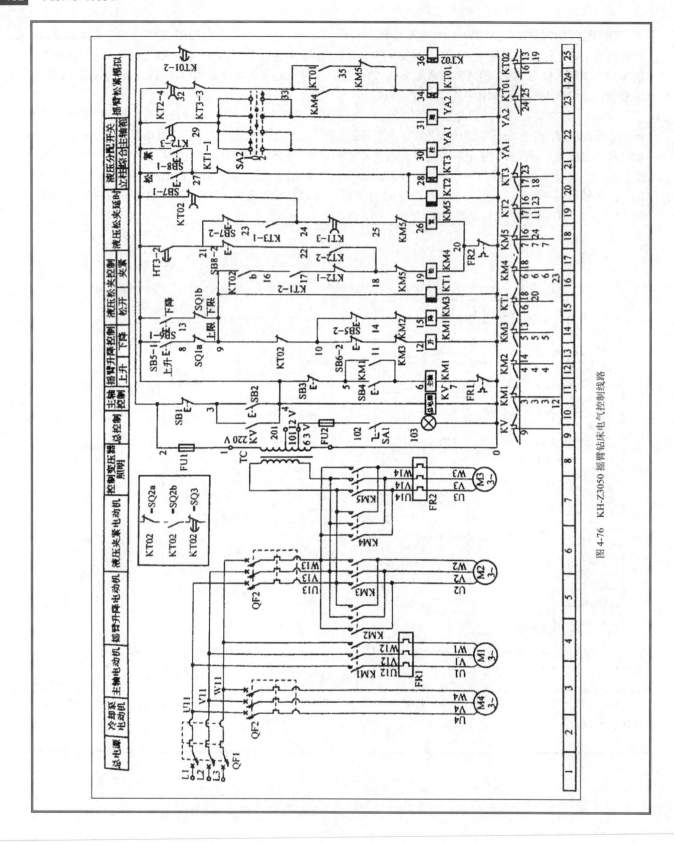

图 4-76 KH-Z3050 摇臂钻床电气控制线路

附录 A　S7-200 系列 PLC 技术规范

A.1　S7-200 CPU 技术规范

技术规范	CPU221	CPU222	CPU224	CPU224XP	CPU226
存储器特性					
存储器用户程序大小					
• 运行模式下编辑	4096 字节	4096 字节	8192 字节	12288 字节	16384 字节
• 非运行模式下编辑	4096 字节	4096 字节	12288 字节	16384 字节	24576 字节
用户数据	2048 字节	2048 字节	8192 字节	10240 字节	10240 字节
掉电保持（超级电容）	50 小时/典型值（40°C 时最少 8 小时）	50 小时/典型值（40°C 时最少 8 小时）	100 小时/典型值（40°C 时最少 70 小时）	100 小时/典型值（40°C 时最少 70 小时）	100 小时/典型值（40°C 时最少 70 小时）
（可选电池）	200 天/典型值	200 天/典型值	200 天/典型值	200 天/典型值	典型值 200 天
本机 I/O 特性					
本机数字量 I/O	6 输入/4 输出	8 输入/6 输出	14 输入/10 输出	14 输入/10 输出	24 输入/16 输出
本机模拟量 I/O	无	无	无	2 输入/1 输出	无
数字 I/O 映象区	256（128 输入/128 输出）				
模拟 I/O 映象区	无	32（16 输入/16 输出）	64（32 输入/32 输出）		
允许最大的扩展 I/O 模块	无	2 个模块	7 个模块	7 个模块	7 个模块
允许最大的智能模块	无	2 个模块	7 个模块	7 个模块	7 个模块
脉冲捕捉输入	6	8	14	14	24
高速计数器 总数	总共 4 个计数器	总共 4 个计数器	总共 6 个计数器	总共 6 个计数器	总共 6 个计数器
• 单相计数器	4 个 30kHz	4 个 30kHz	6 个 30kHz	4 个 30kHz 2 个 200kHz	6 个 30kHz
• 两相计数器	2 个 20kHz	2 个 20kHz	4 个 20kHz	3 个 20kHz 1 个 100kHz	4 个 20kHz
脉冲输出	2 个 20kHz （仅限于 DC 输出）	2 个 20kHz （仅限于 DC 输出）	2 个 20kHz （仅限于 DC 输出）	2 个 100kHz （仅限于 DC 输出）	2 个 20kHz （仅限于 DC 输出）
常规特性					
定时器总数	256 定时器；4 个定时器（1ms）；16 定时器（10 ms）；236 定时器（100 ms）				
计数器总数	256（由超级电容或电池备份）				
内部存储器位	256（由超级电容或电池备份）				
掉电保存	112（存储在 EEPROM）				
时间中断	2 个 1ms 分辨率				
边沿中断	4 个上升沿和/或 4 个下降沿				

模拟电位器模拟电位器1个8位分辨率	1个8位分辨率	1个8位分辨率	2个8位分辨率	2个8位分辨率	2个8位分辨率
布尔量运算执行时间	0.22μs 每条指令				
实时时钟	可选卡件	可选卡件	内置	内置	内置
卡件选项	存储器、电池和实时时钟	存储器、电池和实时时钟	存储卡和电池卡	存储卡和电池卡	存储卡和电池卡
集成的通信功能					
接口	1个RS-485接口	1个RS-485接口	1个RS-485接口	2个RS-485口	2个RS-485口
PPI,DP/T 波特率	9.6、19.2、187.5Kps				
自由口波特率	1.2～115.2Kps				
每段最大电缆长度	使用隔离的中继器：187.5Kps 可达 1000m，38.4Kps 可达 1200m 未使用隔离中继器：50m				
最大站点数	每段 32 个站，每个网络 126 个站				
最大主站数	32				
点到点（PPI 主站模式）	是（NETR/NETW）				
MPI 连接	共 4 个，2 个保留（1 个给 PG，1 个给 OP）				

A.2　S7-200 CPU 电源规范

电源特性				
输入电源	DC		AC	
输入电压	20.4 至 28.8VDC		85 至 264VAC（47 至 63Hz）	
输入电流	仅 CPU，24 VDC	最大负载 24 VDC	仅 CPU	最大负载
· CPU221	80mA	450mA	30/15mA 120/240 VAC	120/240 VAC 时 120/60mA
· CPU222	85mA	500mA	40/20mA 120/240 VAC	120/240 VAC 时 140/70mA
· CPU224	110mA	700mA	60/30mA 120/240 VAC	120/240 VAC 时 200/100mA
· CPU224XP	120mA	900mA	70/35mA 120/240 VAC	220/100 mA 120/240 VAC
· CPU226	150mA	1050mA	80/40mA 120/240 VAC	120/240 VAC 时 320/160mA
冲击电流	12A，28.8VDC 时		20A，264VAC 时	
隔离（现场与逻辑）	不隔离		1500VAC	
保持时间（掉电）	10ms，24VDC 时		20/80ms，120/240VAC 时	
保险（不可替换）	3A，250V 时慢速熔断		2A，250V 时慢速熔断	
24VDC 传感器电源				
传感器电压	L+减 5V		20.4 至 28.8VDC	
电流限定	1.5A 峰值，热量限制无破坏性			
纹波噪声	来自输入电源		小于 1V 峰分值	
隔离（传感器与逻辑）	非隔离			

A.3   S7-200 CPU 数字量输入规范

数字量输入特性		
数字量输入特性	24 VDC 输入（CPU221、CPU222、CPU224、CPU226）	24 VDC 输入（CPU224XP）
输入类型	漏型/源型（IEC 类型 1 漏型）	漏型/源型（IEC 类型 1 漏型，I0.3～I0.5 除外）
额定电压	24VDC，4mA 典型值	24VDC，4mA 典型值
最大持续允许电压	30 VDC	
浪涌电压	35VDC，0.5s	
逻辑 1 信号（最小）	15 VDC，2.5mA	15VDC，2.5mA（I0.0～I0.2 和 I0.6～I1.5） 4VDC，8mA（I0.3～I0.5）
逻辑 0 信号（最大）	5VDC，1mA	5VDC，1mA（I0.0～I0.2 和 I0.6～I1.5） 1VDC，1mA（I0.3～I0.5）
输入延迟	选择的（0.2～12.8ms）	
连接 2 线接近开关传感器（Bero） 允许的漏电流（最大）	1mA	
隔离（现场与逻辑） 光电隔离 隔离组	是 500VAC，1min 见接线图	
高速计数器（HSC） · HSC 输入 · 所有 HSC · 所有 HSC · HC4 和 HC5 只在 CPU224XP 上	逻辑 1 电平　　　　单相　　　　两相 15～30 VDC　　　　20 kHz　　　　10 kHz 15～26 VDC　　　　30 kHz　　　　20 kHz > 4 VDC　　　　200 kHz　　　　100 kHz	
同时接通的输入		只有 CPU224XP AC/DC/继电器： 所有的都是 55℃，带最大 26VDC 的 DC 输入 所有的都是 50℃，带最大 30VDC 的 DC 输入
电缆长度（最大） · 屏蔽 · 未屏蔽	普通输入 500m，HSC 输入 50m 普通输入 300m	

A.4   S7-200 CPU 数字量输出规范

数字量输出规范		
数字量输出规范	24VDC 输出（CPU221、CPU CPU224 222CPU226）	24VDC 输出（CPU224XP）	继电器
输出类型	固态 MOSFET（信号源）		干触点
额定电压	24VDC	24 VDC	24VDC 或 250 VAC
电压范围	20.4 至 28.8VDC	VDC 5～28.8 VDC（Q0.0～Q0.4）	5 至 30VDC 或 5 至 250VAC

		20.4~28.8VDC （Q0.5~Q1.1）	
浪涌电流（最大）	8A，100ms		5A，4s@10%占空比
逻辑1（最小）	20VDC，最大电流	最大电流时，L+减0.4V	-
逻辑0（最大）	0.1VDC，10kΩ负载		-
每点额定电流（最大）	0.75A		2.0A
每个公共端的额定电流（最大）	6A	3.75A	10A
漏电流（最大）	10μA		-
灯负载（最大）	5W		30W DC；200W AC
感性嵌位电压	L+减48VDC，1W功耗		-
接通电阻（接点）	0.3Ω典型（最大0.6Ω）		0.2Ω（新的时候的最大值）
隔离			
• 光电隔离（现场到逻辑）	500VAC，1分钟		-
• 逻辑到接点	-		1500VAC，1分钟
• 电阻（逻辑到接点）	-		100MΩ
• 隔离组	见接线图		见接线图
延时（最大），从关断到接通（μs）	2μs（Q0.0和Q0.1），15μs（其他）	0.5μs（Q0.0和Q0.1），15μs（其他）	-
延时（最大），从接通到关断（μs）	10μs（Q0.0和Q0.1），130μs（其他）	1.5μs（Q0.0和Q0.1），130μs（其他）	-
延时（最大） 切换	-	-	10ms
脉冲频率（最大）	20kHz（Q0.0和Q0.1）	100kHz（Q0.0和Q0.1）	1Hz
机械寿命周期	-	-	10,000,000（无负载）
触点寿命	-	-	100,000（额定负载）
同时接通的输出	所有的都在55℃（水平），所有的都在45℃（垂直）		
两个输出并联	是，只有输出在同一个组内		否
电缆长度（最大）			
• 屏蔽	500米		
• 非屏蔽	150米		

- 当一个机械触点接通 S7-200 CPU 或任意扩展模块的供电时，它发送一个大约 50ms 的"1"信号到数字输出，需要考虑这一点，尤其是在使用触发响应短脉冲的设备时。
- 依据于脉冲接收器和电缆，附加的外部负载电阻（至少是额定电流的 10%）可以改善脉冲信号的质量并提高噪音防护能力。
- 带灯负载的继电器使用寿命将降低 75%，除非采取措施将接通浪涌降低到输出的浪涌电流额定值以下。
- 灯负载的瓦特额定值是用于额定电压的。依据正被切换的电压，按比例降低瓦特额定值（例如 120VAC-100W）。

A.5　S7-200 模拟量扩展模块 EM235 技术规范

　　EM235：4 通道模拟量输入，1 通道模拟量输出。

该模块需要 DC24V 供电。可由 CPU 模块的传感器电源 DC24V/400mA 供电，也可由用户提供外部电源。其订货号为"6ES7 235-0KD22-0XA0"。

1. 模拟量扩展模块输入技术规范

常规	6ES7 231-0HC22-0XA0	6ES7 235-0KD22-0XA0
数据字格式		
• 双极性，满量程	-32767 至+32767	-32767 至+32767
• 单极性，满量程	0 至 32767	0 至 32767
DC 输入阻抗	≥10MΩ 电压输入	≥10MΩ 电压输入
	250Ω 电流输入	250Ω 电流输入
输入滤波衰减	-3db，3.1kHz	-3db，3.1kHz
最大输入电压	30VDC	30VDC
最大输入电流	32mA	32mA
精度		
• 双极性	11 位，加 1 符号位	
• 单极性	12 位	
隔离（现场与逻辑）	无	无
输入类型	差分	差分
输入范围		
• 电压	可选择的，对于可用的范围	可选择的，对于可用的范围
• 电流	0 至 20mA	0 至 20mA
输入分辨率	电压输入（单极性）：1.25mV（0-5V 量程） 电流输入：5μA（0-20mA 量程）	单极性电压输入：如 1.25mV（0-5V 量程） 电流输入：如 5μA（0-20mA 量程） 具体设置参见 EM235 说明书
模拟到数字转换时间	<250μs	<250μs
模拟输入阶跃响应	1.5ms 到 95%	1.5ms 到 95%
共模抑制	40dB，DC 到 60Hz	40dB，DC 到 60Hz
共模电压	信号电压加共模电压必须为≤±12V	信号电压加共模电压必须为≤±12V
24VDC 电压范围	20.4～28.8VDC（等级 2，有限电源，或来自 PLC 的传感器电源）	

2. 模拟量扩展模块输出技术规范

常规	6ES7 232-0HB22-0XA0	6ES7 235-0KD22-0XA0
隔离（现场与逻辑）	无	无
信号范围		
• 电压输出	±10V	±10V
• 电流输出	0 至 20mA	0 至 20mA
分辨率，满量程		
• 电压	12 位，加符号位	11 位，加符号位
• 电流	11 位	11 位
数据字格式		
• 电压	-32767 至+32767	-32767 至+32767
• 电流	0 至+32767	0 至+32767
精度		
• 最差情况，0℃至 55℃		
电压输出	±2%满量程	±2%满量程

电流输出	±2%满量程	±2%满量程
• 典型，25℃		
电压输出	±0.5%满量程	±0.5%满量程
电流输出	±0.5%满量程	±0.5%满量程
设置时间		
• 电压输出	100μσ	100μσ
• 电流输出	2ms	2ms
最大驱动		
• 电压输出	5000Ω 最小	5000Ω 最小
• 电流输出	500Ω 最大	500Ω 最大
24VDC 电压范围	20.4～28.8VDC（等级 2，有限电源，或来自 PLC 的传感器电源）	

3．模拟量扩展模块 EM235 接线图

EM235 模块上部共有 12 个端子，每 3 个成为一组（例如 A-1 中的 RA、A+、A-）可作为一路模拟量的输入通道，共 4 组，对于电压信号只用两个端子（如图 A-1 中的 A+、A-），电流信号需用 3 个端子（如图 A-1 中的 RC、C+、C-）RC 与 C+端子端接。对于未用的输入通道应端接（如图 A-1 中的 B+、B-）。M、L 两端应接入 24V 直流电源。右端分别是校准电位器和配置设定开关（DIP）。

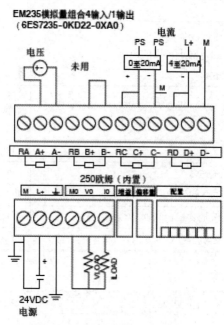

图 A-1　EM235 模拟量扩展模块接线

4．模拟量扩展模块 EM235 拨码开关配置方法

开关 1 至 6 可选择输入量程和分辨率。所有的输入都设置为相同的模拟输入量程和格式。表 A-1 所示为如何选择单极性/双极性（开关 6）、增益（开关 4 和 5）以及衰减（开关 1，2 和 3），在该表中，ON 是闭合，OFF 是断开。只在电源接通时读取开关设置。

5．模拟量扩展模块 EM235 数据格式

模拟量扩展模块 EM235 的模拟量通，每个通道占用存储器 AI 区域 2 个字节。

模拟量输入模块的分辨率通常以 A/D 转换后的二进制数数字量的位数来表示，模拟量输入模块（EM231）的输入信号经 A/D 转换后的数字量数值是 12 位二进制数。数据值的 12 位在 CPU 中的存放格式如图 1-3 所示。最高有效位是符号位：0 表示正值数据，1 表示负值数据。

（1）单极性数据格式

对于单极性数据，其 2 个字节的存储单元的低三位均为 0，数据值的 12 位（单极性数据）是存放在第 3～

14 位区。这 12 位数据的最大值应为 $2^{15}-8=32760$。EM235 模拟量输入模块 A/D 转换后的单极性数据格式的全量程范围设置为 0～32000。差值 32760-32000=760 则用于偏置/增益，由系统完成。由于第 15 位为 0，表示是正值数据。

表 A-1　EM235 拨码开关配置

单极性						满量程输入	分辨率
SW1	SW2	SW3	SW4	SW5	SW6		
通	OFF	OFF	通	OFF	通	0 至 50mV	12.5μV
OFF	通	OFF	通	OFF	通	0 至 100mV	25μV
通	OFF	OFF	OFF	通	通	0 至 500mV	125μV
OFF	通	OFF	OFF	通	通	0 至 1V	250mV
通	OFF	OFF	OFF	OFF	通	0 至 5V	1.25mV
通	OFF	OFF	OFF	OFF	通	0 至 20mA	5μA
OFF	通	OFF	OFF	OFF	通	0 至 10V	2.5mV
双极性						满量程输入	分辨率
SW1	SW2	SW3	SW4	SW5	SW6		
通	OFF	OFF	通	OFF	OFF	±25mV	12.5μV
OFF	通	OFF	通	OFF	OFF	±50mV	25μV
OFF	OFF	通	通	OFF	OFF	±100mV	50μV
通	OFF	OFF	OFF	通	OFF	±250mV	125μV
OFF	通	OFF	OFF	通	OFF	±500mV	250μV
OFF	OFF	通	OFF	通	OFF	±1V	500μV
通	OFF	OFF	OFF	OFF	OFF	±2.5V	1.25mV
OFF	通	OFF	OFF	OFF	OFF	±5V	2.5mV
OFF	OFF	通	OFF	OFF	OFF	±10V	5mV

（2）双极性数据格式

如图 A-2 所示，对于双极性数据，存储单元（2 个字节）的低 4 位均为 0，数据值的 12 位（双极性数据）是存放在第 4～15 位区域。最高有效位是符号位，双极性数据格式的全量程范围设置为-32000～+32000。

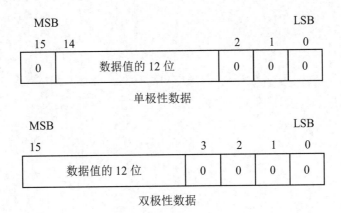

图 A-2　EM235 输入数据格式

模拟量输出模块的分辨率通常以 D/A 转换前待转换的二进制数数字量的位数表示，PLC 运算处理后的 12 位数字量信号（BIN 数），在 CPU 中存放的格式如图 A-3 所示。最高有效位是符号位：0 表示正值数据，1 表示负值数据。

1）电流输出数据的格式

对于电流输出的数据，其 2 个字节的存储单元的低 3 位均为 0，数据值的 12 位是存放在第 3～14 位区域。电流输出数据格式为 0～+32000。第 15 位为 0，表示是正值数据字。

2）电压输出数据的格式

对于电压输出的数据，其 2 个字节的存储单元的低 4 位均为 0，数据值的 12 位是存放在第 4～15 位区域。电压输出数据格式为-32000～+32000。

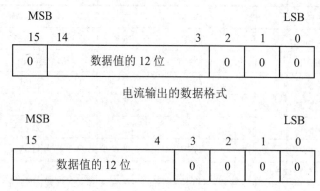

电流输出的数据格式

图 A-3 EM235 输出数据格式

附录 B　S7-200 的 SIMATIC 指令集简表

布尔指令		
LD　　N	装载（开始的常开触点）	
LDI　　N	立即装载	
LDN　　N	取反后装载（开始的常开触点）	
LDNI　　N	取反后立即装载	
A　　N	与（串联的常开触点）	
AI　　N	立即与	
AN　　N	取反后与（串联的常开触点）	
ANI　　N	取反后立即与	
O　　N	或（并联的常开触点）	
OI　　N	立即或	
ON　　N	取反后或（并联的常开触点）	
ONI　　N	取反后立即或	
LDBx　　N1，N2	装载字节比较结果	N1（x: <，>，=，≤，≥，〈 〉）N2
ABx　　N1，N2	与字节比较结果	N1（x: <，>，=，≤，≥，〈 〉）N2
OBx　　N1，N2	或字节比较结果	N1（x: <，>，=，≤，≥，〈 〉）N2
LDWx　　N1，N2	装载字比较结果	N1（x: <，>，=，≤，≥，〈 〉）N2
AWx　　N1，N2	与字比较结果	N1（x: <，>，=，≤，≥，〈 〉）N2
Owx　　N1，N2	或字比较结果	N1（x: <，>，=，≤，≥，〈 〉）N2
LDDx　　N1，N2	装载双字比较结果	N1（x: <，>，=，≤，≥，〈 〉）N2
ADx　　N1，N2	与双字比较结果	N1（x: <，>，=，≤，≥，〈 〉）N2
ODx　　N1，N2	或双字比较结果	N1（x: <，>，=，≤，≥，〈 〉）N2
LDRx　　N1，N2	装载实数比较结果	N1（x: <，>，=，≤，≥，〈 〉）N2
ARx　　N1，N2	与实数比较结果	N1（x: <，>，=，≤，≥，〈 〉）N2
ORx　　N1，N2	或实数比较结果	N1（x: <，>，=，≤，≥，〈 〉）N2
NOT	栈顶值取反	
EU	上升沿检测	
ED	下降沿检测	
=　　N	赋值（线圈）	
=1　　N	立即赋值	
S　　S_BIT，N	置位一个区域	
R　　S_BIT，N	复位一个区域	
SI　　S_BIT，N	立即置位一个区域	
RI　　S_BIT，N	立即复位一个区域	

传送、移位、循环和填充指令		
MOVB	IN，OUT	字节传送
MOVW	IN，OUT	字传送
MOVD	IN，OUT	双字传送
MOVR	IN，OUT	实数传送
BIR	IN，OUT	立即读取物理输入字节
BIW	IN，OUT	立即写物理输出字节
BMB	IN，OUT，N	字节块传送
BMW	IN，OUT，N	字块传送
BMD	IN，OUT，N	双字块传送
SWAP	IN	交换字节
SHRB	DATA，S_BIT，N	移位寄存器
SRB	OUT，N	字节右移 N 位
SRW	OUT，N	字右移 N 位
SRD	OUT，N	双字右移 N 位
SLB	OUT，N	字节左移 N 位
SLW	OUT，N	字左移 N 位
SLB	OUT，N	双字左移 N 位
RRB	OUT，N	字节循环右移 N 位
RRW	OUT，N	字循环右移 N 位
RRD	OUT，N	双字循环右移 N 位
RLB	OUT，N	字节循环左移 N 位
RLW	OUT，N	字循环左移 N 位
RLD	OUT，N	双字循环左移 N 位
FILL	IN，OUT，N	用指定的元素填充存储器空间
逻辑操作		
ALD		电路块串联
OLD		电路块并联
LPS		入栈
LRD		读栈
LPP		出栈
LDS		装载堆栈
AENO		对 ENO 进行与操作
ANDB	IN1，OUT	字节逻辑与
ANDW	IN1，OUT	字逻辑与
ANDD	IN1，OUT	双逻辑与
ORB	IN1，OUT	字节逻辑或
ORW	IN1，OUT	字逻辑或
ORD	IN1，OUT	双字逻辑或
XORB	IN1，OUT	字节逻辑异或

XORW	IN1，OUT	字逻辑异或
XORD	IN1，OUT	双字逻辑异或
INVB	OUT	字节取反（1 的补码）
INVW	OUT	字取反
INVB	OUT	双字取反
表、查找和转换指令		
ATT	TABLE，DATA	把数据加到表中
LIFO	TABLE，DATA	从表中取数据，后入先出
FIFO	TABLE，DATA	从表中取数据，先入后出
FND=	TBL，PATRN，INDX	
FND〈 〉	TBL，PATRN，INDX	在表中查找符合比较条件的数据
FND〈	TBL，PATRN，INDX	
FND〉	TBL，PATRN，INDX	
BCDI	OUT	BCD 码转换成整数
IBCD	OUT	整数转换成 BCD 码
BTI	IN，OUT	字节转换成整数
ITB	IN，OUT	整数转换成字节
ITD	IN，OUT	整数转换成双整数
DTI	IN，OUT	双整数转换成整数
DTR	IN，OUT	双整数转换成实数
TRUNC	IN，OUT	实数四舍五入为双整数
ROUND	IN，OUT	实数截位取正为双整数
ATH	IN，OUT，LEN	ASCⅡ码→16 进制数
HTA	IN，OUT，LEN	16 进制数→ASCⅡ码
ITA	IN，OUT，FMT	整数→ASCⅡ码
DTA	IN，OUT，FMT	双整数→ASCⅡ码
RTA	IN，OUT，FMT	实数→ASCⅡ码
DECO	IN，OUT	译码
ENCO	IN，OUT	编码
SEG	IN，OUT	7 段译码
中断指令		
CRETI		从中断程序有条件返回
ENI		允许中断
DISI		禁止中断
ATCH	INT，EVENT	给事件分配中断程序
DTCH	EVENT	解除中断事件
通信指令		
XMT	TABLE，PORT	自由端口发送
RCV	TABLE，PORT	自由端口接收
NETR	TABLE，PORT	网络读

NETW	TABLE，PORT	网络写
GPA	ADDR，PORT	获取端口地址
SPA	ADDR，PORT	设置端口地址
高速计数器指令		
HDEF	HSC，MODE	定义高速计数器模式
HSC	N	激活高速计数器
PLS	X	脉冲输出
数学、加 1 减 1 指令		
+I	IN1，OUT	整数，双整数或实数加法
+D	IN1，OUT	IN1+OUT=OUT
+R	IN1，OUT	
-I	IN1，OUT	整数，双整数或实数加法
-D	IN1，OUT	IN1-OUT=OUT
-R	IN1，OUT	
MUL	IN1，OUT	整数乘以整数得双整数
*R	IN1，OUT	实数，整数或双整数乘法
*I	IN1，OUT	IN1×OUT=OUT
*D	IN1，OUT	
DIV	IN1，OUT	整数除整数得双整数
/R	IN1，OUT	实数，整数或双整数除法
/I	IN1，OUT	OUT/IN1=OUT
/D	IN1，OUT	
SQRT	IN，OUT	平方根
LN	IN，OUT	自然对数
EXP	IN，OUT	自然指数
SIN	IN，OUT	正弦
COS	IN，OUT	余弦
TAN	IN，OUT	正切
INCB	OUT	字节加 1
INCW	OUT	字加 1
INCD	OUT	双字加 1
DECB	OUT	字节减 1
DECW	OUT	字减 1
DECD	OUT	双字减 1
PID	Tab1，Loop	PID 回路
定时器和计数器指令		
TON	Txxx，PT	通电延时定时器
TOF	Txxx，PT	断电延时定时器
TONR	Txxx，PT	保持型通电延时定时器
CTU	Cxxx，PV	加计数器

CTD	Cxxx，PV	减计数器
CTUD	Cxxx，PV	加/减计数器
实时时钟指令		
TODR	T	读实时时钟
TODW	T	写实时时钟
程序控制指令		
END		程序的条件结束
STOP		切换到 STOP 模式
WDR		看门狗复位（300ms）
JMP	N	跳到指定的标号
LBL	N	定义一个跳转的标号
CALL	N（N1…）	调用子程序，可以有 16 个可选参数
CRET		从子程序条件返回
FOR	INDX，INIT，FINAL	FOR/NEXT 循环
NEXT		
LSCR	N	顺控继电器段的起动
SCRT	N	顺控继电器段的转换
SCRE		顺控继电器段的结束

参考文献

[1] 廖常初. S7-200 PLC 基础教程. 北京：机械工业出版社，2006.

[2] 西门子（中国）有限公司. SIMATIC S7-200 可编程控制器系统手册，2008.

[3] 西门子（中国）有限公司. 西门子 PLC 编程手册，2005.

[4] 李言武. 可编程控制技术. 北京：北京邮电大学出版社，2016.

[5] 崔维群. 可编程控制器应用技术项目教程. 北京：北京大学出版社，2011.

[6] 王阿根. 西门子 S7-200PLC 编程实例精解. 北京：北京电子工业出版社，2011.

高等职业教育"十三五"规划教材

（自动化专业课程群）

可编程控制技术
实践手册

主　编　宋飞燕　张　燕
副主编　程秀玲　张丽娟　石　磊
主　审　王瑞清

ISBN 978-7-5170-6729-0

9 787517 067290 >

定价：39.00 元

中国水利水电出版社
www.waterpub.com.cn

目　　录

学习情境 1 S7-200 系列 PLC 的识读

学习目标

- **知识目标：** 了解 PLC 的产生、发展历程。掌握 PLC 的作用、应用领域及世界著名品牌。掌握 PLC 硬件系统的组成及工作过程。掌握 STEP 7-Micro/WIN 编程软件的使用方法。
- **能力目标：** 培养学生获取、筛选信息和制订工作计划、方案及实施、检查和评价的能力；培养学生分析概括、归纳总结、推理判断等自学能力；培养学生团队协作、交流、组织协调的能力和责任心。
- **素质目标：** 养成设备整理整顿、环境卫生清理清洁良好工作习惯；培养学生的自信心、表达能力、竞争和效率意识；培养学生尊敬他人、团结友爱、爱护公共财物、诚实守信、踏实肯干、爱岗敬业等公民素养和职业道德。

子学习情境 1.1 PLC 硬件基础和工作原理认知

情境导入

"PLC 硬件基础知识认知" 工作任务单

情　　境	S7-200 系列 PLC 的识读					
学习任务	子学习情境 1.1：PLC 硬件基础和工作原理认知				完成时间	
学习团队	学习小组		组长		成员	
任务载体和资讯	任务载体			资讯		
	图 1-1　西门子 PLC			PLC 种类繁多，功能虽然多种多样，但其组成结构和工作原理基本相同。用可编程控制器实施控制，其实质是按一定算法进行输入/输出（I/O）变换，并将这个变换予以物理实现，应用于工业现场。 　　本学期我们要学习的是西门子 PLC（见图 1-1）的 S7-200 系列。各种品牌的 PLC 编程技术大同小异，只是在输入输出代码、指令表达形式等方面有所区别，程序设计的思路是一样的，外围硬件线路的连接思路也是一样的。真正学会和掌握一种较为常用的 PLC 应用技术之后，其他可以触类旁通。		
任务要求	1. 掌握 PLC 基本组成、扩展模块和分类。 2. 理解 PLC 的工作原理。 3. 了解 PLC 的特点、性能指标、应用领域和发展趋势。					
引导文	1. PLC 俗称工业用计算机，你对家用计算机的组成有哪些了解？你是否拆开过主机箱，研究过计算机的硬件组成？ 2. 对于 PLC 来说，在实训设备上你能否从外表看到它的"庐山真面目"呢？你该如何了解 PLC 的基本结构组成呢？ 3. 在学校的 PLC 实训室和自动化生产线实训室中都有 PLC，那么这两种 PLC 的硬件结构一样吗？求助于指导教师，了解它们基本结构上的区别和联系。					

	4．本学习情境的特点是，你会接触到大量的专业词汇，例如：中央处理单元、存储器、逻辑运算、微处理器、单片机、RS-485 通信口、晶体管和继电器输出，有一些名词你还是第一次遇到，你该怎么办呢？绕过去不理睬吗？实际上，除了求助老师，你还可以求助互联网。 5．团队成员之间互通有无，把自己掌握、理解的知识点和其他队员一起分享，一起进步。 6．通过前面的引导文指引，你和你的团队是否明白，实现本情境任务的学习，包括哪些具体任务？你们团队该如何分工合作，共同完成这项学习任务？制订计划，并将团队的决策方案写到《可编程控制技术实践手册》中本节的"计划和决策表"内。 7．将任务的实施情况（可以包括你学到的知识点和技能点，包括团队分工任务的完成情况等）整理成文档，记录在"任务实施表"中。 8．汇报你们的学习成果，让教师听取你们的汇报并进行检查，记录在"任务检查表"中。 9．就你们团队的知识、技能、能力和素质进行自我评价、互相评价和教师评价，填写"任务评价表"。正确认识自己的不足之处，取长补短，争取在下次任务训练中得到进步。
归纳 总结 记录 区域	

 **制定方案**

计划和决策表

情　　　境	S7-200 系列 PLC 的识读				
学 习 任 务	子学习情境 1.1：PLC 硬件基础和工作原理认知			完成时间	
任务完成人	学习小组		组长	成员	
认真分析任务要求，仔细研究资讯内容 写下你的团队认为需要学习的知识和技能					
工作管理 任务分配	小组任务	任务准备	管理学习	管理出勤、纪律	管理卫生
	个人职责	准备学习资料, 准备电脑、设备、软件	认真努力学习并管理帮助小组成员	记录考勤并管理小组成员纪律	组织值日并管理卫生
	小组成员				
工作计划制定方案 （写明任务名称、时间进度安排、责任人；要有分工有合作）					

 任务实施

任务实施表

情　　境	S7-200 系列 PLC 的识读			
学 习 任 务	子学习情境 1.1：PLC 硬件基础和工作原理认知		完成时间	
任务完成人	学习小组		组长	成员

写下你和你的团队的实施过程、具体收获的知识和习得的技能。

检查评估

任务检查表

情　　　境	S7-200 系列 PLC 的识读					
学 习 任 务	子学习情境 1.1：PLC 硬件基础和工作原理认知			完成时间		
任务完成人	学习小组		组长		成员	
掌握知识和技能的情况						
需要补缺的知识和技能						
任务汇报情况和情境学习表现及改进						

过程考核评价表

情　　境	S7-200 系列 PLC 的识读					
学习任务	子学习情境 1.1：PLC 硬件基础和工作原理认知		完成时间			
团　　队	学习小组	组长		成员		

评价项目	评价内容	评价标准	得分			
专业能力 （60%）	知识的理解和掌握能力	对知识的理解、掌握及接受新知识的能力 □优（30-26）　□良（25-21） □中（20-15）　□差（15 以下）				
	知识的综合应用能力	根据工作任务，应用相关知识进行分析解决问题 □优（15-13）　□良（12-10） □中（8-7）　□差（7 下）				
	实践动手能力	根据任务要求完成任务载体 □优（15-13）　□良（12-10） □中（8-7）　□差（7 下）				
方法能力 （20%）	独立学习能力	在教师的指导下，借助学习资料，能够独立学习新知识和新技能，完成工作任务 □优（5）□良（4）□中（3）□差（2）				
	分析解决问题的能力	在教师的指导下，独立解决工作中出现的各种问题，顺利完成工作任务 □优（5）□良（4）□中（3）□差（2-1）				
	获取信息能力	通过教材、网络、期刊、专业书籍、技术手册等获取信息，整理资料，获取所需知识 □优（5）□良（4）□中（3）□差（2-1）				
	方案制定与实施能力	在教师的指导下，能够制定工作计划和方案并能够进行优化实施，完成工作任务单、计划和决策表、任务实施表、任务检查表、过程考核评价表的填写 □优（5）□良（4）□中（3）□差（2-1）				
社会能力 （20%）	团队协作和沟通能力	工作过程中，团队成员之间相互沟通、交流、协作、互帮互学，具备良好的群体意识 □优（5）□良（4）□中（3）□差（2-1）				
	工作任务的组织管理能力	具有批评、自我管理和工作任务的组织管理能力 □优（5）□良（4）□中（3）□差（2-1）				
	工作责任心与职业道德	具有良好的工作责任心、社会责任心、团队责任心（学习、纪律、出勤、卫生）、职业道德和吃苦能力 □优（10）□良（8）□中（6）□差（4）				
总　　分						

子学习情境 1.2　S7-200 系列 PLC 软硬件安装和使用

 情境导入

"S7-200 系列 PLC 软硬件安装和使用"工作任务单

情　　境	S7-200 系列 PLC 的识读				
学习任务	子学习情境 1.2：S7-200 系列 PLC 软硬件安装和使用		完成时间		
学习团队	学习小组		组长	成员	

	任务载体	资讯
任务载体和资讯	 图 1-20　S7-200 PLC 和其编程软件	PLC 系统由硬件和软件两部分组成（见图 1-20），S7-200 PLC 利用安装在计算机上的 STEP7-Micro/WIN32 专用编程软件开发 PLC 应用程序，并且可以实时监控用户程序的执行状态。 　　为了实现 S7-200 PLC 与计算机间的通信，必须使用具有 Windows 95 以上操作系统的计算机，同时必须配备下列三种设备的一种：一根 PC/PPI 电缆、一个通信处理器（CP）卡和多点接口（MPI）电缆，或一块 MPI 卡和配套的电缆。其中 PC/PPI 电缆价格便宜，用得最多。 　　STEP7-Micro/WIN32 编程软件可以从西门子公司网站下载，也可用光盘安装，双击 STEP7-Micro/WIN32 的安装程序 setup.exe，根据在线提示，完成安装。编程语言可选择英语，安装完后可用 STEP7-Micro/WIN32 中文汉化软件将编程界面和帮助文件汉化，使编程环境成为中文状态。
任务要求	1．了解 S7-200 PLC 的系统配置。 2．掌握 S7-200 PLC 的硬件安装。 3．掌握 S7-200 PLC 编程软件的安装和使用。	
引导文	1．团队分析任务要求，讨论如下问题： （1）S7-200 PLC 的系统配置应满足哪些要求？ （2）STEP7-Micro/WIN 32 专用编程软件的安装步骤你了解了吗？ （3）在 PLC 实训室仔细观察 S7-200 系列 PLC 与计算机之间的连接方式，包括接口、线缆等。 2．你已经具备完成此情景学习的所有资料了吗？如果没有，还缺少哪些？应该通过哪些渠道获得？ 3．通过前面的引导文指引，你和你的团队是否明白，实现本情境任务的学习，包括哪些具体任务？你们团队该如何分工合作，共同完成这项任务？制订计划，并将团队的决策方案写到《可编程控制技术实践手册》中本任务的"计划和决策表"内。 4．团队成员之间互通有无，把自己掌握、理解的知识点和其他队员一起分享，一起进步。 5．将任务的实施情况（可以包括你学到的知识点和技能点、包括团队分工任务的完成情况等）整理成文档，记录在"任务实施表"中。 6．将你们的学习成果提交给指导教师，让其为你们的任务完成情况进行检查，并记录在"任务检查表"中。 7．就你们团队的知识、技能、能力和素质进行自我评价、互相评价和教师评价，填写"任务评价表"。正确认识自己的不足之处，取长补短，争取在下次任务训练中得到进步。	

归纳总结
记录区域

制定方案

计划和决策表

情　　　境	S7-200 系列 PLC 的识读				
学 习 任 务	子学习情境 1.2：S7-200 系列 PLC 软硬件安装和使用			完成时间	
任务完成人	学习小组		组长		成员

认真分析任务要求，仔细研究资讯内容 写下你的团队认为需要学习的知识和技能					
工作管理任务分配	小组任务	任务准备	管理学习	管理出勤、纪律	管理卫生
	个人职责	准备学习资料，准备电脑、设备、软件	认真努力学习并管理帮助小组成员	记录考勤并管理小组成员纪律	组织值日并管理卫生
	小组成员				

工作计划制定方案 （写明任务名称、时间进度安排、责任人；要有分工有合作）	

任务实施

任务实施表

情　　　境	S7-200 系列 PLC 的识读				
学 习 任 务	子学习情境 1.2：S7-200 系列 PLC 软硬件安装和使用		完成时间		
任务完成人	学习小组		组长	成员	

写下你和你的团队的实施过程、具体收获的知识和习得的技能。

 检查评估

任务检查表

情　　　境	S7-200 系列 PLC 的识读					
学 习 任 务	子学习情境 1.2：S7-200 系列 PLC 软硬件安装和使用				完成时间	
任务完成人	学习小组		组长		成员	
掌握知识和技能的情况						
需要补缺的知识和技能						
任务汇报情况和情境学习表现及改进						

过程考核评价表

情　　境	S7-200 系列 PLC 的识读						
学习任务	子学习情境 1.2：S7-200 系列 PLC 软硬件安装和使用			完成时间			
团　　队	学习小组		组长		成员		

评价项目	评价内容	评价标准	得分		
专业能力 （60%）	知识的理解和掌握能力	对知识的理解、掌握及接受新知识的能力 □优（30-26）　　□良（25-21） □中（20-15）　　□差（15 以下）			
	知识的综合应用能力	根据工作任务，应用相关知识进行分析解决问题 □优（15-13）　　□良（12-10） □中（8-7）　　□差（7 下）			
	实践动手能力	根据任务要求完成任务载体 □优（15-13）　　□良（12-10） □中（8-7）　　□差（7 下）			
方法能力 （20%）	独立学习能力	在教师的指导下，借助学习资料，能够独立学习新知识和新技能，完成工作任务 □优（5）□良（4）□中（3）□差（2）			
	分析解决问题的能力	在教师的指导下，独立解决工作中出现的各种问题，顺利完成工作任务 □优（5）□良（4）□中（3）□差（2-1）			
	获取信息能力	通过教材、网络、期刊、专业书籍、技术手册等获取信息，整理资料，获取所需知识 □优（5）□良（4）□中（3）□差（2-1）			
	方案制定与实施能力	在教师的指导下，能够制定工作计划和方案并能够进行优化实施，完成工作任务单、计划和决策表、任务实施表、任务检查表、过程考核评价表的填写 □优（5）□良（4）□中（3）□差（2-1）			
社会能力 （20%）	团队协作和沟通能力	工作过程中，团队成员之间相互沟通、交流、协作、互帮互学，具备良好的群体意识 □优（5）□良（4）□中（3）□差（2-1）			
	工作任务的组织管理能力	具有批评、自我管理和工作任务的组织管理能力 □优（5）□良（4）□中（3）□差（2-1）			
	工作责任心与职业道德	具有良好的工作责任心、社会责任心、团队责任心（学习、纪律、出勤、卫生）、职业道德和吃苦能力 □优（10）□良（8）□中（6）□差（4）			
总　　分					

学习情境 2 S7-200 系列 PLC 的指令系统和编程

学习目标

- **知识目标：** 掌握 S7-200 系列 PLC 的基本指令的使用方法，并能够运用这些指令对简单对象进行控制。
- **能力目标：** 培养学生利用网络资源进行资料收集的能力；培养学生获取、筛选信息和制订工作计划、方案及实施、检查和评价的能力；培养学生独立分析、解决问题的能力；培养学生的团队工作、交流、组织协调的能力和责任心。
- **素质目标：** 养成整理设备、保持环境卫生的良好习惯，培养爱设备、爱课堂的良好素质；提高个人学习总结、语言表达能力。

子学习情境 2.1 三人抢答器 PLC 控制

情境导入

"三人抢答器 PLC 控制" 工作任务单

情　　境	S7-200 系列 PLC 的指令系统和编程			
学习任务	子学习情境 2.1：三人抢答器 PLC 控制		完成时间	
学习团队	学习小组	组长	成员	
	任务载体		资讯	
任务载体和资讯	图 2-1 所示是 S7-200 PLC 控制抢答器的模拟装置图，要求能够实现以下功能： 　（1）三个席位任意一个按下抢答席按钮，其对应指示灯点亮，表示抢答成功； 　（2）任意席位抢到抢答权后，别的席位无法再抢到； 　（3）按下主持人按钮才可以进入下一轮抢答。 S2 Y2 抢答席2 S1 Y1 抢答席1　S3 Y3 抢答席3 主持人席 S0 图 2-1　抢答器模拟装置图		抢答器的是各种竞赛活动中不可缺少的设备，无论是学校、工厂、军队还是益智性电视节目，都会举办各种各样的智力竞赛，都会用到抢答器。目前市场上已有的各种各样的智力竞赛抢答器，绝大多数是以模拟电路、数字电路或者模拟电路与数字电路相结合的产品，功能较为单一。目前的发展趋势是抢答器具有倒计时、定时、自动（或手动）复位、报警（即声响提示，有的以音乐的方式来体现）、屏幕显示、按键发光等多种功能。但功能越多的电路相对来说就越复杂，且成本偏高，故障高，显示方式简单（有的甚至没有显示电路），无法判断是否有提前抢按抢答按钮的行为，不便于电路升级换代。本任务要求就是利用 PLC 作为核心部件进行信号的产生，用 PLC 本身的优势使竞赛真正达到公正、公平、公开。（抢答器的基本控制方法有哪些？各自有什么特点呢？可查阅资料深入了解。）	
任务要求	1. 控制系统硬件部分： （1）完成抢答器模拟装置 I/O 分配表。			

	（2）根据 I/O 分配表完成 PLC 硬件接线图的绘制以及线路的连接。 2．控制系统软件部分的程序应实现下面的功能： S1 按下时，抢答席 1 对应的指示灯点亮，表示抢答器 1 的抢答成功，其他两个席位的控制按钮 S2、S3 按下将无效。若想要进行下一轮的抢答，需要主持人按下复位按钮 S0，待系统复位后，才可进行下一轮的抢答。同样，对于抢答席 2 和抢答席 3 上的抢答按钮控制过程和抢答席 1 上的抢答按钮 S1 相同。
引导文	1．团队分析任务要求，讨论在完成本次任务前，你及你的团队缺少哪些必要的理论知识？需要具备哪些方面的操作技能？你们该如何解决这种困难？ 2．我们在情境一学习了 PLC 的硬件组成，对于它如何实现对对象的控制你了解么？把 PLC 的工作过程讲授给他人。 3．我们学习过维修电工，它是继电器控制，要想实现控制功能只需完成线路的连接；而 PLC 要想实现对对象的控制需要完成两部分工作：一部分是硬件线路的连接，一部分是程序的编制。如何搭建硬件线路图呢？如何编写控制程序呢？了解 PLC 硬件接线图并会学会绘制它。进一步了解 STEP7 Micro/WIN 软件的使用方法。 4．请认真学习知识链接部分的内容，为实现抢答器的 PLC 控制储备基础知识。 5．实现我们的核心任务"用 PLC 控制抢答器"，思考其中的关键是什么？和你之前学习过的维修电工有什么联系？ 6．通过前面的引导文指引，你和你的团队是否明白，实现本情境任务的学习，包括哪些具体任务？你们团队该如何分工合作，共同完成这项任务？制订计划，并将团队的决策方案写到《可编程控制技术实践手册》中本任务的"计划和决策表"内。 7．将任务的实施情况（可以包括你学到的知识点和技能点、包括团队分工任务的完成情况等）整理成文档，记录在"任务实施表"中。 8．将你们的成果提交给指导教师，让其为你们的任务完成情况进行检查，并记录在"任务检查表"中。 9．就你们团队的知识、技能、能力和素质进行自我评价、互相评价和教师评价，填写"任务评价表"。正确认识自己的不足之处，取长补短，争取在下次任务训练中得到进步。
归纳总结 记录区域	

 **制定方案**

计划和决策表

情　　境	S7-200 系列 PLC 的指令系统和编程				
学 习 任 务	子学习情境 2.1：三人抢答器 PLC 控制			完成时间	
任务完成人	学习小组		组长	成员	
认真分析任务要求，仔细研究资讯内容 写下你的团队认为需要学习的知识和技能					
工作管理任务分配	小组任务	任务准备	管理学习	管理出勤、纪律	管理卫生
	个人职责	准备学习资料，准备电脑、设备、软件	认真努力学习并管理帮助小组成员	记录考勤并管理小组成员纪律	组织值日并管理卫生
	小组成员				
工作计划制定方案 （写明任务名称、时间进度安排、责任人；要有分工有合作）					

**任务实施**

任务实施表

情　　境	S7-200 系列 PLC 的指令系统和编程				
学 习 任 务	子学习情境 2.1：三人抢答器 PLC 控制			完成时间	
任务完成人	学习小组		组长		成员

写下你和你的团队的实施过程、具体收获的知识和习得的技能。

检查评估

任务检查表

情　　　境	S7-200 系列 PLC 的指令系统和编程				
学 习 任 务	子学习情境 2.1：三人抢答器 PLC 控制		完成时间		
任务完成人	学习小组		组长		成员
掌握知识和技能的情况					
需要补缺的知识和技能					
任务汇报情况和情境学习表现及改进					

过程考核评价表

情　　境	S7-200 系列 PLC 的指令系统和编程							
学习任务	子学习情境 2.1：三人抢答器 PLC 控制		完成时间					
团　　队	学习小组	组长	成员					
评价项目	评价内容	评 价 标 准		得分				
专业能力（60%）	知识的理解和掌握能力	对知识的理解、掌握及接受新知识的能力 □优（30-26）　□良（25-21） □中（20-15）　□差（15 以下）						
	知识的综合应用能力	根据工作任务，应用相关知识进行分析解决问题 □优（15-13）　□良（12-10） □中（8-7）　□差（7 下）						
	实践动手能力	根据任务要求完成任务载体 □优（15-13）　□良（12-10） □中（8-7）　□差（7 下）						
方法能力（20%）	独立学习能力	在教师的指导下，借助学习资料，能够独立学习新知识和新技能，完成工作任务 □优（5）□良（4）□中（3）□差（2）						
	分析解决问题的能力	在教师的指导下，独立解决工作中出现的各种问题，顺利完成工作任务 □优（5）□良（4）□中（3）□差（2-1）						
	获取信息能力	通过教材、网络、期刊、专业书籍、技术手册等获取信息，整理资料，获取所需知识 □优（5）□良（4）□中（3）□差（2-1）						
	方案制定与实施能力	在教师的指导下，能够制定工作计划和方案并能够进行优化实施，完成工作任务单、计划和决策表、任务实施表、任务检查表、过程考核评价表的填写 □优（5）□良（4）□中（3）□差（2-1）						
社会能力（20%）	团队协作和沟通能力	工作过程中，团队成员之间相互沟通、交流、协作、互帮互学，具备良好的群体意识 □优（5）□良（4）□中（3）□差（2-1）						
	工作任务的组织管理能力	具有批评、自我管理和工作任务的组织管理能力 □优（5）□良（4）□中（3）□差（2-1）						
	工作责任心与职业道德	具有良好的工作责任心、社会责任心、团队责任心（学习、纪律、出勤、卫生）、职业道德和吃苦能力 □优（10）□良（8）□中（6）□差（4）						
总　　分								

子学习情境 2.2　天塔之光 PLC 控制

情境导入

"天塔之光 PLC 控制"工作任务单

情　　境	S7-200 系列 PLC 的指令系统和编程			
学习任务	子学习情境 2.2：天塔之光 PLC 控制		完成时间	
学习团队	学习小组	组长	成员	

	任务载体	资讯
任务载体 和资讯	图 2-3 所示是天塔之光的模拟装置图，要求用 S7-200 PLC 实现控制。 L6 L2　L1　L3 L9　　　　　　L7 L5　　　L4 L8 L10 L11 L12 图 2-3　天塔之光模拟装置图	随着科学技术的不断提高，社会经济的不断发展，人们对城市的装扮有了很大的变化。在城市的夜晚，大街小巷布满了五颜六色的彩灯，给城市带来了气息和活力，给人们的视觉带来很大的冲击，有的地方将彩灯安装在城市主要建筑物上，如天塔，使之绚丽多彩，更加吸引人的眼球，有的则用彩灯装扮城市，甚至成为城市的标志物。采用 S7-200 控制天塔之光彩灯按一定的规律点亮和熄灭，电路结构简单，可靠性高，应用性强，软件程序适应范围广。本任务要求就是利用 PLC 作为核心部件进行信号的产生，用 PLC 本身的优势使天塔之光按规律动作。（天塔之光的基本控制方法还有哪些？各自有什么特点呢？可查阅资料深入了解。）
任务要求	1. 控制系统硬件部分： 　　（1）完成天塔之光器模拟装置 I/O 分配表。 　　（2）根据 I/O 分配表完成 PLC 硬件接线图的绘制以及线路的连接。 2. 控制系统软件部分的程序应实现下面的功能：S1 按下时，天塔之光开始按照控制要求工作；按下停止按钮，天塔之光停止工作。 　　（1）要求一：小灯以如下规律点亮：L1→L2→L3→L4→L5→L9→L6→L7→L8→L10→L11→L12……循环下去。 　　（2）要求二：小灯以如下规律点亮：L12→L11→L10→L8→L1→L1、L2、L9→L1、L5、L8→L1、L4、L7→L1、L3、L6→L1→L2、L3、L4、L5→L6、L7、L8、L9→L1、L2、L6→L1、L3、L7→L1、L4、L8→L1、L5、L9→L1→L2、L3、L4、L5→L6、L7、L8、L9→L12→L11→L10……循环下去。	
引导文	1. 团队分析任务要求，讨论在完成本次任务前，你及你的团队缺少哪些必要的理论知识？需要具备哪些方面的操作技能？你们该如何解决这种困难？ 2. 我们在子情境 2.1 学习了 PLC 标准触点指令，对于它如何实现对对象的控制你了解么？ 3. 我们学习过子情境 2.1 之后，建立了基本解题思路：根据给定控制要求，首先要列出 I/O 分配表，然后根据 I/O 表进行硬件线路的连接以及软件程序的编制。 4. 请认真学习知识链接部分的内容，为实现天塔之光的 PLC 控制储备基础能量。 5. 你已经具备完成此情境学习的所有资料了吗？如果没有，还缺少哪些？应该通过哪些渠道获得？	

	6. 实现我们的核心任务"用 PLC 控制天塔之光",思考其中的关键是什么?和你之前学习过的标准触点指令有什么联系?
	7. 通过前面的引导文指引,你和你的团队是否明白,实现本情境任务的学习,包括哪些具体任务?你们团队该如何分工合作,共同完成这项庞大的任务?制订计划,并将团队的决策方案写到《可编程控制技术实践手册》中本任务的"计划和决策表"内。
	8. 将任务的实施情况(可以包括你学到的知识点和技能点,包括团队分工任务的完成情况等)整理成文档,记录在"任务实施表"中。
	9. 将你们的成果提交给指导教师,让其为你们的任务完成情况进行检查,并记录在"任务检查表"中。
	10. 就你们团队的知识、技能、能力和素质进行自我评价、互相评价和教师评价,填写"任务评价表"。正确认识自己的不足之处,取长补短,争取在下次任务训练中得到进步。
归纳总结记录区域	

制定方案

计划和决策表

情　　　境	S7-200 系列 PLC 的指令系统和编程				
学 习 任 务	子学习情境 2.2：天塔之光 PLC 控制			完成时间	
任务完成人	学习小组		组长	成员	
认真分析任务要求，仔细研究资讯内容 写下你的团队认为需要学习的知识和技能					
工作管理任务分配	小组任务	任务准备	管理学习	管理出勤、纪律	管理卫生
	个人职责	准备学习资料，准备电脑、设备、软件	认真努力学习并管理帮助小组成员	记录考勤并管理小组成员纪律	组织值日并管理卫生
	小组成员				
工作计划制定方案 （写明任务名称、时间进度安排、责任人；要有分工有合作）					

任务实施

任务实施表

情　　　境	S7-200 系列 PLC 的指令系统和编程				
学 习 任 务	子学习情境 2.2：天塔之光 PLC 控制		完成时间		
任务完成人	学习小组		组长	成员	

写下你和你的团队的实施过程、具体收获的知识和习得的技能。

检查评估

任务检查表

情　　　境	S7-200 系列 PLC 的指令系统和编程					
学　习　任　务	子学习情境 2.2：天塔之光 PLC 控制			完成时间		
任务完成人	学习小组		组长		成员	
掌握知识和技能的情况						
需要补缺的知识和技能						
任务汇报情况和情境学习表现及改进						

过程考核评价表

情　境	S7-200 系列 PLC 的指令系统和编程						
学习任务	子学习情境 2.2：天塔之光 PLC 控制			完成时间			
团　队	学习小组		组长		成员		

评价项目	评价内容	评 价 标 准	得分			
专业能力 （60%）	知识的理解和掌握能力	对知识的理解、掌握及接受新知识的能力 □优（30-26）　　□良（25-21） □中（20-15）　　□差（15 以下）				
	知识的综合应用能力	根据工作任务，应用相关知识进行分析解决问题 □优（15-13）　　□良（12-10） □中（8-7）　　　□差（7 下）				
	实践动手能力	根据任务要求完成任务载体 □优（15-13）　　□良（12-10） □中（8-7）　　　□差（7 下）				
方法能力 （20%）	独立学习能力	在教师的指导下，借助学习资料，能够独立学习新知识和新技能，完成工作任务 □优（5）□良（4）□中（3）□差（2）				
	分析解决问题的能力	在教师的指导下，独立解决工作中出现的各种问题，顺利完成工作任务 □优（5）□良（4）□中（3）□差（2-1）				
	获取信息能力	通过教材、网络、期刊、专业书籍、技术手册等获取信息，整理资料，获取所需知识 □优（5）□良（4）□中（3）□差（2-1）				
	方案制定与实施能力	在教师的指导下，能够制定工作计划和方案并能够进行优化实施，完成工作任务单、计划和决策表、任务实施表、任务检查表、过程考核评价表的填写 □优（5）□良（4）□中（3）□差（2-1）				
社会能力 （20%）	团队协作和沟通能力	工作过程中，团队成员之间相互沟通、交流、协作、互帮互学，具备良好的群体意识 □优（5）□良（4）□中（3）□差（2-1）				
	工作任务的组织管理能力	具有批评、自我管理和工作任务的组织管理能力 □优（5）□良（4）□中（3）□差（2-1）				
	工作责任心与职业道德	具有良好的工作责任心、社会责任心、团队责任心（学习、纪律、出勤、卫生）、职业道德和吃苦能力 □优（10）□良（8）□中（6）□差（4）				
总　　分						

子学习情境 2.3　十字路口交通灯 PLC 控制

 情境导入

"十字路口交通灯 PLC 控制"工作任务单

情　　境	S7-200 系列 PLC 的指令系统和编程			
学习任务	子学习情境 2.3：十字路口交通灯 PLC 控制		完成时间	
学习团队	学习小组	组长	成员	

任务载体和资讯	任务载体	资讯
	图 2-22 所示是 S7-200 PLC 控制十字路口交通灯的模拟装置图，要求能够实现以下功能： 　（1）两个方向的红黄绿按照一定规律依次点亮； 　（2）红灯的作用时间等于黄灯和绿灯加起来的动作时间。 北 S1　S2　S3　S4 图 2-22　十字路口交通灯模拟装置图	随着社会的发展和进步，上路的车辆越来越多，而道路建设却往往跟不上城市发展的速度。因此，城市交通的问题日益突出。经常在十字路口等交通繁忙的地方发生堵塞情况。在这个时候，道路交通灯的正常合理运行就是交通畅通的重要保证。而以往的交通信号灯大都采用继电器或是单片机来实现，存在着功能少、可靠性差、维护量大等缺点，而 PLC 编程简单、易维护，可以随着不同场合的需要灵活改变程序以实现不同的功能需求，且可靠性高，性价比较好。PLC 很适合来控制交通信号灯这类的时序控制系统，交通灯系统由东西和南北四个方向的信号灯组成. 每个方向的三盏灯中又分为是红、绿和黄三种颜色。

任务要求	1．控制系统硬件部分： 　（1）完成十字路口交通灯模拟装置 I/O 分配表。 　（2）根据 I/O 分配表完成 PLC 硬件接线图的绘制以及线路的连接。 2．控制系统软件部分的程序应实现下面的功能： 合上开关 K ⎰ 南北向红灯亮，10s 后绿灯亮，再过 6s 后绿灯闪烁，再过 2s 后黄灯亮，再过 2s 后红灯亮 ⎱ 东西向绿灯亮，6s 后绿灯闪烁，再过 2s 后黄灯亮，再过 2s 后红灯亮，再过 10s 后绿灯亮 如此循环，断开开关 K，所有灯灭。

引导文	1．团队分析任务要求，讨论在完成本次任务前，你及你的团队缺少哪些必要的理论知识？需要具备哪些方面的操作技能？你们该如何解决这种困难？ 2．我们在前面已经学习了 S7-200 的标准触点指令以及定时器功能指令，对于它如何实现对对象的控制你掌握了么？

	3. 通过前面的学习我们知道，PLC 要想实现对对象的控制需要完成两部分工作：一部分是硬件线路的连接，一部分是程序的编制。如何搭建硬件线路图呢？如何编写控制程序呢？它的整体思路是什么呢？ 4. 请认真学习知识链接部分的内容，为实现十字路口交通灯的 PLC 控制储备基础知识。 5. 你已经具备完成此情境学习的所有资料了吗？如果没有，还缺少哪些？应该通过哪些渠道获得？ 6. 实现我们的核心任务"用 PLC 控制十字路口交通灯"，思考其中的关键是什么？用你之前学过的指令可以实现么？ 7. 通过前面的引导文指引，你和你的团队是否明白，实现本情境任务的学习，包括哪些具体任务？你们团队该如何分工合作，共同完成这项庞大的任务？制订计划，并将团队的决策方案写到《可编程控制技术实践手册》中本任务的"计划和决策表"内。 8. 将任务的实施情况（可以包括你学到的知识点和技能点，包括团队分工任务的完成情况等）整理成文档，记录在"任务实施表"中。 9. 将你们的成果提交给指导教师，让其为你们的任务完成情况进行检查，并记录在"任务检查表"中。 10. 就你们团队的知识、技能、能力和素质进行自我评价、互相评价和教师评价，填写"任务评价表"。正确认识自己的不足之处，取长补短，争取在下次任务训练中得到进步。
归纳总结 记录区域	

制定方案

计划和决策表

情　　　境	S7-200 系列 PLC 的指令系统和编程				
学 习 任 务	子学习情境 2.3：十字路口交通灯 PLC 控制			完成时间	
任务完成人	学习小组		组长	成员	
认真分析任务要求，仔细研究资讯内容 写下你的团队认为需要学习的知识和技能					
工作管理任务分配	小组任务	任务准备	管理学习	管理出勤、纪律	管理卫生
	个人职责	准备学习资料，准备电脑、设备、软件	认真努力学习并管理帮助小组成员	记录考勤并管理小组成员纪律	组织值日并管理卫生
	小组成员				
工作计划制定方案 （写明任务名称、时间进度安排、责任人；要有分工有合作）					

任务实施表

情　　境	S7-200 系列 PLC 的指令系统和编程				
学 习 任 务	子学习情境 2.3：十字路口交通灯 PLC 控制			完成时间	
任务完成人	学习小组		组长		成员

写下你和你的团队的实施过程、具体收获的知识和习得的技能。

检查评估

任务检查表

情　　　境	S7-200 系列 PLC 的指令系统和编程				
学 习 任 务	子学习情境 2.3：十字路口交通灯 PLC 控制			完成时间	
任务完成人	学习小组		组长		成员
掌握知识和技能的情况					
需要补缺的知识和技能					
任务汇报情况和情境学习表现及改进					

过程考核评价表

情　　境	S7-200 系列 PLC 的指令系统和编程						
学习任务	子学习情境 2.3：十字路口交通灯 PLC 控制			完成时间			
团　　队	学习小组		组长		成员		

评价项目	评价内容	评价标准	得分			
专业能力 （60%）	知识的理解和掌握能力	对知识的理解、掌握及接受新知识的能力 □优（30-26）　　□良（25-21） □中（20-15）　　□差（15 以下）				
	知识的综合应用能力	根据工作任务，应用相关知识进行分析解决问题 □优（15-13）　　□良（12-10） □中（8-7）　　□差（7 下）				
	实践动手能力	根据任务要求完成任务载体 □优（15-13）　　□良（12-10） □中（8-7）　　□差（7 下）				
方法能力 （20%）	独立学习能力	在教师的指导下，借助学习资料，能够独立学习新知识和新技能，完成工作任务 □优（5）□良（4）□中（3）□差（2）				
	分析解决问题的能力	在教师的指导下，独立解决工作中出现的各种问题，顺利完成工作任务 □优（5）□良（4）□中（3）□差（2-1）				
	获取信息能力	通过教材、网络、期刊、专业书籍、技术手册等获取信息，整理资料，获取所需知识 □优（5）□良（4）□中（3）□差（2-1）				
	方案制定与实施能力	在教师的指导下，能够制定工作计划和方案并能够进行优化实施，完成工作任务单、计划和决策表、任务实施表、任务检查表、过程考核评价表的填写 □优（5）□良（4）□中（3）□差（2-1）				
社会能力 （20%）	团队协作和沟通能力	工作过程中，团队成员之间相互沟通、交流、协作、互帮互学，具备良好的群体意识 □优（5）□良（4）□中（3）□差（2-1）				
	工作任务的组织管理能力	具有批评、自我管理和工作任务的组织管理能力 □优（5）□良（4）□中（3）□差（2-1）				
	工作责任心与职业道德	具有良好的工作责任心、社会责任心、团队责任心（学习、纪律、出勤、卫生）、职业道德和吃苦能力 □优（10）□良（8）□中（6）□差（4）				
总　　分						

子学习情境 2.4　生产线自动装箱 PLC 控制

"生产线自动装箱 PLC 控制"工作任务单

情　　境	S7-200 系列 PLC 的指令系统和编程				
学习任务	子学习情境 2.4：生产线自动装箱 PLC 控制			完成时间	
学习团队	学习小组	组长		成员	
	任务载体			资讯	
任务载体 和资讯	图 2-28　生产线自动装箱装置示意图		在现代化的工业生产中常常需要对产品进行计数和包装。图 2-28 所示系统有两个传送带，即包装箱传送带和产品传送带。包装箱传送带用来传送产品包装箱，其功能是把已经装满的包装箱运走，并用一只空箱来代替。为使空箱恰好对准产品传送带的末端，使产品刚好落入包装箱中，在包装箱传送带的中间装一光电传感器，用以检测包装箱是否到位。产品传送带将产品从生产车间传送到包装箱，当某一产品被送到传送带的末端，会自动落入包装箱内，并由另一传感器转换成计数脉冲。本控制系统具有精度高、成本低、抗干扰能力强、故障率低、操作维护简单等特点，具有良好的应用价值。		
任务要求	1. 控制系统硬件部分： 　　（1）完成生产线自动装箱装置 I/O 分配表。 　　（2）根据 I/O 分配表完成 PLC 硬件接线图的绘制以及线路的连接。 2. 控制系统软件部分的程序应实现下面的功能： 　　（1）按下控制装置起动按钮后，传送带 B 先起动运行，拖动空箱前移至指定位置，到达指定位置后，由 SQ2 发出信号，使传送带 B 制动停止。 　　（2）传送带 B 停车后，传送带 A 起动运行，产品逐一落入箱内，由传感器检测产品数量，当累计产品数量达 12 个时，传送带 A 制动停车，传送带 B 起动运行。 　　（3）上述过程周而复始地进行，直到按下停止按钮，传送带 A 和传送带 B 同时停止。 　　（4）应有必要的信号指示，如电源有电、传送带 A 工作和传送带 B 工作等。 　　（5）传送带 A 和传送带 B 应有独立点动控制，以便于调试和维修。 　　（6）统计产品数量，将总数量送到上位机触摸屏上显示和记录。				
引导文	1. 团队分析任务要求，讨论在完成本次任务前，你及你的团队缺少哪些必要的理论知识？需要具备哪些方面的操作技能？你们该如何解决这种困难？请认真学习知识链接部分的内容，为实现 PLC 控制任务储备基础知识。 2. 实现我们的核心任务"生产线自动装箱 PLC 控制"，思考其中的关键是什么？ 3. 通过前面的引导文指引，你和你的团队是否明白，实现本情境任务的学习，包括哪些具体任务？你们团队该如何分工合作，共同完成这项庞大的任务？制订计划，并将团队的决策方案写到《可编程控制技术实践手册》中本任务的"计划和决策表"内。 4. 将任务的实施情况（可以包括你学到的知识点和技能点，包括团队分工任务的完成情况等）整理成文档，记录在"任务实施表"中。 5. 将你们的成果提交给指导教师，让其为你们的任务完成情况进行检查，并记录在"任务检查表"中。				

	6. 就你们团队的知识、技能、能力和素质进行自我评价、互相评价和教师评价，填写"任务评价表"。正确认识自己的不足之处，取长补短，争取在下次任务训练中得到进步。
归纳总结记录区域	

制定方案

计划和决策表

情　　境	S7-200 系列 PLC 的指令系统和编程					
学 习 任 务	子学习情境 2.4：生产线自动装箱 PLC 控制			完成时间		
任务完成人	学习小组		组长		成员	
认真分析任务要求，仔细研究资讯内容 写下你的团队认为需要学习的知识和技能						
工作管理任务分配	小组任务	任务准备	管理学习	管理出勤、纪律		管理卫生
	个人职责	准备学习资料，准备电脑、设备、软件	认真努力学习并管理帮助小组成员	记录考勤并管理小组成员纪律		组织值日并管理卫生
	小组成员					
工作计划制定方案 （写明任务名称、时间进度安排、责任人；要有分工有合作）						

 **任务实施**

任务实施表

情　　境	S7-200 系列 PLC 的指令系统和编程				
学 习 任 务	子学习情境 2.4：生产线自动装箱 PLC 控制		完成时间		
任务完成人	学习小组		组长		成员

写下你和你的团队的实施过程、具体收获的知识和习得的技能。

任务检查表

情　　　境	S7-200 系列 PLC 的指令系统和编程						
学 习 任 务	子学习情境 2.4：生产线自动装箱 PLC 控制				完成时间		
任务完成人	学习小组		组长		成员		
掌握知识和技能的情况							
需要补缺的知识和技能							
任务汇报情况和情境学习表现及改进							

过程考核评价表

情　　境	S7-200 系列 PLC 的指令系统和编程						
学习任务	子学习情境 2.4：生产线自动装箱 PLC 控制			完成时间			
团　　队	学习小组		组长		成员		

评价项目	评价内容	评 价 标 准	得分			
专业能力 （60%）	知识的理解和掌握能力	对知识的理解、掌握及接受新知识的能力 □优（30-26）　　□良（25-21） □中（20-15）　　□差（15 以下）				
	知识的综合应用能力	根据工作任务，应用相关知识进行分析解决问题 □优（15-13）　　□良（12-10） □中（8-7）　　□差（7 下）				
	实践动手能力	根据任务要求完成任务载体 □优（15-13）　　□良（12-10） □中（8-7）　　□差（7 下）				
方法能力 （20%）	独立学习能力	在教师的指导下，借助学习资料，能够独立学习新知识和新技能，完成工作任务 □优（5）□良（4）□中（3）□差（2）				
	分析解决问题的能力	在教师的指导下，独立解决工作中出现的各种问题，顺利完成工作任务 □优（5）□良（4）□中（3）□差（2-1）				
	获取信息能力	通过教材、网络、期刊、专业书籍、技术手册等获取信息，整理资料，获取所需知识 □优（5）□良（4）□中（3）□差（2-1）				
	方案制定与实施能力	在教师的指导下，能够制定工作计划和方案并能够进行优化实施，完成工作任务单、计划和决策表、任务实施表、任务检查表、过程考核评价表的填写 □优（5）□良（4）□中（3）□差（2-1）				
社会能力 （20%）	团队协作和沟通能力	工作过程中，团队成员之间相互沟通、交流、协作、互帮互学，具备良好的群体意识 □优（5）□良（4）□中（3）□差（2-1）				
	工作任务的组织管理能力	具有批评、自我管理和工作任务的组织管理能力 □优（5）□良（4）□中（3）□差（2-1）				
	工作责任心与职业道德	具有良好的工作责任心、社会责任心、团队责任心（学习、纪律、出勤、卫生）、职业道德和吃苦能力 □优（10）□良（8）□中（6）□差（4）				
总　　分						

子学习情境 2.5　四节传送带 PLC 控制

情境导入

"四节传送带 PLC 控制"工作任务单

情　　境	S7-200 系列 PLC 的指令系统和编程				
学习任务	子学习情境 2.5：四节传送带 PLC 控制			完成时间	
学习团队	学习小组		组长	成员	

	任务载体	资讯
任务载体和资讯	图 2-29 所示是 S7-200 PLC 控制四节传送带的模拟装置图，M1、M2、M3、M4 表示传送带的运动情况，用发光二级管来模拟；起动、停止用按钮 SB1、SB2 来实现；故障设置用 A、B、C、D 按钮来模拟。要求能够实现以下功能： 　　按下起动，四节传送带逆序顺次起动；按下停止，四节传送带顺序顺次停止；发生故障，该皮带及之前的立刻停止，以后的运行完毕后停止。	多级皮带传输系统凭借它自身的特点和优势在现代工业中有着重要的作用和地位。本任务采用四节传送带模拟实验板，利用 PLC 对其进行顺序控制。（传送带的基本控制方法有哪些？各自有什么特点呢？可查阅资料深入了解。）

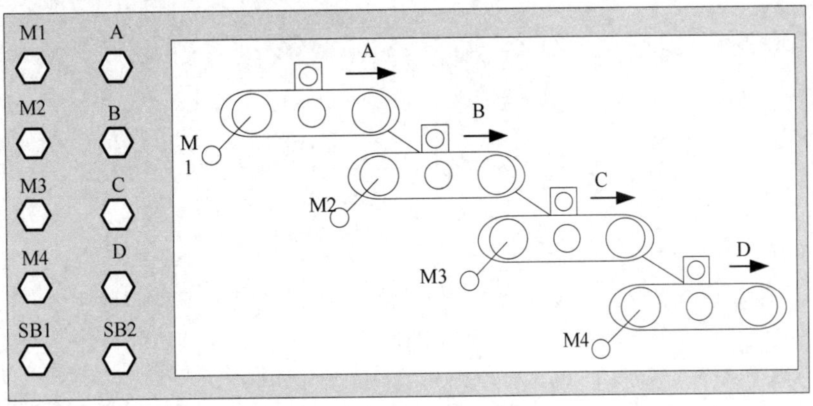

图 2-29　四节传送带模拟装置图

任务要求	1. 控制系统硬件部分： 　　（1）完成四节传送带模拟装置 I/O 分配表。 　　（2）根据 I/O 分配表完成 PLC 硬件接线图的绘制以及线路的连接。 2. 控制系统软件部分的程序应实现下面的功能： 　　（1）起动时先起动最末一条皮带机，经过 5 秒延时，再依次起动其他皮带机。 　　（2）停止时应先停止最前一条皮带机，待料运送完毕后再依次停止其他皮带机。 　　（3）当某条皮带机发生故障时，该皮带机及其前面的皮带机立即停止，而该皮带机以后的皮带机待运行完毕后才停止。例如 M2 故障，M1、M2 立即停，经过 5 秒延时后，M3 停，再过 5 秒，M4 停。
引导文	1. 团队分析任务要求，讨论在完成本次任务前，你及你的团队缺少哪些必要的理论知识？需要具备哪些方面的操作技能？你们该如何解决这种困难？ 2. 我们在用定时器可以实现对四节传送带的控制，你知道还可以用什么新的方法来实现么？ 3. 请认真学习知识链接部分的内容，为实现四节传送带的 PLC 控制储备基础知识。 4. 你已经具备完成此情境学习的所有资料了吗？如果没有，还缺少哪些？应该通过哪些渠道获得？

	5. 实现我们的核心任务"用 PLC 控制四节传送带"，思考其中的关键是什么？ 6. 通过前面的引导文指引，你和你的团队是否明白，实现本情境任务的学习，包括哪些具体任务？你们团队该如何分工合作，共同完成这项庞大的任务？制订计划，并将团队的决策方案写到《可编程控制技术实践手册》中本任务的"计划和决策表"内。 7. 将任务的实施情况（可以包括你学到的知识点和技能点，包括团队分工任务的完成情况等）整理成文档，记录在"任务实施表"中。 8. 将你们的成果提交给指导教师，让其为你们的任务完成情况进行检查，并记录在"任务检查表"中。 9. 就你们团队的知识、技能、能力和素质进行自我评价、互相评价和教师评价，填写"任务评价表"。正确认识自己的不足之处，取长补短，争取在下次任务训练中得到进步。
归纳总结 记录区域	

计划和决策表

情　　境	S7-200 系列 PLC 的指令系统和编程				
学 习 任 务	子学习情境 2.5：四节传送带 PLC 控制			完成时间	
任务完成人	学习小组		组长	成员	
认真分析任务要求，仔细研究资讯内容 写下你的团队认为需要学习的知识和技能					
工作管理任务分配	小组任务	任务准备	管理学习	管理出勤、纪律	管理卫生
	个人职责	准备学习资料，准备电脑、设备、软件	认真努力学习并管理帮助小组成员	记录考勤并管理小组成员纪律	组织值日并管理卫生
	小组成员				
工作计划制定方案 （写明任务名称、时间进度安排、责任人；要有分工有合作）					

任务实施

任务实施表

情　　境	S7-200 系列 PLC 的指令系统和编程				
学 习 任 务	子学习情境 2.5：四节传送带 PLC 控制		完成时间		
任务完成人	学习小组		组长	成员	

写下你和你的团队的实施过程、具体收获的知识和习得的技能。

检查评估

任务检查表

情　　　境	S7-200 系列 PLC 的指令系统和编程				
学 习 任 务	子学习情境 2.5：四节传送带 PLC 控制			完成时间	
任务完成人	学习小组		组长		成员
掌握知识和技能的情况					
需要补缺的知识和技能					
任务汇报情况和情境学习表现及改进					

过程考核评价表

情 境	S7-200 系列 PLC 的指令系统和编程							
学习任务	子学习情境 2.5：四节传送带 PLC 控制			完成时间				
团 队	学习小组		组长		成员			
评价项目	评价内容	评 价 标 准				得分		
专业能力（60%）	知识的理解和掌握能力	对知识的理解、掌握及接受新知识的能力 □优（30-26）　　□良（25-21） □中（20-15）　　□差（15 以下）						
	知识的综合应用能力	根据工作任务，应用相关知识进行分析解决问题 □优（15-13）　　□良（12-10） □中（8-7）　　□差（7 下）						
	实践动手能力	根据任务要求完成任务载体 □优（15-13）　　□良（12-10） □中（8-7）　　□差（7 下）						
方法能力（20%）	独立学习能力	在教师的指导下，借助学习资料，能够独立学习新知识和新技能，完成工作任务 □优（5）□良（4）□中（3）□差（2）						
	分析解决问题的能力	在教师的指导下，独立解决工作中出现的各种问题，顺利完成工作任务 □优（5）□良（4）□中（3）□差（2-1）						
	获取信息能力	通过教材、网络、期刊、专业书籍、技术手册等获取信息，整理资料，获取所需知识 □优（5）□良（4）□中（3）□差（2-1）						
	方案制定与实施能力	在教师的指导下，能够制定工作计划和方案并能够进行优化实施，完成工作任务单、计划和决策表、任务实施表、任务检查表、过程考核评价表的填写 □优（5）□良（4）□中（3）□差（2-1）						
社会能力（20%）	团队协作和沟通能力	工作过程中，团队成员之间相互沟通、交流、协作、互帮互学，具备良好的群体意识 □优（5）□良（4）□中（3）□差（2-1）						
	工作任务的组织管理能力	具有批评、自我管理和工作任务的组织管理能力 □优（5）□良（4）□中（3）□差（2-1）						
	工作责任心与职业道德	具有良好的工作责任心、社会责任心、团队责任心（学习、纪律、出勤、卫生）、职业道德和吃苦能力 □优（10）□良（8）□中（6）□差（4）						
总　　分								

学习情境 3　三相异步电动机 PLC 控制系统

子学习情境 3.1　用 PLC 控制三相异步电动机的起停

情境导入

"三相异步电动机起停 PLC 控制"工作任务单

情　　境	三相异步电动机 PLC 控制系统				
学习任务	子学习情境 3.1：用 PLC 控制三相异步电动机的起停			完成时间	
学习团队	学习小组		组长		成员
	任务载体				资讯
任务载体和资讯	图 3-1　三相异步电动机和控制其运行所用低压电器			如图 3-1 所示，三相异步电动机被广泛地用来驱动各种金属切削机床、起重机、锻压机、传送带、铸造机械、功率不大的通风机及水泵等。采用继电器、接触器、按钮及开关等控制电器来实现电动机的起动和停止，这种控制系统一般称为继电—接触器控制系统。　　现代企业自动化生产线的普及，使用 PLC 控制电动机成为一种常用方式。如何将三相异步电动机的继电—接触器控制系统改造成 PLC 控制，是我们本任务的重点。				
任务要求	控制系统硬件部分： （1）完成用 PLC、继电接触器对三相异步电动机进行启停控制的硬件接线图。 （2）根据硬件接线图在实训台上完成 PLC、继电接触器对三相异步电动机的启停控制电路连接。 控制系统软件部分： （1）完成从继电器电路图到 PLC 梯形图的转换。				

	（2）完成用 PLC、继电接触器对三相异步电动机进行启停控制的梯形图程序的编写。 　　1）当按下起动按钮 SB1 时，三相异步电动机开始转动，当按下停止按钮 SB2 时，三相异步电动机停止转动。 　　2）当按下起动按钮 SB1 时，三相异步电动机转动 3 秒后停止转动或者在此期间按下停止按钮 SB2 同样停止转动。 　　3）当按下起动按钮 SB1 时，三相异步电动机 3 秒后开始转动，当按下停止按钮 SB2 时，三相异步电动机停止转动。 　　4）当按下起动按钮 SB1 时，三相异步电动机转动 3 秒后停止 2 秒，再转动 3 秒停止 2 秒，如此循环 3 次后停止转动或者在此期间按下停止按钮 SB2 同样停止转动。
引导文	1. 团队分析任务要求，讨论在完成本次任务前，你及你的团队缺少哪些必要的理论知识？需要具备哪些方面的操作技能？你们该如何解决这种困难？ 2. 你是否需要认识 PLC、继电接触器硬件接线图？ 3. 制订计划，将团队的决策方案写到《可编程控制技术实践手册》中本任务的"计划和决策表"内。 4. 将任务的实施情况（可以包括你学到的知识点和技能点，包括团队分工任务的完成情况等）整理成文档，记录在"任务实施表"中。 5. 将你们的成果提交给指导教师，让其为你们的任务完成情况进行检查，并记录在"任务检查表"中。 6. 就你们团队的知识、技能、能力和素质进行自我评价、互相评价和教师评价，填写"任务评价表"。正确认识自己的不足之处，取长补短，争取在下次任务训练中得到进步。
归纳 总结 记录 区域	

制定方案

计划和决策表

情　　　境	三相异步电动机 PLC 控制系统			
学 习 任 务	子学习情境 3.1：用 PLC 控制三相异步电动机的起停	完成时间		
任务完成人	学习小组	组长	成员	

认真分析任务要求，仔细研究资讯内容 写下你的团队认为需要学习的知识和技能					

工作管理任务分配	小组任务	任务准备	管理学习	管理出勤、纪律	管理卫生
	个人职责	准备学习资料，准备电脑、设备、软件	认真努力学习并管理帮助小组成员	记录考勤并管理小组成员纪律	组织值日并管理卫生
	小组成员				

工作计划制定方案 （写明任务名称、时间进度安排、责任人；要有分工有合作）	

任务实施

任务实施表

情　　境	三相异步电动机 PLC 控制系统				
学习任务	子学习情境 3.1：用 PLC 控制三相异步电动机的起停		完成时间		
任务完成人	学习小组		组长		成员

写下你和你的团队的实施过程、具体收获的知识和习得的技能。

检查评估

任务检查表

情　　　境	三相异步电动机 PLC 控制系统				
学 习 任 务	子学习情境 3.1：用 PLC 控制三相异步电动机的起停			完成时间	
任务完成人	学习小组		组长	成员	
掌握知识和技能的情况					
需要补缺的知识和技能					
任务汇报情况和情境学习表现及改进					

过程考核评价表

情　　境	三相异步电动机 PLC 控制系统							
学习任务	子学习情境 3.1：用 PLC 控制三相异步电动机的起停			完成时间				
团　　队	学习小组		组长		成员			

评价项目	评价内容	评 价 标 准	得分		
专业能力 （60%）	知识的理解和掌握能力	对知识的理解、掌握及接受新知识的能力 □优（30-26）　　□良（25-21） □中（20-15）　　□差（15 以下）			
	知识的综合应用能力	根据工作任务，应用相关知识进行分析解决问题 □优（15-13）　　□良（12-10） □中（8-7）　　□差（7 下）			
	实践动手能力	根据任务要求完成任务载体 □优（15-13）　　□良（12-10） □中（8-7）　　□差（7 下）			
方法能力 （20%）	独立学习能力	在教师的指导下，借助学习资料，能够独立学习新知识和新技能，完成工作任务 □优（5）□良（4）□中（3）□差（2）			
	分析解决问题的能力	在教师的指导下，独立解决工作中出现的各种问题，顺利完成工作任务 □优（5）□良（4）□中（3）□差（2-1）			
	获取信息能力	通过教材、网络、期刊、专业书籍、技术手册等获取信息，整理资料，获取所需知识 □优（5）□良（4）□中（3）□差（2-1）			
	方案制定与实施能力	在教师的指导下，能够制定工作计划和方案并能够进行优化实施，完成工作任务单、计划和决策表、任务实施表、任务检查表、过程考核评价表的填写 □优（5）□良（4）□中（3）□差（2-1）			
社会能力 （20%）	团队协作和沟通能力	工作过程中，团队成员之间相互沟通、交流、协作、互帮互学，具备良好的群体意识 □优（5）□良（4）□中（3）□差（2-1）			
	工作任务的组织管理能力	具有批评、自我管理和工作任务的组织管理能力 □优（5）□良（4）□中（3）□差（2-1）			
	工作责任心与职业道德	具有良好的工作责任心、社会责任心、团队责任心（学习、纪律、出勤、卫生）、职业道德和吃苦能力 □优（10）□良（8）□中（6）□差（4）			
总　　分					

子学习情境 3.2　用 PLC 控制三相异步电动机正反转

情境导入

"三相异步电动机正反转控制"工作任务单

情　　境	三相异步电动机 PLC 控制系统				
学习任务	子学习情境 3.2：用 PLC 控制三相异步电动机正反转			完成时间	
学习团队	学习小组		组长		成员
任务载体和资讯	**任务载体**			**资讯**	
	 图 3-20　三相异步电动机和控制其运行的 S7-200PLC			电动机正反转控制电路，作为电气控制的基础经典电路，在实际生产中的应用非常广泛，比如起重机、传输带等。对于普通三相异步电动机，如何实现正反转呢？根据我们在维修电工课程中所学知识可知，改变输入电动机的三相电源相序，就可改变电动机的旋转方向。三相异步电动机和控制其运行的 S7-200PLC 如图 3-20 所示。		
任务要求	控制系统硬件部分： （1）完成用 PLC、继电接触器对三相异步电动机进行正反转控制的硬件接线图。 （2）根据硬件接线图在实训台上完成 PLC、继电接触器对三相异步电动机的正反转控制。 控制系统软件部分： （1）完成 PLC 梯形图的经验设计法。 （2）完成用 PLC、继电接触器对三相异步电动机进行正反转控制的梯形图程序的编写。 　　1）要求一：按下正转按钮 SB1，电动机正转（此时若按下反转按钮 SB2 电动机仍然正转），按下停止按钮 SB3 时，电动机停止转动；按下反转按钮 SB2，电动机反转（此时若按下正转按钮 SB1 电动机仍然反转），按下停止按钮，电动机停止转动。 　　2）要求二：按下正转按钮 SB1，电动机正转，按下反转按钮 SB2，电动机反转，按下停止按钮 SB3 时，电动机停止转动。 　　3）要求三：按下正转按钮 SB1，电动机正转，10 秒后电动机反转，10 秒后电动机再正转，如此循环两次后电动机停止转动，或者在此期间按下停止按钮 SB3 电动机同样停止转动。				
引导文	1. 团队分析任务要求，讨论在完成本次任务前，你及你的团队缺少哪些必要的理论知识？需要具备哪些方面的操作技能？你们该如何解决这种困难？ 2. 你是否需要认识 PLC、继电接触器硬件接线图？ 3. 实现我们的核心任务"用 PLC、继电接触器对三相异步电动机进行正反转控制"，思考其中的关键是什么？ 4. 制订计划，将团队的决策方案写到《可编程控制技术实践手册》中本任务的"计划和决策表"内。 5. 将任务的实施情况（可以包括你学到的知识点和技能点，包括团队分工任务的完成情况等）整理成文档，记录在"任务实施表"中。 6. 将你们的成果提交给指导教师，让其为你们的任务完成情况进行检查，并记录在"任务检查表"中。 7. 就你们团队的知识、技能、能力和素质进行自我评价、互相评价和教师评价，填写"任务评价表"。正确认识自己的不足之处，取长补短，争取在下次任务训练中得到进步。				

归纳
总结
记录
区域

 制定方案

计划和决策表

情　　境	三相异步电动机 PLC 控制系统				
学 习 任 务	子学习情境 3.2：用 PLC 控制三相异步电动机正反转			完成时间	
任务完成人	学习小组		组长		成员	

认真分析任务要求，仔细研究资讯内容 写下你的团队认为需要学习的知识和技能					

工作管理任务分配	小组任务	任务准备	管理学习	管理出勤、纪律	管理卫生
	个人职责	准备学习资料，准备电脑、设备、软件	认真努力学习并管理帮助小组成员	记录考勤并管理小组成员纪律	组织值日并管理卫生
	小组成员				

工作计划制定方案 （写明任务名称、时间进度安排、责任人；要有分工有合作）	

 任务实施

任务实施表

情 境	三相异步电动机 PLC 控制系统				
学 习 任 务	子学习情境 3.2：用 PLC 控制三相异步电动机正反转		完成时间		
任务完成人	学习小组		组长		成员

写下你和你的团队的实施过程、具体收获的知识和习得的技能。

检查评估

任务检查表

情　　　境	三相异步电动机 PLC 控制系统				
学 习 任 务	子学习情境 3.2：用 PLC 控制三相异步电动机正反转		完成时间		
任务完成人	学习小组		组长		成员
掌握知识和技能的情况					
需要补缺的知识和技能					
任务汇报情况和情境学习表现及改进					

过程考核评价表

情　　境	三相异步电动机 PLC 控制系统							
学习任务	子学习情境 3.2：用 PLC 控制三相异步电动机正反转			完成时间				
团　　队	学习小组		组长		成员			

评价项目	评价内容	评 价 标 准	得分			
专业能力 （60%）	知识的理解和掌握能力	对知识的理解、掌握及接受新知识的能力 □优（30-26）　　□良（25-21） □中（20-15）　　□差（15 以下）				
	知识的综合应用能力	根据工作任务，应用相关知识进行分析解决问题 □优（15-13）　　□良（12-10） □中（8-7）　　　□差（7 下）				
	实践动手能力	根据任务要求完成任务载体 □优（15-13）　　□良（12-10） □中（8-7）　　　□差（7 下）				
方法能力 （20%）	独立学习能力	在教师的指导下，借助学习资料，能够独立学习新知识和新技能，完成工作任务 □优（5）□良（4）□中（3）□差（2）				
	分析解决问题的能力	在教师的指导下，独立解决工作中出现的各种问题，顺利完成工作任务 □优（5）□良（4）□中（3）□差（2-1）				
	获取信息能力	通过教材、网络、期刊、专业书籍、技术手册等获取信息，整理资料，获取所需知识 □优（5）□良（4）□中（3）□差（2-1）				
	方案制定与实施能力	在教师的指导下，能够制定工作计划和方案并能够进行优化实施，完成工作任务单、计划和决策表、任务实施表、任务检查表、过程考核评价表的填写 □优（5）□良（4）□中（3）□差（2-1）				
社会能力 （20%）	团队协作和沟通能力	工作过程中，团队成员之间相互沟通、交流、协作、互帮互学，具备良好的群体意识 □优（5）□良（4）□中（3）□差（2-1）				
	工作任务的组织管理能力	具有批评、自我管理和工作任务的组织管理能力 □优（5）□良（4）□中（3）□差（2-1）				
	工作责任心与职业道德	具有良好的工作责任心、社会责任心、团队责任心（学习、纪律、出勤、卫生）、职业道德和吃苦能力 □优（10）□良（8）□中（6）□差（4）				
总　　分						

学习情境 4 S7-200 系列 PLC 典型控制系统设计

学习目标

- **知识目标：** 掌握 PLC 控制系统设计的原则、方法和实施办法。掌握 PLC 控制气动执行元件、采集模拟量传感器或变送器时的处理技术。
- **能力目标：** 培养学生识读 PLC 硬件系统接线图的能力和根据控制要求搭建 PLC 硬件系统的能力；培养学生利用网络资源进行资料收集的能力；培养学生获取、筛选信息和制订工作计划、方案及实施、检查和评价的能力；培养学生独立分析、解决问题的能力；培养学生的团队工作、交流、组织协调的能力和责任心。
- **素质目标：** 养成严谨细致、一丝不苟的工作作风，养成严格按照职业规范进行工作的习惯；培养学生的自信心、竞争和效率意识；培养学生爱岗敬业、诚实守信、服务群众、奉献社会等职业道德。

子学习情境 4.1 压盖机 PLC 控制

情境导入

"压盖机 PLC 控制"工作任务单

情　　境	S7-200 系列 PLC 典型控制系统设计				
学习任务	子学习情境 4.1：压盖机 PLC 控制			完成时间	
学习团队	学习小组		组长	成员	
任务载体和资讯	**任务载体**			**资讯**	
	 图 4-1 压盖机	图 4-1 所示是一个简单压盖机装置。压盖装置由一个双作用气缸来控制。通过一个手控按钮，控制压盖装置的伸出和退回。		液体包装在包装行业占有很大比例，压盖机是液体包装生产线上重要的一类生产设备。 　涉及的行业广泛、品种繁多。 - 饮料：果汁、牛奶、矿泉水、酒类； - 调味品：酱油、醋、果酱； - 药品：针剂、糖浆、酊剂、农药乳剂； - 化工产品：各种瓶装化妆品等。 （包装行业还有哪些技术、哪些设备？可查阅资料深入了解。）	
任务要求	1. 控制系统硬件部分： 　（1）完成气缸气动回路的设计、绘制和连接。 　（2）完成 PLC 控制气动电磁换向阀电路的设计、绘制和接线。 2. 控制系统软件部分的程序应分别实现下面的功能（要求程序用符号表来定义电路图中的输入、输出端所对应的操作）： 　1）当按住按钮 S1 时，推进气缸推出。当松开按钮 S1 时，推进气缸退回。				

	2）按钮 S1 按下时，气缸推出，当气缸推出到最前端，保持 5s 后，气缸退回。
引导文	1．团队分析任务要求，讨论在完成本次任务前，你及你的团队缺少哪些必要的理论知识？需要具备哪些方面的操作技能？你们该如何解决这种困难？ 2．你是否需要认识双作用气缸？包括其结构的认知、原理的理解？ 3．双作用气缸动作需要由哪些装置实现？了解气源、了解电磁阀、辅助元件。 4．如何搭建双作用气缸的气动回路？认识气路图并学会绘制它。 5．实现我们的核心任务"用 PLC 控制气动执行元件"，思考其中的关键是什么？和你前几章学过的 PLC 控制任务有什么相似之处？ 6．制订计划，将团队的决策方案写到《可编程控制技术实践手册》中本任务的"计划和决策表"内。 7．将任务的实施情况（可以包括你学到的知识点和技能点，包括团队分工任务的完成情况等）整理成文档，记录在"任务实施表"中。 8．将你们的成果提交给指导教师，让其为你们的任务完成情况进行检查，并记录在"任务检查表"中。 9．就你们团队的知识、技能、能力和素质进行自我评价、互相评价和教师评价，填写"任务评价表"。正确认识自己的不足之处，取长补短，争取在下次任务训练中得到进步。
归纳 总结 记录 区域	

制定方案

计划和决策表

情　　　境	S7-200 系列 PLC 典型控制系统设计				
学 习 任 务	子学习情境 4.1：压盖机 PLC 控制		完成时间		
任务完成人	学习小组		组长	成员	
认真分析任务要求，仔细研究资讯内容 写下你的团队认为需要学习的知识和技能					
	小组任务	任务准备	管理学习	管理出勤、纪律	管理卫生
工作管理任务分配	个人职责	准备学习资料，准备电脑、设备、软件	认真努力学习并管理帮助小组成员	记录考勤并管理小组成员纪律	组织值日并管理卫生
	小组成员				
工作计划制定方案 （写明任务名称、时间进度安排、责任人；要有分工有合作）					

任务实施表

情　　境	S7-200 系列 PLC 典型控制系统设计				
学 习 任 务	子学习情境 4.1：压盖机 PLC 控制			完成时间	
任务完成人	学习小组		组长	成员	

写下你和你的团队的实施过程、具体收获的知识和习得的技能。

检查评估

任务检查表

情　　　境	S7-200 系列 PLC 典型控制系统设计				
学 习 任 务	子学习情境 4.1：压盖机 PLC 控制		完成时间		
任务完成人	学习小组		组长		成员
掌握知识和技能的情况					
需要补缺的知识和技能					
任务汇报情况和情境学习表现及改进					

过程考核评价表

情　　境	S7-200 系列 PLC 典型控制系统设计						
学习任务	子学习情境 4.1：压盖机 PLC 控制		完成时间				
团　　队	学习小组	组长		成员			

评价项目	评价内容	评　价　标　准	得分			
专业能力（60%）	知识的理解和掌握能力	对知识的理解、掌握及接受新知识的能力 □优（30-26）　　□良（25-21） □中（20-15）　　□差（15 以下）				
	知识的综合应用能力	根据工作任务，应用相关知识进行分析解决问题 □优（15-13）　　□良（12-10） □中（8-7）　　□差（7 下）				
	实践动手能力	根据任务要求完成任务载体 □优（15-13）　　□良（12-10） □中（8-7）　　□差（7 下）				
方法能力（20%）	独立学习能力	在教师的指导下，借助学习资料，能够独立学习新知识和新技能，完成工作任务 □优（5）□良（4）□中（3）□差（2）				
	分析解决问题的能力	在教师的指导下，独立解决工作中出现的各种问题，顺利完成工作任务 □优（5）□良（4）□中（3）□差（2-1）				
	获取信息能力	通过教材、网络、期刊、专业书籍、技术手册等获取信息，整理资料，获取所需知识 □优（5）□良（4）□中（3）□差（2-1）				
	方案制定与实施能力	在教师的指导下，能够制定工作计划和方案并能够进行优化实施，完成工作任务单、计划和决策表、任务实施表、任务检查表、过程考核评价表的填写 □优（5）□良（4）□中（3）□差（2-1）				
社会能力（20%）	团队协作和沟通能力	工作过程中，团队成员之间相互沟通、交流、协作、互帮互学，具备良好的群体意识 □优（5）□良（4）□中（3）□差（2-1）				
	工作任务的组织管理能力	具有批评、自我管理和工作任务的组织管理能力 □优（5）□良（4）□中（3）□差（2-1）				
	工作责任心与职业道德	具有良好的工作责任心、社会责任心、团队责任心（学习、纪律、出勤、卫生）、职业道德和吃苦能力 □优（10）□良（8）□中（6）□差（4）				
总　　分						

子学习情境 4.2　供料传输装置 PLC 控制

情境导入

"供料传输装置 PLC 控制"工作任务单

情　　境	S7-200 系列 PLC 典型控制系统设计				
学习任务	子学习情境 4.2：供料传输装置 PLC 控制			完成时间	
学习团队	学习小组		组长	成员	
任务载体和资讯	任务载体			资讯	
	图 4-35　供料单元	在一条自动化生产线上，起始端工作站是一个供料单元。如图 4-35 所示，包含一个推料模块、一个摆动模块。工件的推出由料仓底下的双作用气缸完成，工件被推到位后，摆动模块中摆动气缸带动摆臂和摆臂末端的吸盘，摆动到料仓平台，将工件吸住，送往下一站。装置用磁感应接近开关和行程开关检测两种气缸的状态，用对射式光电传感器检测有无工件。用真空开关检测吸盘上是否吸住工件。		自动化生产线是由工件传送系统和控制系统，将一组自动机床和辅助设备按照工艺顺序联结起来，自动完成产品全部或部分制造过程的生产系统，简称自动线。系统融合电子技术、气动技术、传感检测技术、电机电气控制技术、机械技术，是一个综合化控制系统。供料传输单元往往作为工件传送系统的起点。 本任务采用 FESTO MPS 模块化生产加工系统中的供料单元为载体设备。	
任务要求	1．控制系统硬件部分： 　（1）分析系统工作流程，绘制系统气路图和电路图。 　（2）完成系统硬件回路的接线。 2．控制系统软件部分： 　程序应实现下面的功能（要求程序有符号表）： 　（1）按下系统复位按钮，系统进行复位操作，包括推料气缸回到原位，摆臂保持不动，吸盘释放工件。 　（2）系统复位成功，则按下起动按钮，系统起动灯亮。如果料仓有料，推料气缸将料仓中的工件推到平台上，摆动气缸摆动到料仓位置。到位后，吸取工件。摆臂带着工件摆动到下一站位置，释放工件。如果料仓没有工件，则报警灯 Q1 闪烁。 　（3）按下停止按钮，系统将当前工作完成后，停止工作，报警灯 Q2 亮。				
引导文	1．分析任务载体装置，团队分析任务要求，讨论在完成本次任务前，你及你的团队缺少哪些必要的理论知识？需要具备哪些方面的操作技能？你们该如何解决这种困难？ 2．用什么检测气缸的极限位置？用什么检测工件是否在某个位置上存在？ 3．结合在《自动检测技术》中习得的知识，分析本任务中遇到的传感器的结构、原理和功能？ 4．传感器的电气符号是什么样子的？与 PLC 连接具有哪些连接方式？ 5．请认真学习知识链接部分的内容。让你的老师带领你到 FESTO 或者 GE 实训基地的自动化生产线实训室中，观察设备的运行，思考这样一个问题"在自动化生产线上，进行工件在某一个位置上的检测，还有哪些方式？"想一想，将你的思考所得告诉你的指导教师。 6．你已经具备完成此情景学习的所有资料了吗？如果没有，还缺少哪些？应该通过哪些渠道获得？ 7．实现我们的核心任务"供料传输装置 PLC 控制"，思考其中的关键是什么？和你前几章学过的 PLC 控制任务有什么相似之处？				

8. 通过前面的引导文指引，你和你的团队是否明白，实现本情境任务的学习，包括哪些具体任务？你们团队该如何分工合作，共同完成这项庞大的任务？制订计划，并将团队的决策方案写到《可编程控制技术实践手册》中本任务的"计划和决策表"内。

9. 将任务的实施情况（包括你学到的知识点和技能点，包括团队分工任务的完成情况等）整理成文档，记录在"任务实施表"中。

10. 将你们的成果提交给指导教师，让其为你们的任务完成情况进行检查，并记录在"任务检查表"中。

11. 就你们团队的知识、技能、能力和素质进行自我评价、互相评价和教师评价，填写"任务评价表"。正确认识自己的不足之处，取长补短，争取在下次任务训练中得到进步。

| 归纳总结记录区域 | |

 制定方案

计划和决策表

情　　境	S7-200 系列 PLC 典型控制系统设计				
学 习 任 务	子学习情境 4.2：供料传输装置 PLC 控制			完成时间	
任务完成人	学习小组		组长	成员	
认真分析任务要求，仔细研究资讯内容 写下你的团队认为需要学习的知识和技能					
工作管理任务分配	小组任务	任务准备	管理学习	管理出勤、纪律	管理卫生
	个人职责	准备学习资料，准备电脑、设备、软件	认真努力学习并管理帮助小组成员	记录考勤并管理小组成员纪律	组织值日并管理卫生
	小组成员				
工作计划制定方案 （写明任务名称、时间进度安排、责任人；要有分工有合作）					

**任务实施**

任务实施表

情　境	S7-200 系列 PLC 典型控制系统设计				
学习任务	子学习情境 4.2：供料传输装置 PLC 控制		完成时间		
任务完成人	学习小组		组长	成员	

写下你和你的团队的实施过程、具体收获的知识和习得的技能。

检查评估

任务检查表

情　　　境	S7-200 系列 PLC 典型控制系统设计				
学 习 任 务	子学习情境 4.2：供料传输装置 PLC 控制			完成时间	
任务完成人	学习小组		组长	成员	
掌握知识和技能的情况					
需要补缺的知识和技能					
任务汇报情况和情境学习表现及改进					

过程考核评价表

情　　境	S7-200 系列 PLC 典型控制系统设计					
学习任务	子学习情境 4.2：供料传输装置 PLC 控制					
团　　队	学习小组		组长	成员		
评价项目	评价内容	S7-200 系列 PLC 典型控制系统设计 子学习情境 4.2：供料传输装置 PLC 控制	得分			
			完成 时间			
专业能力 （60%）	知识的理解和掌握能力	对知识的理解、掌握及接受新知识的能力 □优（30-26）　　□良（25-21） □中（20-15）　　□差（15 以下）				
	知识的综合应用能力	根据工作任务，应用相关知识进行分析解决问题 □优（15-13）　　□良（12-10） □中（8-7）　　□差（7 下）				
	实践动手能力	根据任务要求完成任务载体 □优（15-13）　　□良（12-10） □中（8-7）　　□差（7 下）				
方法能力 （20%）	独立学习能力	在教师的指导下，借助学习资料，能够独立学习新知识和新技能，完成工作任务 □优（5）□良（4）□中（3）□差（2）				
	分析解决问题的能力	在教师的指导下，独立解决工作中出现的各种问题，顺利完成工作任务 □优（5）□良（4）□中（3）□差（2-1）				
	获取信息能力	通过教材、网络、期刊、专业书籍、技术手册等获取信息，整理资料，获取所需知识 □优（5）□良（4）□中（3）□差（2-1）				
	方案制定与实施能力	在教师的指导下，能够制定工作计划和方案并能够进行优化实施，完成工作任务单、计划和决策表、任务实施表、任务检查表、过程考核评价表的填写 □优（5）□良（4）□中（3）□差（2-1）				
社会能力 （20%）	团队协作和沟通能力	工作过程中，团队成员之间相互沟通、交流、协作、互帮互学，具备良好的群体意识 □优（5）□良（4）□中（3）□差（2-1）				
	工作任务的组织管理能力	具有批评、自我管理和工作任务的组织管理能力 □优（5）□良（4）□中（3）□差（2-1）				
	工作责任心与职业道德	具有良好的工作责任心、社会责任心、团队责任心（学习、纪律、出勤、卫生）、职业道德和吃苦能力 □优（10）□良（8）□中（6）□差（4）				
总　　分						

子学习情境 4.3　CA6140 型普通车床 PLC 控制

"CA6140 型普通车床 PLC 控制"工作任务单

情　　境	S7-200 系列 PLC 典型控制系统设计				
学习任务	子学习情境 4.2：CA6140 型普通车床 PLC 控制			完成时间	
学习团队	学习小组		组长		成员
任务载体 和资讯	<div style="text-align:center">任务载体</div>				资讯
任务载体 和资讯	  图 4-41　CA6140 型普通车床				CA6140 型普通车床（见图 4-41）是普通精度级的万能机床，它适用于加工各种轴类、套筒类和盘类零件上的内外回转表面，以及车削端面。它还能加工各种常用的公制、英制、模数制和径节制螺纹，以及作钻孔、扩孔、铰孔、滚花等工作。其加工范围较广，由于它的结构复杂，而且自动化程度低，所以适用于单件小批生产及修配车间。
任务要求	1．认识 X62W 型铣床的加工运动及电气分工。 2．学会分析 X62W 型万能铣床继电接触器控制电路。 3．学会设计 X62W 型万能铣床 PLC 控制系统的方法。 4．能读懂 X62W 型万能铣床 PLC 梯形图控制程序。				
引导文	1．团队分析任务要求，讨论在完成本次任务前，你及你的团队缺少哪些必要的理论知识？需要具备哪些方面的操作技能？你们该如何解决这种困难？ 2．学习知识链接部分内容，想一想，你已经具备完成此情景学习的所有资料了吗？如果没有，还缺少哪些？应该通过哪些渠道获得？ 3．试着用本章子教学情境"用 S7-200 PLC 构建小型 PLC 控制系统"中"PLC 应用系统设计的内容和原则"，来进行 X62W 型万能铣床 PLC 控制系统的升级改造。 4．制订计划，将团队的决策方案写到《可编程控制技术实践手册》中本任务的"计划和决策表"内。 5．将任务的实施情况（可以包括你学到的知识点和技能点，包括团队分工任务的完成情况等）整理成文档，记录在"任务实施表"中。 6．将你们的成果汇报并提交给指导教师，让其为你们的任务完成情况进行检查，并记录在"任务检查表"中。 7．就你们团队的知识、技能、能力和素质进行自我评价、互相评价和教师评价，填写"任务评价表"。正确认识自己的不足之处，取长补短，争取在下次任务训练中得到进步。				

归纳
总结
记录
区域

 制定方案

计划和决策表

情　　　境	S7-200 系列 PLC 典型控制系统设计			完成时间	
学 习 任 务	子学习情境 4.3：CA6140 型普通车床 PLC 控制				
任务完成人	学习小组		组长		成员

认真分析任务 要求，仔细研究 资讯内容 写下你的团队 认为需要学习 的知识和技能					
工作管理任务 分配	小组任务	任务准备	管理学习	管理出勤、纪律	管理卫生
	个人职责	准备学习资料， 准备电脑、设备、 软件	认真努力学习并管 理帮助小组成员	记录考勤并管理 小组成员纪律	组织值日并管 理卫生
	小组成员				
工作计划制定 方案 （写明任务名 称、时间进度安 排、责任人；要 有分工有合作）					

 任务实施

任务实施表

情　　　境	S7-200 系列 PLC 典型控制系统设计				
学 习 任 务	子学习情境 4.3：CA6140 型普通车床 PLC 控制			完成时间	
任务完成人	学习小组		组长		成员

写下你和你的团队的实施过程、具体收获的知识和习得的技能。

检查评估

任务检查表

情　　　境	S7-200 系列 PLC 典型控制系统设计				
学 习 任 务	子学习情境 4.3：CA6140 型普通车床 PLC 控制			完成时间	
任 务 完 成 人	学习小组		组长		成员
掌握知识和技能的情况					
需要补缺的知识和技能					
任务汇报情况和情境学习表现及改进					

过程考核评价表

情　　境	S7-200 系列 PLC 典型控制系统设计						
学习任务	子学习情境 4.3：CA6140 型普通车床 PLC 控制		完成时间				
团　　队	学习小组	组长		成员			

评价项目	评价内容	评　价　标　准	得分		
专业能力 （60%）	知识的理解和掌握能力	对知识的理解、掌握及接受新知识的能力 □优（30-26）　　□良（25-21） □中（20-15）　　□差（15 以下）			
	知识的综合应用能力	根据工作任务，应用相关知识进行分析解决问题 □优（15-13）　　□良（12-10） □中（8-7）　　　□差（7 下）			
	实践动手能力	根据任务要求完成任务载体 □优（15-13）　　□良（12-10） □中（8-7）　　　□差（7 下）			
方法能力 （20%）	独立学习能力	在教师的指导下，借助学习资料，能够独立学习新知识和新技能，完成工作任务 □优（5）□良（4）□中（3）□差（2）			
	分析解决问题的能力	在教师的指导下，独立解决工作中出现的各种问题，顺利完成工作任务 □优（5）□良（4）□中（3）□差（2-1）			
	获取信息能力	通过教材、网络、期刊、专业书籍、技术手册等获取信息，整理资料，获取所需知识 □优（5）□良（4）□中（3）□差（2-1）			
	方案制定与实施能力	在教师的指导下，能够制定工作计划和方案并能够进行优化实施，完成工作任务单、计划和决策表、任务实施表、任务检查表、过程考核评价表的填写 □优（5）□良（4）□中（3）□差（2-1）			
社会能力 （20%）	团队协作和沟通能力	工作过程中，团队成员之间相互沟通、交流、协作、互帮互学，具备良好的群体意识 □优（5）□良（4）□中（3）□差（2-1）			
	工作任务的组织管理能力	具有批评、自我管理和工作任务的组织管理能力 □优（5）□良（4）□中（3）□差（2-1）			
	工作责任心与职业道德	具有良好的工作责任心、社会责任心、团队责任心（学习、纪律、出勤、卫生）、职业道德和吃苦能力 □优（10）□良（8）□中（6）□差（4）			
总　　分					

子学习情境 4.4　X62W 型铣床控制 PLC 改造

"X62W 型铣床控制 PLC 改造"工作任务单

情　境	S7-200 系列 PLC 典型控制系统设计				
学习任务	子学习情境 4.2：X62W 型铣床控制 PLC 改造			完成时间	
学习团队	学习小组		组长	成员	

	任务载体	资讯
任务载体和资讯	图 4-62　X62W 型铣床 如图 4-62 所示，铣床是一种用途广泛的机床，在铣床上可以加工平面（水平面、垂直面）、沟槽（键槽、T 形槽、燕尾槽等）、分齿零件（齿轮、花键轴、链轮）、螺旋形表面（螺纹、螺旋槽）及各种曲面。此外，还可用于对回转体表面、内孔加工及进行切断工作等。	铣床在工作时，工件装在工作台上或分度头等附件上，铣刀旋转为主运动，辅以工作台或铣头的进给运动，工件即可获得所需的加工表面。由于是多刃断续切削，因而铣床的生产率较高。简单来说，铣床是可以对工件进行铣削、钻削和镗孔加工的机床。 　铣床采用传统的继电接触器电路实现电气控制。此种控制方式具有结构简单、价格低廉、容易操作、技术难度小等优点，长期以来被广泛应用于工业控制的各种领域中。但是，因为系统使用的电气元件体积大、触点多、故障率大、运行的可靠性较低，因而继电接触器电气控制方式的缺点也是显而易见的。将 X62W 万能铣床电气控制线路改造为可编程控制器控制，可以提高整个电气控制系统的工作性能，减少维护、维修的工作量。
任务要求	1. 认识 X62W 型铣床的加工运动及电气分工。 2. 学会分析 X62W 型万能铣床继电接触器控制电路。 3. 学会设计 X62W 型万能铣床 PLC 控制系统的方法。 4. 能读懂 X62W 型万能铣床 PLC 梯形图控制程序。	
引导文	1. 团队分析任务要求，讨论在完成本次任务前，你及你的团队缺少哪些必要的理论知识？需要具备哪些方面的操作技能？你们该如何解决这种困难？ 2. 学习知识链接部分内容，想一想，你已经具备完成此情景学习的所有资料了吗？如果没有，还缺少哪些？应该通过哪些渠道获得？ 3. 试着用本章子教学情境"用 S7-200 PLC 构建小型 PLC 控制系统"中"PLC 应用系统设计的内容和原则"，来进行 X62W 型万能铣床 PLC 控制系统的升级改造。 4. 制订计划，将团队的决策方案写到《可编程控制技术实践手册》中本任务的"计划和决策表"内。 5. 将任务的实施情况（可以包括你学到的知识点和技能点，包括团队分工任务的完成情况等）整理成文档，记录在"任务实施表"中。 6. 将你们的成果汇报并提交给指导教师，让其为你们的任务完成情况进行检查，并记录在"任务检查表"中。 7. 就你们团队的知识、技能、能力和素质进行自我评价、互相评价和教师评价，填写"任务评价表"。正确认识自己的不足之处，取长补短，争取在下次任务训练中得到进步。	

归纳
总结
记录
区域

计划和决策表

情　　　境	S7-200 系列 PLC 典型控制系统设计				
学 习 任 务	子学习情境 4.4：X62W 型铣床控制 PLC 改造			完成时间	
任务完成人	学习小组		组长		成员
认真分析任务要求，仔细研究资讯内容 写下你的团队认为需要学习的知识和技能					
工作管理任务分配	小组任务	任务准备	管理学习	管理出勤、纪律	管理卫生
	个人职责	准备学习资料，准备电脑、设备、软件	认真努力学习并管理帮助小组成员	记录考勤并管理小组成员纪律	组织值日并管理卫生
	小组成员				
工作计划制定方案 （写明任务名称、时间进度安排、责任人；要有分工有合作）					

任务实施

任务实施表

情 境	S7-200 系列 PLC 典型控制系统设计				
学 习 任 务	子学习情境 4.4：X62W 型铣床控制 PLC 改造		完成时间		
任务完成人	学习小组		组长		成员

写下你和你的团队的实施过程、具体收获的知识和习得的技能。

检查评估

任务检查表

情　　　境	S7-200 系列 PLC 典型控制系统设计					
学 习 任 务	子学习情境 4.4：X62W 型铣床控制 PLC 改造			完成时间		
任务完成人	学习小组		组长		成员	
掌握知识和技能的情况						
需要补缺的知识和技能						
任务汇报情况和情境学习表现及改进						

过程考核评价表

情　　境	S7-200 系列 PLC 典型控制系统设计							
学习任务	子学习情境 4.4：X62W 型铣床控制 PLC 改造			完成时间				
团　　队	学习小组		组长		成员			

评价项目	评价内容	评　价　标　准	得分			
专业能力 （60%）	知识的理解和掌握能力	对知识的理解、掌握及接受新知识的能力 □优（30-26）　□良（25-21） □中（20-15）　□差（15 以下）				
	知识的综合应用能力	根据工作任务，应用相关知识进行分析解决问题 □优（15-13）　□良（12-10） □中（8-7）　□差（7 下）				
	实践动手能力	根据任务要求完成任务载体 □优（15-13）　□良（12-10） □中（8-7）　□差（7 下）				
方法能力 （20%）	独立学习能力	在教师的指导下，借助学习资料，能够独立学习新知识和新技能，完成工作任务 □优（5）□良（4）□中（3）□差（2）				
	分析解决问题的能力	在教师的指导下，独立解决工作中出现的各种问题，顺利完成工作任务 □优（5）□良（4）□中（3）□差（2-1）				
	获取信息能力	通过教材、网络、期刊、专业书籍、技术手册等获取信息，整理资料，获取所需知识 □优（5）□良（4）□中（3）□差（2-1）				
	方案制定与实施能力	在教师的指导下，能够制定工作计划和方案并能够进行优化实施，完成工作任务单、计划和决策表、任务实施表、任务检查表、过程考核评价表的填写 □优（5）□良（4）□中（3）□差（2-1）				
社会能力 （20%）	团队协作和沟通能力	工作过程中，团队成员之间相互沟通、交流、协作、互帮互学，具备良好的群体意识 □优（5）□良（4）□中（3）□差（2-1）				
	工作任务的组织管理能力	具有批评、自我管理和工作任务的组织管理能力 □优（5）□良（4）□中（3）□差（2-1）				
	工作责任心与职业道德	具有良好的工作责任心、社会责任心、团队责任心（学习、纪律、出勤、卫生）、职业道德和吃苦能力 □优（10）□良（8）□中（6）□差（4）				
总　　分						